제2판

영양판정

박수진 · 윤정미 · 백진경 · 심유진 · 김미현

창지사

머리말

영양판정은 대상자의 식사와 식생활, 신체상태, 생화학자료, 임상증상 등을 종합적으로 분석하여 영양문제를 파악하는 과정이다. 적극적인 건강관리의 중요성이 더욱 커지고 있는 백세시대에 영양 판정결과에 근거한 식사계획과 영양관리는 질병예방은 물론 삶의 질 개선에 반드시 필요하다.

본 교재는 개인은 물론 집단, 나아가 국민을 대상으로 건강 및 영양 문제를 파악하는 데 필요한 영양판정의 원리와 이론을 제시하고, 식사계획과 영양교육 및 상담의 근거를 제공한다. 제1장은 영양판정에 대한 전반적인 이해를 돕기 위해 용어와 개념을 설명하였고, 제2장과 3장은 식사섭취조사에 의한 영양판정 이론과 CAN-pro나 모바일 등을 이용한 다양한 조사방법을 실습할 수 있도록 하였다. 제4장은 신체계측조사, 제5장은 생화학검사, 제6장은 임상조사 등의 이론과 실습방법을 제시하였다. 제7장과 제8장은 각각 입원환자나 생애주기 대상별로 적용할 수 있는 영양판정방법을 알아보고 현실감 있는 영양관리의 실무를 이해힐 수 있도록 하였다. 마지막으로 제9장에서는 영양판정 수행과 결과해석을 위해 꼭 알아야 할 통계이론을 설명하였다.

본 교재는 특히, 실험 및 실습기회를 통하여 영양판정 실무에 필요한 사고력과 응용력을 기르는 데 주안점을 두었다. CAN-pro 5.0 웹버전, 새로운 식사조사 모바일앱, 2017 소아·청소년성장도표, 2020 KDRI 등 개정된 기준치와 학술자료를 이용하여 최신 정보를 제공하고자 노력하였으며 향후에도 지속적으로 보강할 계획이다.

부디 본 교재가 식품영양학 전공자뿐만 아니라 보건소, 병원, 학교, 사회복지시설, 요양시설, 어린이급식관리지원센터 등 관련 기관의 영양사, 임상영양사, 의사, 간호사, 건강관리사, 사회복지사 등 보건의료전문인과 연구자 모든 독자분들께 도움이 되기를 기대한다.

책이 출판되기까지 애써 주신 창지사 여러분께 진심으로 감사의 말씀을 전합니다.

2021년 3월

저자일동

차례

CHAPTER 1

영양판정개요

1. 영양판정 의의

현대에는 평균수명의 증가와 식생활 및 생활습관의 변화 등에 의해 만성질환의 발병률이 증가하고 있다. 만성질환 유발에 영향을 미치는 위험인자를 조절하면 질병 예방, 발병 지연 및 치료·회복에 도움이 된다. 따라서 현대인의 건강관리를 위해서는 개인이나 집단의 영양상태를 평가하여 영양교육과 영양상담을 통해 적절한 영양관리를 하는 것이 매우 중요하다. 특히 입원환자의 영양상태는 이환율 및 사망률과 관련이 있으므로 영양판정을 통해 영양불량이 높은 환자를 조기에 선별하여 영양관리를 하는 것이 필요하다. 대상에 따른 정확한 영양판정을 통하여 영양문제를 가진 사람을 선별하고 적절한 중재방법을 계획, 실행하여 건강을 유지할 수 있도록 한다.

영양판정(nutritional assessment)은 개인이나 집단의 식사 및 영양소 섭취 상태와 영양관련 요소들을 종합적으로 평가하여 영양상태를 판정하는 과정이다. 즉, 식사섭취조사(dietary assessment), 신체계측조사(anthropometric assessment), 생화학조사(biochemical assessment) 및 임상조사(clinical assessment)를 통하여 수집한 정보들을 해석하여 영양상태를 판정한다.

2. 영양판정 목적과 활용

영양판정의 궁극적인 목적은 영양상태를 향상시켜 질병을 예방하고 건강을 증진시키는 것이다. 영양판정의 목표는 첫째, 영양상태를 파악하고 영양문제를 찾아내어 영양적으로 위험하거나 위험 가능성이 있는 사람을 선별하는 것이다. 둘째, 파악된 영양문제를 해결하기 위한 영양중재 프로그램의 기초자료로 사용하여 영양상태를 증진시키기 위한 것이다.

영양판정 결과는 다음과 같은 영역에서 활용될 수 있다. 첫째 개인의 영양관리 및 질병 예방을 위한 기본도구로 이용된다. 둘째, 국민의 영양상태를 파악하고 영양관련 건강문제를 평가하여 식사 개선과 건강 증진을 위한 국가 영양정책과 건강사업 수립의 기초 근거자료가 된다. 셋째, 지역사회의 보건영양 사업을 계획, 실행 및 효과 평가할 때 이용된다. 넷째, 병원에서 입원환자의 영양불량 여부를 선별하고 관련 요인을 규명하여 적절한 영양관리를 통한 환자의 질병 치료와 회복에 도움을 준다. 다섯째, 영양판정은 영양역학연구에서 식사와 질병과의 관련성을 분석하고 식사지침을 제공하여 질병예방에 활용된다.

3. 영양판정 방법

영양상태 판정 방법으로 직접평가와 간접평가가 있다. 직접평가에는 식사섭취조사, 신체계측조사, 생화학조사, 임상조사 등이 있다. 간접평가로는 영양상태에 영향을 미치는 사회·경제적 상태, 문화, 전통 및 종교 등의 요인에 대한 환경생태조사가 있다.

1) 식사섭취조사

식사섭취조사(dietary assessment)는 대상자가 섭취한 식품의 종류와 양을 조사하여 이를 영양소 섭취량으로 환산하고 기준치와 비교하여 대상자의 식사가 적합한지 평가하는 방법이다. 식사섭취조사 방법에는 24시간 회상법, 식품섭취빈도조사법, 식사기록법, 식사력 조사법 등이 있다. 식사섭취조사는 초기 단계의 영양불량 판정이 가능한 방법이며 사용 목적에 따라 적합한 방법을 사용해야 한다.

2) 신체계측조사

신체계측조사(anthropometric assessment)는 체위와 신체조성을 측정하여 이를 이용한 신체지수를 산출하고 기준치과 비교하여 영양상태를 판정하는 방법이다. 신장, 체중, 허리둘레, 머리둘레, 체지방, 피부두겹두께, 상완위 면적 및 상완위 둘레 등을 측정한다. 체내 영양상태는 신체의 크기, 성장속도 및 신체조성에 영향을 미치기 때문에 신체계측조사는 영양상태를 판정하는 데 사용된다. 영양상태가 체위에 영향을 미치기 위해서는 비교적 오랜 시간이 필요하므로 신체계측조사는 과거 오랜 기간의 영양상태를 반영하게 된다. 따라서 신체계측조사는 최근의 영양섭취 상태에 대한 평가는 어려우며, 영양불량 상태가 비교적 심할 때 체위의 변화가 나타나므로 예민도가 낮은 방법이다.

3) 생화학검사

생화학검사(biochemical assessment)는 혈액, 소변 및 조직 등에서 영양소나 영양소 대사산물의 농도를 측정하거나 영양소 의존 효소 활성도와 면역기능 등을 분석하여 영양상태를 평가하는 방법이다. 식사섭취나 영양소 흡수 및 대사 문제로 혈액이나 조직의 영양소 농도가 변화되면 특정 영양소가 필요한 효소의 활성도가 변화하는 등 신체 기능 저하를 초래한다. 생화학검사는 영양불량의 정도를 알아내거나 단시간의 영양치료 효과를 판정하는 데 적합하며 다른 영양판정 방법에 비해 객관적이고 정량적인 방법이다.

생화학검사는 성분검사와 기능검사로 분류할 수 있다. 성분검사는 초기에 영양결핍 정도를 파악할 수 있으며 혈액, 소변과 조직의 영양소나 영양소 대사산물의 농도를 측정한다. 기능검사는 영양결핍의 마지막 단계를 판정하는 데 사용되며 특정 영양소 의존 효소 활성이나 체내 기능을 측정하는 방법이다.

4) 임상조사

임상조사(clinical assessment)는 영양상태 변화와 관련된 임상적 징후를 전문가가 판별하는 방법이다. 영양소 섭취 부족에 따른 체내 결핍 상황은 신체적 징후로 나타난다. 그러나 이러한 신체 징후는 비특이적이며 영양결핍이 많이 진전된 단계에서 나타나므로 임상조사 결과만으로 영양상태를 평가하기보다는 다른 방법과 병행해서 판정하도록 한다.

5) 환경생태조사

환경생태조사(ecological assessment)는 영양상태에 영향을 주는 다양한 요인과 정보를 조사하는 것이다. 이러한 요인들로는 직업, 교육, 문화, 종교, 경제상태, 주거상태, 건강상태, 성별, 가족관계, 식행동, 금기식품, 질병 등이 있으며 개인이나 집단의 식사섭취에 중요한 영향을 미친다. 따라서 영양평가 시 조사 목적에 따른 적절한 환경생태 요인들을 조사하여 사용하도록 한다.

4. 영양불량 단계 및 분류

1) 영양불량 단계

영양결핍은 여러 단계에 걸쳐 점진적으로 나타나므로 각각의 영양불량 단계를 판별하기 위해서는 각 단계에 맞는 적합한 영양판정 방법을 사용해야 한다. 즉, 영양소 섭취가 부족하면 첫 단계에서는 영양소 체내 저장량이 감소한다. 지속적으로 영양소 섭취 부족이 일어나면 체액의 영양소 농도가 저하되고 그 다음 단계로 영양소 의존 효소 활성과 수준 및 체기능이 감소한다. 마지막 단계가 되면 임상적 징후와 체형 변화를 초래하게 된다. [그림 1-1]은 영양결핍 단계와 그에 따른 적절한 영양판정 방법을 제시하고 있다.

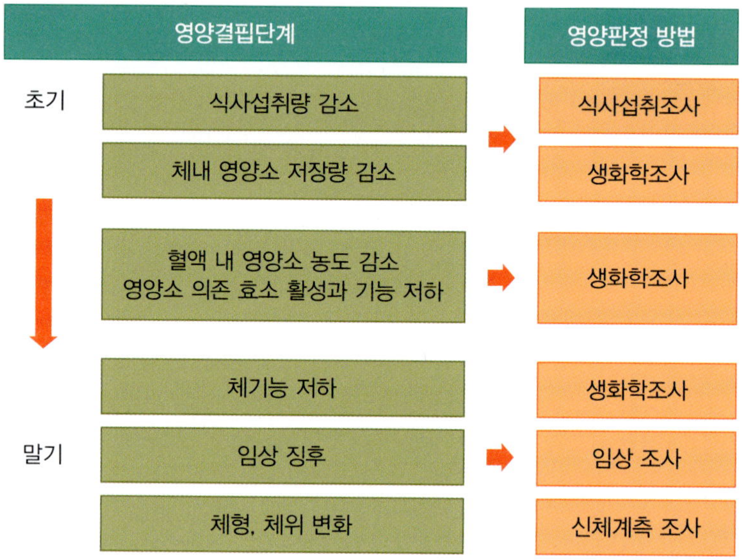

| 그림 1-1 | 영양결핍 단계와 영양판정 방법

출처: Gibson, R. S.(2005). Principles of nutritional assessment 2nd ed. Oxford University press.

2) 영양불량 분류

(1) 일차적 영양불량과 이차적 영양불량

영양소 공급과 생리적 요인에 따라 일차적 영양불량과 이차적 영양불량으로 분류한다. 일차적 영양불량(primary malnutrition)은 섭취 영양소의 양과 질이 신체 요구량을 만족하지 못할 때 발생하는 영양불량이다. 이차적 영양불량(secondary malnutrition)은 질병에 의한 대사 변화, 질병 치료를 위해 복용하는 약물, 임신, 감염, 치아 불량 및 과도한 음주 등에 의해 이차적으로 야기되는 영양불량이다. 이차적 영양불량은 영양불량을 유발하는 원인을 제거하고 부족한 영양소를 보충하여 해결할 수 있다.

(2) Jelliffe에 의한 영양불량

Jelliffe[1)]는 영양공급 기간과 정도에 따라 영양부족, 영양과잉, 영양소 결핍증 및 영양불균형의 4가지로 영양불량을 분류하였다.

① 영양부족

영양부족(undernutrition)은 장기간 동안 한 가지 혹은 여러 가지 영양소의 절대적 또는 상대적 공급이 부족하거나 체내에서 영양소를 이용하지 못할 때 발생한다. 식사섭취 부족이나 소화·흡수 장애의 의한 1차성 영양부족과 질환에 의한 영양소 이용이나 저장에 문제가 생겨 2차적으로 영양부족이 되는 경우를 이른다.

② 영양과잉

영양과잉(overnutrition)은 장기간 동안 영양소가 영양 필요량을 초과하여 과잉 공급되어 나타나는 영양문제이다.

③ 영양소 결핍증

영양소결핍증(specific nutrient deficiency)은 특정 영양소의 섭취가 부족하거나 여러 가지 이유로 체내 이용률이 감소하여 나타나는 영양문제이다.

④ 영양불균형

영양불균형(nutritional imbalance)은 식품섭취로 공급되는 영양소의 양과 질이 체내 영양소 요구량과 균형이 맞지 않을 때 생기는 영양문제이다.

---

1) 영양불량에 관해서는 여러 분류방법이 있지만, 1963년 Derrick B Jelliffe가 최초로 영양부족과 과잉, 특정 영양소 결핍, 영양불균형 등 4개의 범주로 분류하였다.

5. 영양판정 체계

영양판정은 검사지에 의해 영양 취약 계층을 선별해 내는 영양 스크리닝, 특정 시점에서 특정 집단의 영양문제를 파악하여 영양 취약집단을 선별하는 영양조사, 영양 취약집단의 영양상태를 일정기간 동안 주기적으로 점검하는 영양감독 및 선별된 영양 취약집단에게 영양치료를 통해 영양상태를 향상시키는 영양중재의 체계로 이루어져 있다.

1) 영양 스크리닝

영양 스크리닝(nutrition screening)은 간단한 검사지에 의한 영양조사 결과에 따라 영양불량 대상자 및 영양불량 위험을 내포한 대상자를 짧은 시간 안에 선별하는 것이다. 이때 영양상태를 간략하게 평가할 수 있는 기준이 필요하다. 영양스크리닝은 영양선별 또는 영양검색이라고도 한다.

2) 영양조사

영양조사(nutritional survey)는 인구집단의 영양상태를 식사섭취조사를 통해 파악하는 과정이다. 이는 주로 횡단조사(cross-sectional survey)[2]로 이루어지며, 특정 집단의 전반적인 영양상태를 조사하고 영양상태와 영양문제를 파악하여 영양 취약집단을 선별할 때 사용한다. 횡단조사에서는 영양 취약집단을 분류하고 영양문제를 알아낼 수 있으나, 영양불량 원인에 대한 파악은 어렵다.

---

2) 사람, 장소, 시간에 따른 질병 분포를 파악함으로써 질병의 원인에 대한 가설을 얻기 위하여 수행되는 연구방법인 기술역학(descriptive studies)의 일종이다. 개개인의 위험요인 노출 여부와 질병 유무를 동시에 조사한다. 연구 시작 전에 이미 가설이 존재하는 분석역학(analytical epidemiology)과는 차별된다.

3) 영양감독

영양감독(nutrition surveillance)은 특정 집단, 특히 영양 취약집단이나 중재프로그램 참가 집단의 영양상태를 종단적으로 장기간 조사, 감독하는 것이다. 이는 영양조사와 달리 일정기간 정기적으로 조사하여 영양불량의 원인을 규명할 수 있으며 이를 바탕으로 영양중재 방안을 계획할 수 있다.

4) 영양중재

영양중재(nutrition intervention)는 영양조사와 영양검색 등에 의해 선별된 영양불량 대상자들에게 식품이나 영양소 보충, 영양교육 및 영양상담 등을 통하여 영양상태를 향상시키고자 하는 과정이다. 영양중재는 정확한 영양판정과 영양진단으로 이루어져야 하며 중재 후 중재효과에 대한 판정을 시행한다.

6. 영양조사 계획

영양조사는 일반적으로 조사계획, 조사대상자 선정, 조사내용 및 조사방법 확립, 예비조사 실시, 예비조사 결과분석, 본 조사 실시, 자료정리 및 결과 분석의 단계로 진행된다. 각각의 단계는 영양조사의 목적과 필요에 따라 순서를 조정하거나 반복하면서 수행될 수 있다.

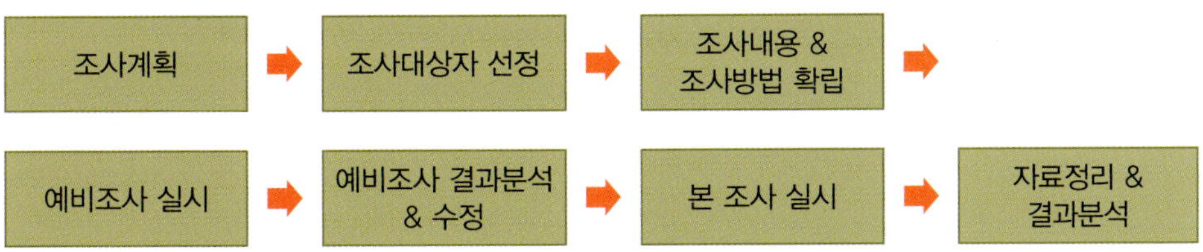

| 그림 1-2 | 영양조사 단계

1) 조사계획

영양조사의 첫 번째 단계로서 조사 목표, 조사 설계, 예산편성 및 인력, 기구, 시설 설비 계획이 여기에 해당한다. 이 단계는 조사에 있어서 매우 중요한 단계이며, 조사 실무 담당자, 통계분석 담당자, 조사 지역 지도자, 관계인 등으로 구성된 조사계획팀을 조직하여 진행한다.

(1) 조사 목표

영양조사의 목적과 구체적인 목표를 세우고 이를 위해 수집해야 할 정보를 작성한다. 주어진 시간과 자원 등을 고려하여 영양상태, 식행동과 관련된 정보를 목록으로 작성한다.

(2) 조사 설계

조사 목표와 시간, 비용 등에 적합하게 조사대상자와 조사방법, 조사 일정, 결과 분석 등을 계획하는 과정이다. 조사 설계 방법에는 횡단조사, 환자-대조군 조사, 코호트 조사 등이 있다.

① 횡단조사

횡단조사(cross-sectional study)는 가장 단순한 영양조사 설계이다. 영양사업계획 시 기초자료 수집을 위해서 주로 사용하는 방법으로, 특정한 일정 시점에서 집단을 대표하는 표본 집단을 무작위로 추출하여 영양실태에 관한 정보를 조사한다. 국민건강영양조사[3]는 국민의 건강수준, 건강형태, 식품 및 영양섭취 실태를 조사하는 전국 규모의 대표적인 횡단조사이다.

3) 「국민건강증진법」 제16조에 근거하여 국민의 건강 및 영양 상태를 파악하기 위해 실시되는 전국 규모의 정부 지정통계이다.

② 환자-대조군 조사

환자-대조군 조사(case-control study)는 조사 목표 집단인 환자군과 비교집단인 대조군을 선정하여 발생한 영양문제와 관련된 요인을 비교·조사하는 것이다. 이 방법은 만성질환과 관련된 식사 위험인자를 파악하기 위한 연구에 많이 사용되고 있으며 후향성 조사(retrospective survey)가 된다.

③ 코호트 조사

코호트 조사(cohort study)는 동일한 특성을 갖는 집단인 코호트를 형성하여 지속적으로 조사하는 방법이다. 이는 장기간 동안 일정한 간격을 두고 자료를 수집하여 관찰하는 전향적 조사(prospective study) 방법이다. 이 방법은 인과 관계를 규명할 수 있다는 장점이 있다. 한국인유전체역학조사(Korean Genome and Epidemiology Study, KoGES)는 한국인에서 많이 발생하는 만성질환의 유전과 환경인자와의 상호관계를 규명하기 위한 국가 주도의 코호트 사업이다.

(3) 예산 편성

조사 설계 시 예산이 구체적으로 계획되어야 한다. 예산 항목에는 인건비, 기구·재료 구입비, 교통비, 분석비 등 조사에 관계된 모든 비용이 포함된다.

(4) 인력, 기구, 시설 설비

조사에 필요한 인력, 기구 및 설비를 조사 계획 단계에서 자세하게 설정하도록 한다. 즉, 조사원 수, 모집방법, 필요 도구, 기기, 사무실 확보 등에 대한 계획을 세운다.

2) 조사대상자 선정

영양조사 시 전체 집단을 대표할 수 있는 표본을 선정하여 조사한 후 조사결과를 모집단에 일반화시킨다. 따라서 조사대상자 선정 시 표본추출 방법과 표본의 크기는 매우 중요하다.

(1) 표본추출 방법

표본추출 방법은 모집단 종류, 크기 및 분포 등에 따라 결정한다. 표본추출 방법으로 확률 표본추출과 비확률 표본추출이 있다. 확률 표본추출은 영양조사에서 주로 사용된다. 확률 표본추출의 가장 기본적인 방법인 단순 무작위 추출, 집단에서 계통적으로 표본을 추출하는 계통 표본추출, 집단의 구성원을 집락 단위로 추출하는 집락추출법 등이 있다. 비확률 표본추출은 모집단이 너무 방대하거나 모집단의 특성을 감안한 의도적 표본 선정을 할 경우 이용한다. 할당 표본추출과 임의 표본추출법 등이 있다.

(2) 표본 크기

영양조사에서 표본의 이상적인 크기는 모집단의 추론이 신뢰성이 있을 정도로 통계학적인 방법으로 결정한다. 이외에도 조사 일정, 조사원 수, 정보량 등을 고려하여 표본의 크기를 결정한다.

3) 조사방법 확립

영양조사 시에는 목표와 여건에 따라 가장 효율적인 판정 방법과 측정 도구를 선택해서 사용해야 한다. 영양판정 도구를 선택할 때는 타당도, 신뢰도, 정확도, 측정오차, 민감도, 특이도 등을 반드시 고려해야 한다.

(1) 타당도

타당도(validity)는 측정하고자 하는 영양소나 영양상태를 판정 지표가 얼마나 적절하게 평가하고 있는지를 나타내는 것이다.

(2) 신뢰도

신뢰도(reliability)는 같은 방법으로 반복 측정 시 얼마나 일관된 결과가 나오는지를 보는 것이다. 이는 재현성(reproducibility), 정밀도(precision)라고도 하며 변이계수로 나타낸다. 실험 매뉴얼 작성, 조사자의 훈련 및 조사방법의 표준화 등으로 신뢰도를 높일 수 있다.

(3) 정확도

정확도(accuracy)는 조사 측정값이 얼마나 참값에 가까운가를 나타내는 정도이다. 참값과는 다른 측정값이 반복 측정 시 재현성이 높게 나온다고 정확도가 높은 것은 아니다.

(4) 측정오차

측정오차(measurement error)는 조사에서 사용된 판정도구나 기기가 부정확하거나 사용 과정에서 발생하는 실수에 의해 유발되는 오차를 이른다. 무작위 측정오차는 판정도구나 기기가 부정확하여 발생하는 우발적 발생 오차이며 정확도가 낮아지게 된다. 이러한 경우에는 대상자 수를 늘리거나 방법의 표준화, 조사자 훈련 등으로 오차를 줄일 수 있다. 계통측정오차는 측정도구 등이 처음부터 참값과 다른 오차를 가지고 있어서 측정 시에 나타나는 오차를 이른다. 예를 들면, 식사섭취조사 시 음주량 문항에 대한 응답에서 사회적 편견에 따라 실제 섭취량보다 적게 보고하는 경향을 볼 수 있다. 이는 재현성은 높을 수 있으나 정확도는 낮다.

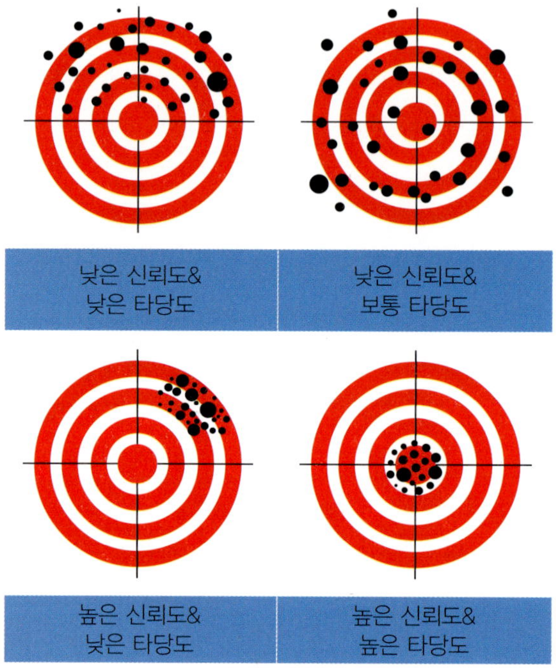

| 그림 1-3 | 신뢰도와 타당도의 관계

4) 조사 실시

영양조사 실시 때는 수시로 조사 진행 사항을 점검한다. 조사에 필요한 물건이나 자료의 공급 상태를 확인하고 발생하는 문제를 해결하도록 한다.

5) 자료정리 및 결과분석

영양조사 후 수집된 자료는 정확하게 완성되어 있는지 확인한다. 수집된 자료는 컴퓨터를 이용하여 입력하고 적절한 통계방법으로 결과를 분석한다.

7. 영양판정 기준치

영양판정 결과는 여러 기준치를 사용하여 평가할 수 있다. 가장 많이 사용되는 방법은 건강한 사람을 대상으로 한 참고치(reference value)와 비교하는 것과 영양불량 판정기준치(cutoff points)를 이용하여 영양상태를 분류하는 것이다.

1) 참고치

참고치(reference value)는 건강한 표준인을 대상으로 한 참고 표본집단으로부터 결정된 값이다. 식사섭취조사의 참고치로 사용되는 한국인영양섭취기준과 신체계측조사에서 사용되는 소아·청소년 성장도표 등이 있다.

2) 판정기준치

판정기준치(cutoff points)는 영양판정 지표와 체내 저장영양소 고갈, 체기능 손상, 영양결핍 증상 사이의 관계를 바탕으로 영양상태를 판정하는 값이다. 판정기준치에 따라 조사대상자는 정상집단과 불량집단으로 분류된다. 영양소의 섭취량이 판정기준치보다 낮을 경우 영양불량으로 구분한다.

CHAPTER 2

식 사 섭 취 조 사

식사섭취조사(dietary assessment)는 영양판정을 수행할 때 사용하는 여러 조사방법 중에서 가장 기본적인 조사이며, 영양 관련 전공자의 지식, 조사 기술 및 분석과 같은 전문성이 필요한 분야이다. 개인이나 집단의 영양상태를 판정할 때 다른 방법들에 비해 식사섭취조사가 적절한 경우가 있다. 예를 들면, 식사섭취조사는 한 번의 조사로 영양소 데이터베이스가 있는 대부분의 영양소 상태를 판정할 수 있는 반면, 생화학조사는 한 번에 일부 영양소만의 판정이 가능하다. 또한 칼슘은 체내 항상성이 유지되는 영양소이므로 영양상태 판정 시에는 혈액의 칼슘 농도보다 식사섭취조사를 통해 섭취량을 파악해야 한다. 또한 식사패턴이나 식품군 섭취 파악이 필요할 때도 식사섭취조사로만 가능하다.

반면, 식사섭취조사는 조사 시에 대상자의 주관적 인식이 반영되거나 대상자의 인지능력에 따라 섭취 결과에 차이가 날 수 있다. 식사섭취조사는 평상시의 식사섭취량을 조사한다. 그러나 매일 섭취하는 식품의 종류와 양은 개인에 따라 다양하므로 일상섭취량의 정확한 추정이 어렵다. 따라서 식사섭취조사 결과는 신체계측조사, 생화학조사 및 임상조사 등 다른 조사 결과를 고려하여 종합적으로 판정해야 한다.

1. 식사섭취조사 목적

식사섭취조사를 하여 개인이나 집단의 영양소 섭취 상태를 분석하고 영양상태를 판정한다. 영양상태 판정 결과는 국가 정책, 역학조사 및 상업적 이용 등의 목적으로 활용될 수 있다.

식사섭취조사의 목적은 다음과 같다. 첫째, 개인과 집단의 영양소 섭취 실태 파악으로 영양문제를 선별할 수 있다. 둘째, 국가 단위의 식사섭취조사를 실시하여 국가의 식품군별 공급량 및 소비량을 알 수 있다. 셋째, 집단의 식사섭취 상태와 질병과의 관계를 규명할 수 있다. 넷째, 식품섭취조사를 기초자료로 활용하여 국민건강증진을 위한 보건정책을 수립할 수 있다. 다섯째, 식사섭취조사 결과를 이용하여 식품산업이나 외식산업의 발달을 가져올 수 있다.

2. 식사섭취조사 방법

식사섭취조사는 조사 목적, 연구 설계, 조사대상자의 특징, 영양소나 식품, 비용 등의 이용 가능한 자원에 따라 가장 적절한 방법을 선택하여 사용한다.

1) 24시간 회상법

24시간 회상법(24-hour recall)은 식사섭취조사에서 가장 많이 이용되는 방법으로, 조사대상자가 면담 전날 하루 동안 섭취한 모든 음식과 식품에 대한 정보를 조사하여 식품 섭취수준과 영양소 섭취상태를 평가하는 개방형 방법이다.

(1) 조사방법

훈련된 조사자가 조사대상자와 만나 심층면담으로 진행한다. 조사지에는 아침, 점심, 저녁, 간식으로 분류하여 음식명과 섭취량, 식재료명과 분량, 음료 및 간식 등을 기입하며 필요시 식사시간, 식사장소, 같이 식사한 사람, 조리법, 제품 상표 등을 질문하여 대상자의 기억에 도움을 주도록 한다[표 2-1]. 조사 시에 조사자는 대상자가 식사 시 섭취한 음식 외에도 조미료, 음료, 간식 등 하루 동안 섭취한 음식을 모두 기억하도록 자세히 질문한다. 잼이나 버터 등 추가 식품이나 건강기능식품 및 알코올 섭취도 빠지지 않고 조사하도록 한다. 24시 회상법은 일반적으로 조사 전날 하루의 식사섭취 상태를 조사하지만 일상적인 식습관을 조사하기 위해서 3일 조사를 많이 한다. 또한 조사 요일에 의한 변이를 줄이기 위해 주중 이틀과 주말 하루를 조사하도록 한다. 조사는 잘 훈련된 조사자에 의해 15~20분 정도 소요되며, 첫 번째 면접 후 전화로 면접 내용을 재검토하거나 두 번째 조사를 수행한다.

근래에는 인터넷에 입력하여 조사하는 웹 기반 조사법이 개발되었으며, 대규모 역학 조사에서 사용되고 있다. 한국인유전체역학조사사업의 영양조사에서는 24시간 회상법 설문지를 이용한 면접조사를 실시하여 대상자가 조사 전날 섭취한 모든 음식명, 식재료, 시간 및 장소 등을 CAPI(Computer Assisted Personal Interviews)에 입력한다[그림 2-1].

(2) 식사섭취량 추정

섭취한 음식 양을 추정하는 데 도움을 주기 위해 가정에서 사용하는 공기, 대접, 토막 등의 단위로 기록하고 가공식품은 상품명과 회사명을, 건강기능식품은 상품명, 섭취 횟수와 양을 정확히 기입한다. 실제 식품섭취량에 가깝게 추정하기 위해 눈대중 양과 실측 훈련을 하고 계량 단위와 계량 도구를 잘 이해하고 있어야 한다. 그 외에 음식 모형이나 휴대용 음식 실물 사진, 음식 레시피, 계량컵, 계량스푼, 평면적 모델(네모, 원, 부채꼴, 컵) 등을 이용할 수 있다[그림 2-2, 2-3, 2-4].

(3) 조사자 훈련

조사자는 효과적인 면담을 진행하기 위해서 판매 식품의 종류, 음식 조리방법, 식재료, 분량 및 식습관에 대한 지식이 있어야 한다. 따라서 조사자는 훈련을 통해 조사에 필요한 지식과 면담 기술을 습득해야 한다.

| 표 2-1 | 24시간 회상법 조사지 예

<table>
<tr><td colspan="7">24시간 회상법 설문지</td></tr>
<tr><td>ID</td><td colspan="3"></td><td>조사일</td><td colspan="2">년 월 일</td></tr>
<tr><td>성명</td><td colspan="3"></td><td>조사자</td><td colspan="2"></td></tr>
<tr><td>연락처</td><td colspan="3"></td><td>전화조사 예약일</td><td colspan="2">월 일 요일 시</td></tr>
<tr><td colspan="7">▶ 식사기록을 작성하시는 날이 평상시와 다르게 식사를 한 날인가요? (□ 예 □ 아니오)
※ 식사 구분은 간식, 아침, 점심, 저녁으로 표시하여 주십시오.</td></tr>
<tr><td>식사구분</td><td>시간</td><td>장소</td><td>음식명</td><td>재료명</td><td>제품명(제조회사)</td><td>섭취분량(눈대중량)</td></tr>
<tr><td></td><td></td><td></td><td></td><td></td><td></td><td></td></tr>
</table>

출처: 질병관리본부 · 국립보건연구원(2015). 한국인유전체역학조사사업 활용지침서(개방형 영양조사).

| 표 2-2 | 24시간 회상법 장점과 단점

장점	• 식품의 종류와 섭취량을 파악할 수 있다. • 조사 과정이 비교적 간단하다. • 조사대상자의 교육수준에 크게 영향받지 않는다. • 개방형 조사방법으로 다양한 문화를 가진 대상자를 조사할 수 있다. • 대상자들이 일상적인 식사 패턴을 바꿀 염려가 없다.
단점	• 기억에 의존하므로 식품 섭취량에 오차가 생길 수 있다. • 주말, 계절에 따른 식품 섭취량에 차이가 크다. • 개인의 평상시 식사섭취량을 반영하기 어렵다. • 잘 훈련된 조사자가 필요하다. • 조사 자료 입력을 위해 시간과 노동 집약적이다.

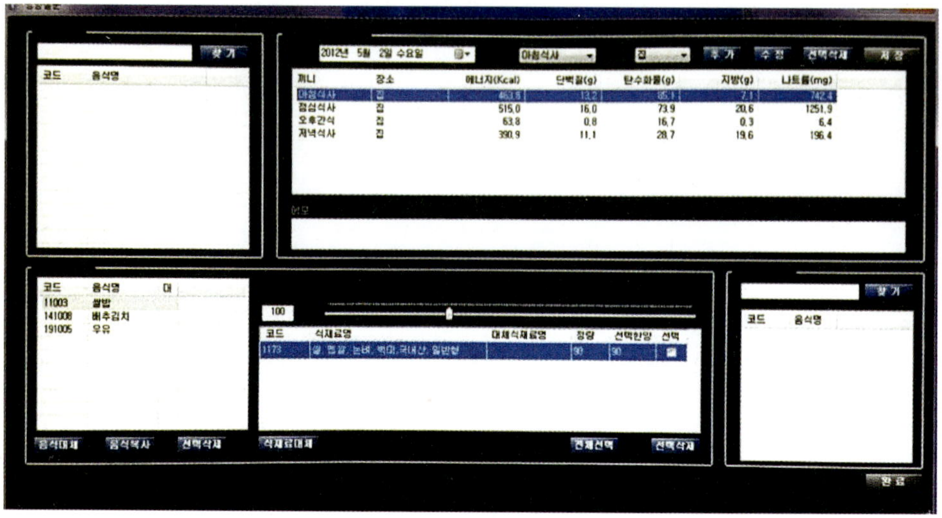

| 그림 2-1 | 24시간 회상법 CAPI 조사 화면

출처: 질병관리본부 · 국립보건연구원(2015). 한국인유전체역학조사사업 활용지침서(개방형 영양조사).

식품군	1인 1회 분량					
곡류	밥 1공기 (210g)	백미 (90g)	국수 1대접 (건면 90g)	냉면국수 1대접 (100g)	떡국용 떡 1인분 (30g)	식빵 1쪽* (35g)
고기·생선·달걀·콩류	육류 1접시 (80g)	닭고기 1조각 (60g)	생선 1토막 (60g)	콩 (20g)	두부 2조각 (80g)	달걀 1개 (60g)
채소류	콩나물 1접시 (70g)	시금치나물 1접시 (70g)	배추김치 1접시 (40g)	오이 1접시 (70g)	버섯 1접시 (30g)	물미역 1접시 (30g)
과일류	사과(중) 1/2개(100g)	귤(중) 1개(100g)	참외(중) 1/2개(150g)	포도 13알 (100g)	수박 1쪽 (200g)	오렌지주스 1/2컵(100mℓ)
우유·유제품류	우유 1컵 (200g)	치즈 1장* (20g)	호상요구르트 1/2컵(100g)	액상요구르트 3/4컵(150mℓ)	아이스크림 1/2컵(100g)	
유지·당류	식용유 1작은술(5g)	버터 1작은술(5g)	마요네즈 1작은술(5g)	커피믹스 1회 (12g)	설탕 1큰술 (10g)	꿀 1큰술 (10g)

*표시는 0.3회

| 그림 2-2 | 식품군별 대표식품 1인 1회 분량

출처 : 한국영양학회(2015). 한국인 영양소 섭취기준.

| 그림 2-3 | **식품 및 음식 실물 사진**

출처: 질병관리본부(2015). 한국인 유전체 역학조사사업을 위한 식품 및 음식 실물사진.

| 그림 2-4 | **분량 추정을 위한 그릇 모형**

출처: 질병관리본부(2015). 한국인 유전체 역학조사사업을 위한 식품 및 음식 실물사진.

2) 식품섭취빈도조사법

식품섭취빈도조사법(Food Frequency Questionnarie, FFQ)은 일정 기간 동안 개인이 상용하는 식품의 섭취빈도를 조사하여 장기간의 일상적인 식사섭취 실태를 파악하기 위한 질적인 방법이다. 조사 목적에 맞게 조사대상자가 일상적으로 섭취하는 식품으로 목록을 구성하고 지난 1년간 식품 섭취빈도를 조사한다.

(1) 조사방법

식품섭취빈도조사지는 연구 목적에 맞게 조사대상자가 일상적으로 섭취하는 개인 간 변이가 큰 식품의 식품목록과 섭취빈도로 구성한다. 식품목록은 섭취량 추정의 과대 혹은 과소평가를 피하기 위해 일반적으로 100여 개 정도의 식품을 포함하도록 작성한다. 식품 섭취빈도는 각 식품을 하루, 일주일, 한 달, 일년을 기준으로 7~10 단계로 섭취 횟수를 구성한다. 과일이나 채소 같이 계절별 섭취가 다른 식품은 지난 1년간의 평균적인 섭취량을 조사한다.

(2) 식품섭취빈도조사법 분류

식품섭취빈도조사에서 영양소 섭취량을 계산하기 위해 식품별로 1회 섭취량을 제시하거나 1회 섭취량을 3단계로 분류하여 제시하는 방법을 사용한다. 조사법은 식품의 1회 섭취량 제시 방법에 따라 세 가지로 분류된다[표 2-3].

단순 식품섭취빈도조사법(simple food frequency questionnaire)은 비정량적 식품섭취빈도조사로 섭취빈도만 조사한다. 반정량 식품섭취빈도조사법(semi-quantitative food frequency questionnaire)은 목록에 있는 각 식품에 1회 섭취분량을 제시하고 섭취빈도를 작성하도록 한다. 정량 식품섭취빈도조사법(quantitative food frequency questionnaire)은 각 식품의 섭취량을 1회 분량을 기준으로 대·중·소로 나누어 조사하고 섭취빈도에 따라 섭취량을 환산한다.

| 표 2-3 | 식품빈도섭취조사지 종류

* 단순 식품섭취빈도조사지

식품명	섭취빈도								
	거의 안먹음	월		주			일		
		1회	2~3회	1~2회	3~4회	5~6회	1회	2회	3회
쌀밥									
보리밥									

* 반정량 식품섭취빈도조사지

식품명	1회 분량	섭취빈도								
		거의 안먹음	월		주			일		
			1회	2~3회	1~2회	3~4회	5~6회	1회	2회	3회
쌀밥	1공기(210g)									
보리밥	1공기(210g)									

* 정량 식품섭취빈도조사지

섭취빈도(회) / 음식명	섭취빈도									1회 평균섭취량			
	거의 안먹음	월		주			일						
		1회	2~3회	1~2회	3~4회	5~6회	1회	2회	3회				
1. 쌀밥	①	②	③	④	⑤	⑥	⑦	⑧	⑨	1공기(300mℓ, B1T)			
										① 1/2	② 1	③ 1½	④ 2
2. 보리밥	①	②	③	④	⑤	⑥	⑦	⑧	⑨	1공기(300mℓ, B1T)			
										① 1/2	② 1	③ 1½	④ 2

출처: 질병관리본부. 국민건강영양조사. Https://knhanes.cdc.go.kr/knhanes/index.do

(3) 식품섭취빈도조사법의 장단점

식품섭취빈도조사법은 장기간에 걸친 식습관을 조사하므로 식사와 만성질환 발병과의 관계를 조사하는 역학연구에 유용하게 사용될 수 있다. 조사는 면접으로 이루어지기도 하나 대상자가 직접 설문지에 기입하는 자기기입이나 우편으로도 가능하여 비용 면에서 다른 조사방법에 비해 경제적이다. 또한 조사한 설문지로부터 컴퓨터를 이용한 자료 입력 처리가 가능하다는 장점이 있다. 조사 시간은 보통 15~20분 정도 소요된다.

반면, 식품섭취빈도조사법은 설문지에 수록된 식품목록만을 조사하므로 이에 따라 조사결과가 과소 또는 과대평가될 수 있다. 따라서 연구목록에 맞는 식품 목록 선정이 매우 중요하며 설문지 작성을 할 때 타당도 검증 절차가 반드시 필요하다[표 2-4].

| 표 2-4 | 식품섭취빈도조사법의 장점과 단점

장점	• 자기기입식이나 우편으로 조사 가능하여 경제적이다. • 조사대상자의 협조를 구하기가 쉽다. • 식생활과 질병과의 관계 파악을 위한 대규모 역학연구에 유용하다. • 조사대상자의 일상 식사패턴 파악이 가능하다.
단점	• 24시간 회상법에 비해 섭취량 측정이 정확하지 않다. • 대상자에 따른 다양한 조사지를 개발해야 한다. • 식품목록에 따라 조사 결과가 과대 혹은 과소평가될 수 있다. • 섭취량 추정 시 표준 레시피를 사용하여 실제 섭취량을 반영하지 않을 수 있다.

3) 식사기록법

식사기록법(dietary record)은 조사대상자가 일정 기간 동안 섭취한 모든 음식을 식사 중이나 식사 후에 식품명, 섭취량, 식사 장소 등을 직접 기록하는 개방형 조사방법이다.

(1) 조사방법

조사대상자가 섭취가 음식명, 식재료, 섭취량 등을 24시간 회상법에서와 같이 기억력에 의존하지 않고 눈대중이나 직접 저울 등을 사용하여 기록하므로 다른 방법에 비해 훨씬 정확하다. 따라서 여러 식사섭취조사 방법 중에서 타당도가 높은 비교 기준으로 사용할 수 있다.

식사기록법은 조사 시 섭취하는 음식명뿐만 아니라 조리방법에 있어서도 자세한 자료를 얻을 수 있다. 조사대상자가 섭취량을 추정할 때 식품 모델, 사진 및 식기 등을 제공하여 도움을 주도록 한다. 일반적으로 일상적인 식습관을 조사하기 위해서 3일 조사를 많이 한다. 이때 조사 요일에 따른 영양소 섭취량의 변이를 줄이기 위해서 주중 이틀과 주말 하루를 조사하도록 한다. 식사기록법은 조사대상자가 직접 식사섭취량을 추정하고 기록해야 하므로 조사대상자의 교육수준이 어느 정도 이상이어야 하고 사전에 기록방법에 대한 교육이 필요하다. 따라서 조사대상자 면접과 교육 및 검토에 시간과 경비가 많이 드는 방법이다[표 2-5].

(2) 추정량 기록법과 실측량 기록법

추정량 기록법은 조사대상자가 식사 때마다 조리방법, 식품의 양, 조리된 음식량, 섭취한 음식량, 상품명 등을 기록하였다가 이후에 조사자가 환산하여 영양소 함량을 산출하는 방법이다.

실측량 기록법은 조사자가 식재료의 무게와 조리 후 무게를 측량하고 조사대상자가 식사한 후 남은 식사량을 측정하여 실제로 섭취한 음식량을 기록하는 방법이다.

| 표 2-5 | 식사기록법의 장점과 단점

구분	내용
장점	• 기억력에 의존하지 않는다. • 비교적 정확한 식사섭취 자료를 얻을 수 있다. • 다른 식사섭취조사 방법의 최적기준으로 이용된다. • 개방형 조사로 다양한 문화적 차이를 반영할 수 있다.
단점	• 조사대상자의 능력과 동기부여가 필요하다. • 조사대상자의 협조가 필요하다. • 조사대상자가 식사패턴을 일상 식사와 다르게 바꿀 수 있다. • 조사한 식사 내용을 입력하는 데 시간과 노동 집약적이다.

4) 식사력 조사법

식사력 조사법(dietary history)은 다른 식사섭취 방법을 포함한 광범위한 조사를 통해 장기간의 식사섭취 상태를 파악하는 방법이다. 특정한 하루의 식사섭취가 아니라 오랜 기간 동안의 식습관을 조사할 때 사용한다. 따라서 타 식사섭취조사에 비해 면접시간이 오래 걸린다. 식사력 조사법은 잘 훈련된 조사자와 기억력이 좋은 조사대상자가 필요하므로 집단보다는 개인의 식사 패턴을 알아보기 위해 좋은 방법이다[표 2-6].

과거의 일상적인 식사섭취 실태를 조사하기 위해 다양한 조사방법을 단계적으로 사용한다. 먼저 24시간 회상법을 수행하여 식품 섭취량과 식습관에 대한 정보를 수집한다. 두 번째로 식품섭취빈도조사법을 이용하여 목록에 있는 특정 식품의 섭취빈도와 양을 조사하여 회상법에 의한 결과를 확인한다. 또한 식사기록법으로 최근 식품의 섭취량을 조사하고 외식 빈도와 건강기능식품 사용 등의 식행동에 대해서도 조사한다.

| 표 2-6 | 식사력 조사법의 장점과 단점

구분	내용
장점	• 개인의 일상적인 식습관을 알 수 있다. • 만성적인 질병 발생의 원인을 파악하기 위한 역학 연구에 사용될 수 있다.
단점	• 조사대상자가 식사섭취에 대한 내용을 잘 기억해야 한다. • 정확한 답을 유도하기 위해 잘 훈련된 조사자가 필요하다. • 조사 결과 값이 다소 높게 평가된다.

5) 식품수급표

식품수급표(food balance sheet)는 국가 단위의 식품 섭취 실태를 파악할 때 유용하게 사용된다. 연도별로 국민에게 공급되는 식품공급량을 바탕으로 1인당 1일 소비하는 식품공급량을 추정하는 방법이다. 일반적으로 1년 동안의 국내 총 식품공급량에 수출량, 이월량, 식량 외에 사용된 양 등을 제하고 폐기량을 추정하여 순 식용공급량이 계산된다. 순 식용공급량을 연앙인구수로 나누어 국민 1인당 식품공급량과 1인당 영양소 공급량을 산출한다.

- 총 식품공급량=총 생산량+수입량+이입량
- 순 식용공급량=총 식품공급량 - (수출량+이월량+식량 외 사용량)
- 국민 1인당 1년 식품공급량=순 식용공급량/연앙인구수
- 국민 1인당 1일 식품공급량=국민 1인당 1년 식품공급량/365
- 국민 1인당 1일 영양공급량=국민 1인당 1일 식품공급량에 식품별 영양성분가를 적용하여 산출한 양

이외에도 가정이나 급식소에서 일정기간 가구에서 구매, 선물 또는 생산한 식품의 종류와 양을 조사하는 식품계정조사(food account method)가 있다. 그러나 이 방법에는 외식 식사량과 폐기량이 계산되지 않는다. 식품계정조사를 변형한 식품소비조사(food inventory method)는 조사 시작 날과 마지막에 가구의 모든 식품의 양을 조사하고 폐기량을 감안하여 실제로 사용한 식품 소비량을 산출한다.

3. 식사섭취조사에 의한 영양판정 시 고려할 점

1) 측정오차

(1) 무작위오차

무작위오차(random error)는 참값에 비교하여 작거나 큰 값으로 결과 값의 분포에 영향을 미쳐 결과의 정확도를 낮추게 된다. 식사섭취를 조사할 때 기억에 의한 정확도가 낮거나 섭취량에 대한 인식이 실제와는 다른 경우 오차가 발생한다. 무

작위오차는 표본 수나 조사 횟수를 늘려 반복 측정함으로써 오차를 줄일 수 있다. 또한 잘 훈련된 조사자가 표준화된 면접 절차에 따라 면접 시 회상하는 것을 돕거나 식사섭취량을 추정할 수 있는 조사 도구를 사용하는 것이 필요하다.

(2) 구조적오차

구조적오차(systematic error)는 연구의 타당도를 위협하는 계통적 오차이다. 조사대상자의 편견이 있거나, 설문지에 오류가 있거나 코딩 등 자료처리 시에 문제가 발생하는 경우이다. 즉, 비만한 사람이 섭취량을 실제보다 적게 보고하는 것과 술 섭취량을 보고하지 않거나, 올바른 식습관에 대한 편견으로 특정 식품을 실제 섭취량보다 많게 보고하는 경향 등이다. 자료처리 시에 발생하는 오차는 흔히 부주의에 의해 발생한다. 구조적오차는 조사 횟수를 늘려도 오차를 줄이기가 어려우므로 조사방법을 표준화하는 등 오차가 발생하지 않도록 주의해야 한다.

2) 변이

(1) 개인 간 변이

조사대상자 개인 간에 식습관의 차이에 의해 생기는 변이이다. 집단의 평균 영양소 섭취량을 조사할 때 개인 간 변이 차이를 줄이기 위해서 표본 수를 늘린다.

(2) 개인 내 변이

개인이 섭취하는 식품의 종류와 양은 매일, 계절, 심리적 상태 등 다양한 요인의 영향을 받기 때문에 식사섭취조사를 할 때 변이가 생길 수밖에 없다. 개인 내 변이를 줄이기 위해서는 조사 일수를 늘리도록 한다.

3) 조사 일수

평상시 식사섭취량을 정확하게 추정하기 위해서는 하루 섭취량 조사만으로는 어려우므로 여러 날의 섭취량을 조사해야 한다. 필요한 조사일수는 개인 내 변이와 개인 간 변이에 따라 다양하다. 개인 내 혹은 개인 간 변이가 큰 무기질, 비타민과 같은 영양소의 경우에는 조사일수가 많이 필요하나 일반적으로 3~5일 정도의 섭취량 조사를 한다. 그리고 주말과 주중에는 섭취 식품의 종류와 섭취량이 다른 경우가 많으므로 주중 2일과 주말 1일을 조사하도록 한다. 장기간의 섭취량을 조사할 경우에는 계절에 따른 섭취 차이를 고려하여 일반적으로 계절별로 3~4일을 조사한다.

4) 식사섭취조사 방법의 신뢰도와 타당도

(1) 신뢰도

신뢰도(reliability, reproducibility)는 재현성이라고도 하며, 같은 방법으로 반복 조사하였을 때 동일한 결과가 나오는 것을 말한다. 식사섭취조사는 기억력, 계절, 요일, 조사자와 조사대상자의 특성 등 다양한 요인이 영향을 미치므로 측정 오차와 불확실성에 의해 다양한 결과가 나올 수 있다. 일반적으로 식사섭취조사 방법의 신뢰도를 측정하기 위해서 동일한 방법에 의해 반복 조사하여 비교한다. 식품섭취빈도조사지를 개발할 때는 개발된 조사지를 이용하여 식사섭취조사를 하고 1년 뒤에 같은 조사대상자들에게 반복 조사하여 신뢰도를 검증한다.

(2) 타당도

타당도(validity, accuracy)는 측정값이 참값을 정확하게 측정하였는지 나타내는 방법으로 평상시 섭취량을 정확하게 판정해야 하는 식사섭취조사에서는 매우 중요하다. 식사섭취조사에서 타당도를 검증하는 방법은 식사기록법, 생화학적 지표 등의 표준치와 측정결과를 비교하는 것이다. 24시간 회상법에서는 회상 정도, 섭취량 추정, 식품데이터베이스, 조사 일수, 자료처리 등이 타당도를 결정하는 요소가 된다. 일반적으로 24시간 회상법은 식사기록법으로 조사한 결과 값과 비교하거나 생화학적 조사에 의한 지표와 비교하여 검증한다.

5) 조사자의 면담 관리

식사섭취조사 수행 시 면담을 할 때 조사대상자의 기억을 도와주고 조사대상자와 조사자의 편견을 배제하고 조사자 간의 오차를 없애기 위해 조사자를 훈련하고 면담방법을 표준화하는 것이 필요하다. 면담의 질을 관리하기 위해서 다음과 같은 절차를 진행한다. 먼저 조사자가 설문지, 질문지, 섭취량 기록 등을 자체 모니터링한다. 이후 잘 훈련된 조사자가 다른 조사자들이 기록한 정보를 재검토하는 과정을 거친다. 이때 불명확하게 기록되거나 빠진 항목은 조사대상자에게 다시 확인하도록 한다.

4. 국민건강영양조사

1) 국민건강영양조사 목적

국민건강영양조사는 국민건강증진법(1995)에 근거하여 실시되는 전국 규모의 대표성과 신뢰성을 갖춘 정부 지정통계조사이다. 제1기(1998)부터 제3기(2005)까지는 3년 주기로 시행하다 제4기(2007~2009)부터 연중 조사 체계로 매년 실시하고 있다. 국민건강영양조사는 국민의 건강수준, 건강행태, 식품 섭취 및 영양소 섭취 실태에 대한 산출된 통계를 통해 국민건강증진 계획, 목표, 평가 및 프로그램 개발 등 보건영양정책의 기초자료로 활용된다.

2) 국민건강영양조사 표본추출 및 대상자

국민건강조사는 가장 최근의 인구주택총조사 자료를 기본 추출틀로 하여 조사구와 가구를 1, 2차 추출단위로 하는 2단계 층화집락 표본추출 방법을 사용한다. 제7기 1차년도(2016)부터는 192개의 표본 조사구 내에서 양로원, 군대, 교도소 및 외국인 가구를 제외한 가구 중에서 계통추출법을 이용하여 23개 표본가구를 추출하였다. 조사대상자로 만 1세 이상 가구원 약 1만 명을 선정하여 조사하였다[표 2-7].

| 표 2-7 | 국민건강영양조사 표본설계

구분	제1기 (1998)	제2기 (2001)	제3기 (2005)	제4기 (2007~2009)	제5기 (2010~2012)	제6기 (2013~2015)	제7기 (2016~2018)	제8기 (2019~2021)
조사방법	3년주기 단기조사	3년주기 단기조사	3년주기 단기조사	순환 표본조사	순환 표본조사	순환 표본조사	순환 표본조사	순환 표본조사
조사기간	11~12월	11~12월	4~6월	2007년 7~12월/ 2008~2009년 1~12월	1~12월	1~12월	1~12월	1~12개월
표본크기	*건강면접조사: 200조사구, 12,000가구 *건강행태/검진/영양조사: 200조사구, 4,000가구	*건강면접조사: 600조사구, 12,000가구 *건강행태/검진/영양조사: 200통합조사구, 4,000가구	*건강면접조사: 600조사구, 12,000가구 *건강행태/검진/영양조사: 200통합조사구, 4,000가구	*600조사구, 13,800가구 (연간 200조사구, 4,600가구) *2007년은 반년 조사구 100조사구, 2,300가구	총 576조사구, 11,520가구(연간 192조사구, 3,840가구)	총 576조사구, 11,520가구(연간 192조사구, 3,840가구	총 576조사구, 11,520가구(연간 192조사구, 3,840가구)	총 576조사구, 11,520가구(연간 192조사구, 3,840가구)
추출틀	인구주택총조사(1995), 신축아파트목록(1997)	인구주택총조사(2000)	인구주택총조사(2000), 신축아파트목록(2001)	인구주택총조사(2005)	주민등록인구(2009), 아파트목록(2008)	인구주택총조사(2010)	인구주택총조사(2010), 공동주택공시가격(2011–14)	인구주택총조사(2015)

출처 : 질병관리본부(2019). 국민건강영양조사 제8기(2019~2021)표본설계 및 가중치 계산.

3) 국민건강영양조사 내용

국민건강영양조사는 조사 수행을 위한 가구원 확인조사와 건강설문조사, 검진조사 및 영양조사로 구성된다. 건강설문조사는 가구조사, 건강면접조사 및 건강형태조사로 분류되며 조사 문항은 연령에 따라 다르다[표 2-8]. 검진조사는 신체계측, 혈압, 혈액검사, 소변검사, 구강검사 및 폐기능검사 등의 자료를 수집한다.

영양조사는 건강설문조사와 검진조사를 수행하고 1주일 후에 영양조사팀이 전국의 표본가구를 방문하여 조사한다. 식생활 행태, 식이보충제, 영양지식, 식품안정성에 관한 자료와 24시간 회상법을 이용한 식사섭취조사를 실시한다. 24시간 회상법은 만 1세 이상의 대상자에게 조사 하루 전 섭취한 모든 종류의 음식과 섭취량 및 조리법을 조사한다. 만 19~64세의 대상자에게는 식품섭취빈도조사를 추가로 실시한다[표 2-9]. 제5기 3차년도 부터 제7기 1차년도(2012~2016)까지 반정량 식품섭취빈도조사지를 이용하여 조사하였다. 조사지는 112개 음식항목의 평균섭취빈도와 섭취량으로 구성되어 있다. 식품섭취빈도조사는 제7기 2차년도 국민건강영양조사(2017)부터 방법과 조사표 재검토를 위해서 일시적으로 중단하고 있다.

| 표 2-8 | 건강설문조사, 검진조사 – 국민건강영양조사

조사영역	조사 항목
건강설문조사	가구조사, 교육, 경제활동, 이환, 의료이용, 건강검진, 예방접종, 활동제한, 삶의 질, 손상, 흡연, 음주, 신체활동, 정신건강, 안전의식, 비만 및 체중조절, 여성건강, 구강건강
검진조사	신체계측, 혈압 및 맥박, 혈액검사, 소변검사, 구강검사, 폐기능검사, 안검사, 악력검사, 이비인후검사, 가족력

| 표 2-9 | 영양조사-국민건강영양조사

조사영역	대상연령	조사항목
식생활조사	만 1세 이상	끼니별 식사 빈도, 끼니별 동반식사 여부·대상, 외식 빈도, 식이보충제 복용 경험
	초등학생 이상	영양표시 인지·이용·영향 여부·관심항목, 영양교육 및 상담 경험
	만 1~3세	출생체중, 수유 방법·기간, 이유식, 일반우유, 영아기 식이보충제 섭취 정보
식품안정성조사	식생활관리자	가구의 식품안정성 확보
식품섭취빈도조사 (2016년)	만 19~64세	112개 음식항목의 섭취빈도와 1회 섭취량
식품섭취조사	만 1세 이상	조사 1일 전 섭취 음식(식이보충제 포함)의 종류 및 섭취량
	조리자	조사 1일 전 섭취 음식 중 직접 조리한 음식의 식품재료 및 재료량, 음식 총량

영양판정 실습

실습 24시간 회상법과 식사기록법 조사 결과 비교하기

1) 영양판정을 수강하는 같은 과 친구와 짝을 지어 평상시 어느 한 날을 정해 식사기록법을 이용하여 자기의 식사섭취조사를 한다.

2) 식사기록법을 수행한 다음 날 이번에는 24시간 회상법으로 친구를 대상으로 전날 식사섭취조사를 한다.

24시간 회상법 설문지						
ID				조사일	년 월 일	
성명				조사자		
연락처				전화조사 예약일	월 일 요일 시	
▶ 식사기록을 작성하시는 날이 평상시와 다르게 식사를 한 날인가요? (□ 예 □ 아니오) ※ 식사 구분은 간식, 아침, 점심, 저녁으로 표시하여 주십시오						
식사구분	시간	장소	음식명	재료명	제품명(제조회사)	섭취분량(눈대중량)

3) 24시간 회상법과 식사기록법으로 조사한 자료를 보관하였다가 식사섭취평가 단원을 배운 다음 식품섭취량을 영양소 섭취량으로 환산하여 두 조사방법의 결과 값을 비교·고찰해 보자.

CHAPTER 3

식사섭취조사에 의한 영양판정

개인이나 집단의 영양상태 판정을 위해 대상자의 식사섭취 자료가 수집되었다면, 식품 및 음식성분 데이터베이스를 이용하여 식품 및 영양소 섭취량을 산출하고 그 적정성을 평가하는 과정이 필요하다. 이 장에서는 현재 여러 기관에서 배포하는 식품영양 데이터베이스와, 식품 및 영양소 분석을 위해 제공되고 있는 분석 도구들에 대해서 알아본다.

1. 식품성분 및 음식 데이터베이스

1) 농촌진흥청 국가표준식품성분 데이터베이스

우리나라 최초의 식품성분표는 농촌진흥청이 1970년 UNICEF(유엔아동기금), FAO(국제연합식량농업기구), WHO(세계보건기구)에서 지원하는 한국응용영양사업[1)]의 일환으로 외국의 영양 정보를 수집하여 발간한 것이다. 이후 농촌진흥청의 식품성분표는 1981년 제2개정부터 직접 분석한 자료를 수록하기 시작하였고, 5년 주기로 발간되었다. 제9개정판부터는 '국가표준식품성분 DB 9.0'으로 명명하였고, 2019년부터는 변화하는 식품소비를 반영하는 영양성분 정보를 신속하게 제공하기 위하여 자료공개 주기를 5년에서 1년으로 단축하였다[표 3-1].

1) 농촌의 고질적인 식량문제 해결을 위해 UNICEF, FAO, WHO와 협정을 체결하여 정부 차원에서 추진한 국내 최초의 본격적 식생활 교육사업. 1968~1986년 수행.

| 표 3-1 | 농촌진흥청 식품성분표 제개정

구분	발행연도	수록식품수	성분	데이터 수
초판	1970	476	17	8,092
1개정판	1977	541	17	9,197
2개정판	1981	815	17	13,855
3개정판	1986	1,080	17	18,360
4개정판	1991	1,426	19	27,778
5개정판	1996	2,163	19	41,097
6개정판	2001	2,337	19	44,403
7개정판	2006	2,505	19	47,595
8개정판	2011	2,757	22	52,793
9개정판(DB 9.0)	2016	3,000	43	86,997
DB 9.1	2019	3,035	130	·
DB 9.2	2020	3,088	130	·

출처: 농촌진흥청 국립농업과학원 농식품자원부 기능성식품과(2016). 국가표준식품성분표 제9개정판.

2002년 농촌진흥청은 국제식품성분데이터기구(FAO/INFOODS)가 지정하는 대한민국 대표기관이 되었고, 식품산업진흥법에 의해 국가표준식품성분표를 발간하고 있다. 2020년 '국가표준식품성분 DB 9.2'는 총 3,088개 식품과, 기존 43종(DB 9.0)에 당류, 아미노산, 지방산, 비타민 E 등이 추가된 130종의 영양성분자료를 제공하였다.

국가표준식품성분 DB에 수록된 식품은 국민건강영양조사 결과 우리 국민이 가장 많이 섭취하는 다소비, 다빈도 식품을 중심으로 선정한 것이다. 곡류와 과일류는 현재 우리나라에서 가장 재배면적이 넓고 생산량이 많은 품종을 우선 선택하였다. 채소류는 하우스 또는 온실 재배 작물과 노지재배 작물로 구분하고, 어패류는 자연산과 양식산으로 구분하였으며, 육류는 부위별, 부산물, 가공품으로 구분하여 수록하였다. 식품은 식품군에 따라서 원재료의 생것, 말린 것, 삶은 것, 찐 것, 구운 것과 가공 식품 등으로 나누어 원 식품과 함께 수록하고 있다. 쌀 등 몇 가지 식품은 널리 보급되어 있는 품종별 자료를 수록하였으며 돼지고기와 소고기의 경우 부위별 중량비를 고려하여 대푯값을 산출·수록하였다. 식품군은 총 20개 식품군으로 분류하였으며 [표 3-2]와 같다.

| 표 3-2 | 국가표준식품성분의 식품군 분류

식품군(Food groups)	
1. 곡류 및 그 제품(cereals)	11. 어패류 및 기타 수산물(fishes)
2. 감자류 및 전분류(potatoes & starches)	12. 해조류(seaweeds)
3. 당류(sugars & sweeteners)	13. 우유 및 유제품류(milks & milk products)
4. 두류(pulses)	14. 유지류(oils & fats)
5. 견과류 및 종실류(nuts & seeds)	15. 차류(teas)
6. 채소류(vegetables)	16. 음료류(beverages)
7. 버섯류(mushrooms)	17. 주류(alcohols)
8. 과일류(fruits)	18. 조미료류(seasonings)
9. 육류(meats)	19. 조리가공식품류(prepared foods)
10. 난류(eggs)	20. 기타(others)

출처: 농촌진흥청 국립농업과학원 농식품자원부 기능성식품과(2016). 국가표준식품성분표 제9개정판.

각 식품의 영양성분 함량은 가식부 100g을 기준으로 한 것이므로 적용 시에는 실제로 섭취하는 식품이나 음식 조리법에 따른 폐기율을 고려하여 계산하여야 한다. 폐기율은 각 식품(100g 기준)의 구입 상태에서 섭취할 수 없는 부위인 껍질, 뼈, 씨앗 등을 분리하여 측정한 무게 비(%)로 나타내었다[그림 3-1].

1 곡류 및 그 제품_ CEREALS

가식부 100g 기준 (per 100g edible portion)

Index No.	식품명 Food and Description	일반성분 Proximates 에너지 ENERC kcal	수분 WATER g	단백질 PROCNP g	지질 FAT g	회분 ASH g	탄수화물 CHOTDF g	총 당류 SUGAR g	총 식이섬유 FIBTG g
1	귀리, 겉귀리, 도정, 생것 Oat(Covered oat), Polished, Raw	332	9.4	11.4	3.7	2.0	73.5	-	-
2	귀리, 쌀귀리, 도정, 생것 Oat(Naked oat), Polished, Raw	334	9.7	14.3	3.8	1.8	70.4	-	-
3	귀리, 오트밀 Oat, Oatmeal	348	12.0	13.2	8.2	1.7	64.9	-	18.8
4	기장, 도정, 생것 Prosomillet, Polished, Raw	360	11.3	11.2	1.9	1.0	74.6	-	-
5	기장, 찰기장, 도정, 생것 Prosomillet, Glutinous, Polished, Raw	365	11.3	12.46	3.09	1.24	71.91	0	4.6
6	메밀, 도정, 생것 Buckwheat, Polished, Raw	345	13.1	13.64	3.38	2.04	67.84	0.50	6.3
7	메밀, 도정, 가루 Buckwheat, Polished, Powder	355	10.5	12.96	3.29	1.89	71.36	0.37	8.5
8	메밀 국수, 생것 Buckwheat noodle, Wet noodle	274	28.8	7.59	0.96	1.51	61.14	0	1.9

Index No.	아미노산 Amino acids 총 AAT19 mg	필수 AAE10A mg	비필수 AANE mg	지방산 Fatty acids 총 FAFREF g	총필수 FAESSF g	총포화 FASATF g	총단일불포화 FAMSF g	총다중불포화 FAPUF g	콜레스테롤 CHOLE mg	식염상당량 NACL g	폐기율 Ref %	출처 Source
1	-	-	-	-	-	-	-	-	-	0	0	농진청('93)
2	-	-	-	-	-	-	-	-	-	0	0	농진청('93)
3	-	-	-	-	-	-	-	-	-	-	0	농진청('11)
4	-	-	-	-	-	-	-	-	-	0	0	농진청('06)
5	12283	5006	7277	2.95	1.95	0.46	0.53	1.95	0	0	0	농진청('13)
6	12685	5832	6853	3.23	1.25	0.71	1.27	1.25	0	0	0	농진청('14)
7	11830	5442	6388	3.15	1.22	0.70	1.22	1.23	0	0	0	농진청('14)
8	7232	2296	4936	0.92	0.54	0.27	0.11	0.54	0	1	0	농진청('14)

| 그림 3-1 | 농촌진흥청의 국가표준식품성분표 제9개정판 예시

출처: 농촌진흥청 국립농업과학원 농식품자원부 기능성식품과(2016). 국가표준식품성분표 제9개정판.

2) 식품의약품안전처 식품영양성분 데이터베이스

식품의약품안전처가 제공하는 식품영양성분 데이터베이스는 농축산물, 수산물, 가공식품 및 외식(음식) 등 4개 분류의 DB에 수록된 통계정보로 구성되어 있다[그림 3-2]. 다양한 출처의 자료들을 통합하여 포괄적 데이터 시스템을 구축하고자 한 것이다.

식품영양성분 데이터베이스의 자료원은 크게 식품영양성분 DB와 조리에 따른 성분 변화율로 구분된다. 식품영양성분 DB는 식품의 영양성분 함량에 대한 정보로서 농촌진흥청의 국가표준식품성분표, 식품의약품안전처의 외식영양성분자료집과 가공식품영양성분, 국립수산과학원의 표준수산물성분표 등을 자료원으로 하고 있다. 조리방법과 식품종류에 따른 성분 변화율은 식품의 원래상태를 기준으로 상대적으로 변하는 영양성분의 변화율을 나타내는데 미국 농무성이 제공하는 영양소 잔존율 계수표(USDA Table of Nutrient Retention Factors)를 근거로 한다.

수록된 DB는 총 47,605개 식품으로 농축산물 3,088개, 수산물 1,366개, 가공식품 35,744개, 외식(음식) 7,407개로 구성되어 있으며 100g당 열량, 탄수화물, 단백질, 지방, 당류, 나트륨, 콜레스테롤, 포화지방산, 트랜스지방산 등 9종 영양성분의 정보를 제공하고 있다.

| 표 3-3 | 식품의약품안전처가 제공하는 농축산물 식품영양성분 데이터베이스의 식품군 분류

농축산물			
1	감자 및 전분류	11	유지류
2	견과류 및 종실류	12	육류
3	곡류 및 그 제품	13	음료류
4	과실류	14	조리가공품류
5	난류	15	조미료류
6	당류	16	주류
7	두류	17	차류
8	버섯류	17	채소류
9	어패류 및 기타 수산물	19	해조류
10	우유 및 유제품류	20	기타
수산물			
1	갑각류	5	패류
2	두족류	6	해조류
3	수산가공품	7	기타
4	어류		
가공식품			
1	과자류, 빵류 또는 떡류	13	유가공품
2	농산가공식품류	14	음료류
3	당류	15	장기보존식품
4	동물성가공식품류	16	장류
5	두부류 또는 묵류	17	잼류
6	면류	18	절임류 또는 조림류
7	벌꿀 및 화분가공품류	19	조미식품
8	빙과류	20	주류
9	수산가공식품류	21	즉석식품류
10	식용유지류	22	코코아가공품류 또는 초콜릿류
11	식육가공품 및 포장육	23	특수용도식품
12	알가공품류	24	기타식품류
1	곡류 및 서류	14	음료 및 차류
2	과자류	15	장아찌 및 절임류
3	구이류	16	전,적 및 부침류
4	국 및 탕류	17	젓갈류
5	김치류	18	조림류
6	두류,견과 및 종실류	19	죽 및 스프류
7	생채 및 무침류	20	찌개 및 전골류
8	숙채류	21	찜류
9	면 및 만두류	22	튀김류
10	밥류	23	포류
11	볶음류	24	회류
12	빵류	25	기타
13	아이스크림류		

식품으로 검색

영양성분으로 검색

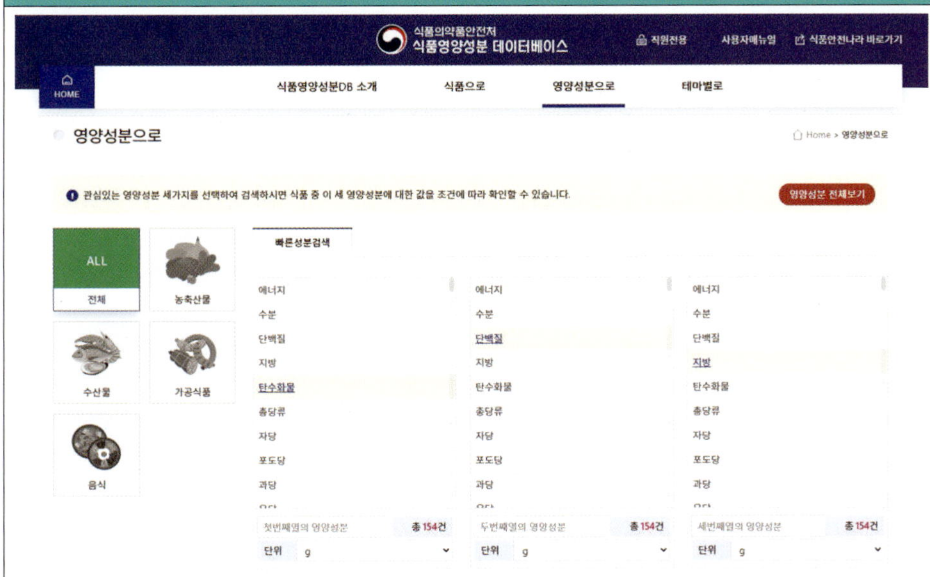

(다음 페이지에 계속)

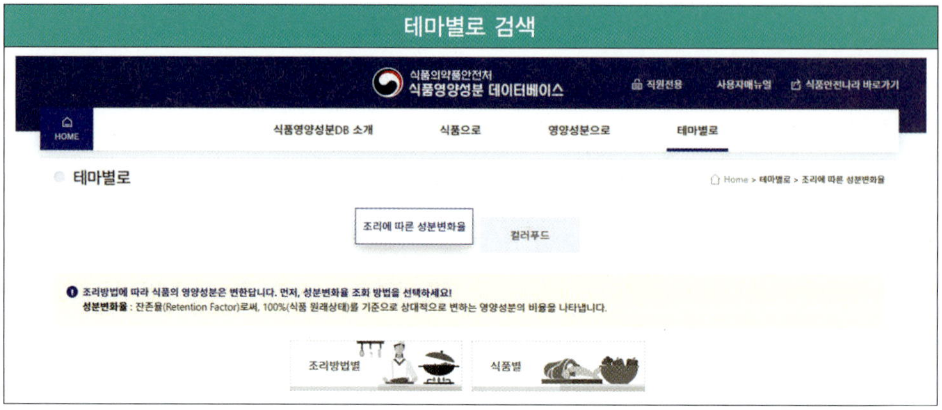

| 그림 3-2 | 식품의약품안전처가 제공하는 식품영양성분 데이터베이스

3) 질병관리청 음식별 식품재료량 데이터베이스

2017년 질병관리청은 국민건강영양조사 자료 처리를 위해 음식별 식품재료량 데이터베이스를 구축하고 자료집을 발간하였다. 음식의 식품 및 영양소 섭취량을 산출하기 위해서는 음식 섭취량을 재료식품별 섭취량으로 전환하고, 이것을 다시 영양소 섭취량으로 환산하는 절차가 필요하다[그림 3-3].

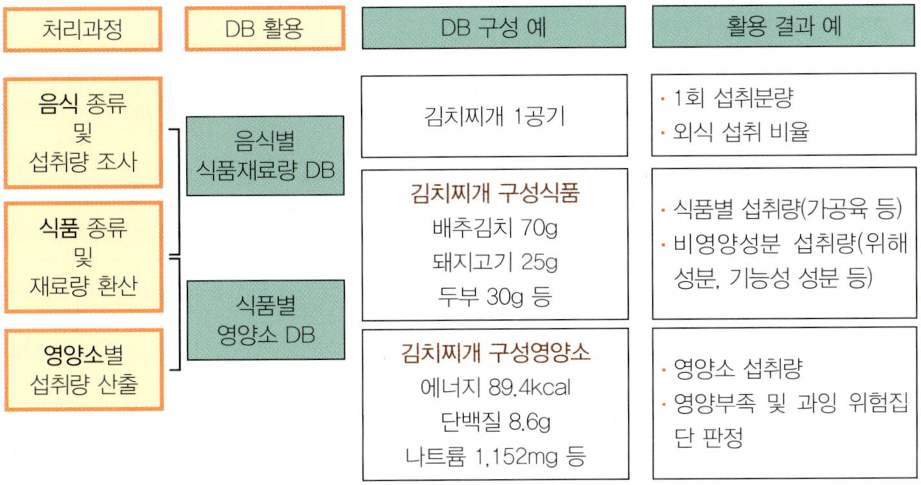

| 그림 3-3 | 국민건강영양조사 섭취자료 처리과정

출처: 질병관리청(2019). 국민건강영양조사 음식별 식품재료량 자료집.

질병관리청은 2010년부터 2016년까지 4,047개 음식업소, 120개 초·중·고등학교, 71개 산업체에서 별도의 조사사업을 통해 수집한 80,000여 건의 음식자료를 이용하여 613건의 음식별 식품재료량 자료를 구축하였다. 가정식은 포함되지 않았다.

음식별 식품재료량 데이터베이스는 음식의 일정 부피당(주로 1회 분량) 포함되어 있는 재료 식품 및 각각의 재료량으로 구성되어 있으며, 식품별로 농촌진흥청 식품성분표의 식품코드를 부여하여 식품성분표와 연계할 수 있도록 하였다.

| 표 3-4 | 음식별 식품재료량 자료 예–음식업소 고추잡채

음식총량(mℓ)	400		
식품명	식품코드	식품재료량(g)	+/*
전분, 고구마, 가루	B0140020005a	1.44	
설탕, 백설탕	C0110020009a	0.13	
참깨, 흰깨, 볶은것	E0110020009a	0.21	
고추, 풋고추, 생것	F0260020009n	8.00	
고추, 청양고추, 생것	F0180080000a	0.67	
당근, 뿌리, 생것	F041000B090a	2.47	
마늘, 구근, 생것	F053000B060a	2.29	
부추, 재래종, 생것	F0910040000a	2.25	
양파, 생것	F1320000000a	57.24	
죽순, 순, 통조림	F167000B11Ra	15.90	
파, 대파, 생것	F1310040000a	3.69	
피망, 빨간색, 생것	F196000C020a	7.52	
피망, 초록색, 생것	F196000C050a	99.18	
양송이버섯, 통조림	G018000000Ra	4.09	
팽이버섯, 재배, 생것	G0250040000a	3.62	
표고버섯, 말린것, 삶은것	G0270000001b	5.28	
표고버섯, 재배, 데친것	G0270020009c	5.45	
돼지고기, 뒷다리, 생것	I014000D100a	9.65	
돼지고기, 등심, 생것	I014000D110a	14.18	
돼지고기, 목심(목심살), 생것	I014000D130a	4.88	*
돼지고기, 사태, 생것	I014000D140a	4.37	*
돼지고기, 살코기, 생것	I014000D150a	4.35	
돼지고기, 안심(안심살), 생것	I014000D200a	3.11	*
돼지고기, 앞다리(앞다리살), 생것	I014000D770a	4.61	
소고기, 한우, 등심, 생것	I027003D110a	2.45	
소고기, 한우, 살코기, 생것	I027003D150a	1.19	
소고기, 한우, 양지, 생것	I027003D280a	3.96	*
달걀, 생것	J0030000000a	1.49	
달걀, 난백, 생것	J0030001080a	0.95	
새우, 꽃새우, 찐것	K6130050009e	3.96	
새우, 시바새우, 생것	K6130130000a	6.56	
돼지기름	N0020000009a	0.80	+
쇼트닝	N0120000009a	0.29	+
참기름	N0200000009a	1.48	
콩기름	N0220000009a	6.07	
고추기름	N0270000009a	2.01	
간장, 양조	R0010010009a	2.76	
굴 소스	R0080000009a	2.57	
소금	R0200000009a	0.59	
조미료	R0310000009a	0.53	
후추, 검은후추, 가루	R0410010005a	0.21	
후추, 흰색후추, 가루	R0410020005a	0.022	

출처: 질병관리본부(2019). 국민건강영양조사 음식별 식품재료량 자료집.

2. 영양소 섭취량 계산 도구

1) 웹 기반 평가 도구 CAN-pro

CAN-pro 5.0(Computer Aided Nutritional analysis program 5.0 for professionals) 소프트웨어는 사단법인 한국영양학회에서 개인이나 집단의 영양평가를 목적으로 개발한 유료 프로그램이다. 개인이나 집단을 대상으로 한 영양상태 판정결과를 통계처리하거나 다른 프로그램에서 활용할 때 유용하다. 지원되는 식사섭취조사 방법은 24시간회상법과 식품섭취빈도조사법이다.

2015년에 발표된 5.0 버전부터는 웹(web)을 기반으로 하는 버전으로 개발되어 있어 데이터베이스의 업데이트에 용이하며, 장소에 구애받지 않고 이용할 수 있다는 장점이 있다. 하지만 자료의 저장 기간과 용량이 제한되어 있어 별도로 개별 데이터를 백업하여야 하고, 동시에 많은 사용자가 접속할 경우 서버의 속도가 저하될 수 있다는 단점이 있다.

이 프로그램의 기반이 되는 데이터베이스는 한국영양학회 식품성분표(2012)와 농촌진흥청 식품성분표(2011)로서, 48종의 기본영양소와 39종의 지방산, 21종의 아미노산 자료를 구축하고 1,784개의 음식과 3,926개 식품에 관한 정보를 제공하고 있다. 섭취 영양소의 평가 기준은 보건복지부 '한국인 영양소 섭취기준(Dietary Reference Intakes for Koreans, KDRIs)'이다.

2) 영양평가 모바일 애플리케이션

개발되어 있는 대부분의 영양평가 모바일 애플리케이션(앱, application, app)은 섭취한 에너지와 다량영양소 수준을 계산할 수 있는 도구들이다. 현재까지는 미량영양소 섭취 수준과 식사의 질 등 다양한 측면에서 개인의 영양섭취 상태를 분석하고 평가할 수 있는 앱은 없다. 따라서 향후 개발될 영양평가 모바일 앱은 에너지와 다량영양소 계산 등 단순 환산 도구에서 나아가, 개인의 건강 유지와 비만, 당뇨, 고혈압 등 만성질환의 예방과 관리를 위한 영양평가 도구로 발전해야 할 것이다.

현재 모바일에서 제공되는 영양평가 앱은 '매크로 계산기', '칼로리 카운터', '당밥' 등이 있으며 안드로이와 iOS 기반에 따라 이용 가능한 종류가 다르다. 사용자가 많지 않고 편의성 측면에서 평가가 높지 않아 이에 대한 개선이 요구된다[그림 3-4].

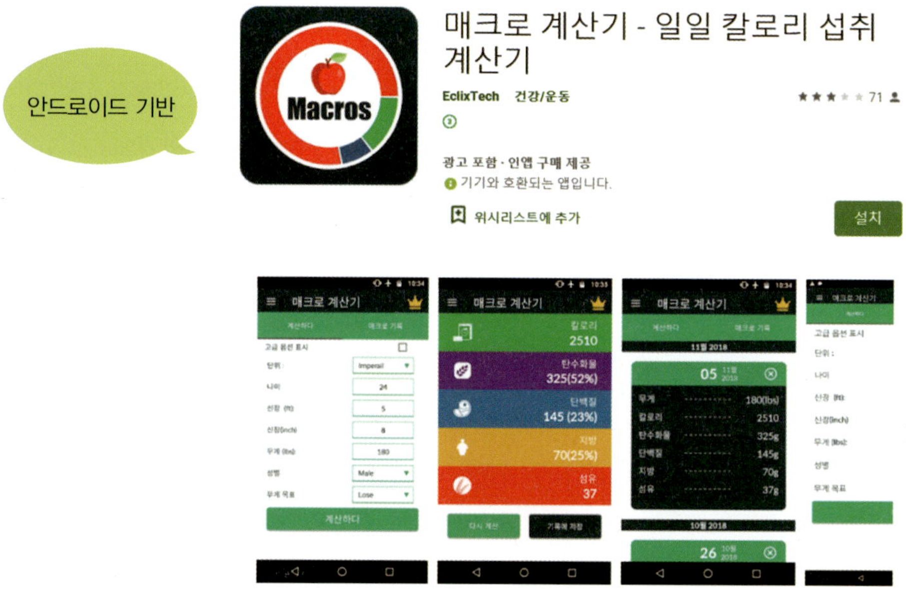

(다음 페이지에 계속)

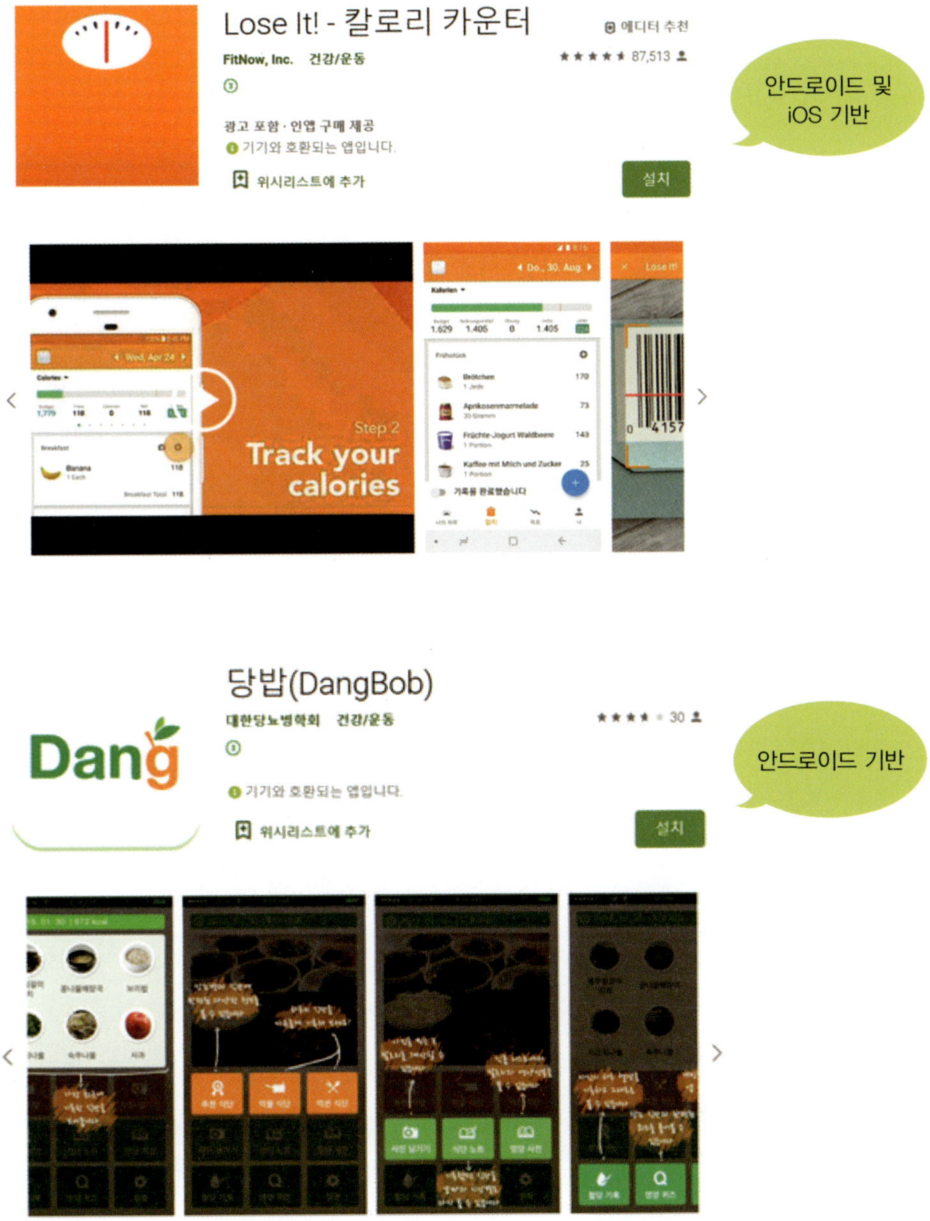

| 그림 3-4 | 모바일앱으로 제공되는 섭취평가 도구 예시

3. 영양소 섭취상태 평가

1) 한국인 영양소 섭취기준을 이용한 영양소 섭취 평가

2020 한국인 영양소 섭취기준(Dietary Reference Intakes for Koreans, KDRIs)은 섭취부족을 예방하기 위한 지표인 평균필요량(Estimated Average Require, EAR), 권장섭취량(Recommended Nutrient Intake, RNI), 충분섭취량(Adequate Intake, AI)과, 과잉섭취로 인한 건강문제를 예방하기 위한 지표인 상한섭취량(Tolerable Upper Intake Level, UL), 만성질환위험감소섭취량(Chronic Disease Risk Reduction Intake, CDRR)을 제시하고 있다.

영양소 섭취기준은 우리 국민들을 대상으로 식생활로 인해 발생할 수 있는 건강 문제를 예방하기 위해 설정하는 각 영양소의 섭취기준이므로, 우리나라에서 수행하는 모든 식생활 개선 정책 및 사업에 활용할 수 있다. 인체필요량에 대한 최신 연구결과와 우리 국민의 질병양상, 식생활 및 식생활 환경의 변화 등을 반영하여 5년마다 개정된다.

한국인 영양소 섭취기준을 사용하여 식사를 평가할 때는 평균필요량, 권장섭취량, 충분섭취량, 상한섭취량 등 각 지표가 가지고 있는 의미를 잘 이해하여 목적에 맞게 적용할 필요가 있다.

평균필요량은 건강한 사람들의 일일 영양소 필요량의 중앙값으로부터 산출한 수치이며, 권장섭취량은 인구집단의 약 97~98%에 해당하는 사람들의 영양소 필요량을 충족시키는 섭취수준이다. 따라서 평균필요량과 권장섭취량은 섭취부족을 예방하기 위한 지표로 사용될 수 있다. 영양섭취기준을 적용하여 개인의 영양소 섭취량을 판정할 경우, 권장섭취량 만큼을 섭취한다면 영양소 섭취는 부족할 확률이 거의 없다고 판정할 수 있으며(2~3%), 평균필요량 만큼을 섭취한다면 부족할 확률이 50% 정도에 달한다고 판정할 수 있다[그림 3-5, 3-6].

충분섭취량은 영양소의 필요량을 추정하기 위한 과학적 근거가 부족하여 평균필요량과 권장섭취량을 설정할 수 없는 경우, 실험연구 또는 관찰연구에서 확인된 건강한 사람들의 영양소 섭취량의 중앙값을 기준으로 설정한 것이다. 따라서 충분섭취량이 인구집단의 영양소 필요량을 어느 정도 충족시키는지 확실하지 않지만 영양소 섭취부족 예방을 위한 하나의 기준 지표가 될 수 있다. 만일, 개인의 섭취량이 충분섭취량에 근접하다면 적절한 영양소 섭취상태라고 판정할 수 있다[그림 3-5, 3-6].

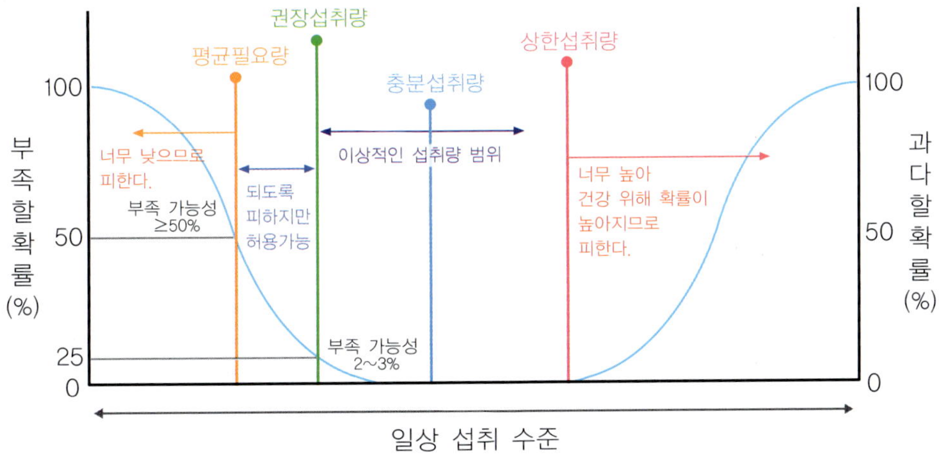

| 그림 3-5 | 이상적인 영양소 섭취량의 범위 - 개인에게 적용 시

출처 1: Institute of Medicine(US)(2000). Standing Committee on the Scientific Evaluation of Dietary Reference Intakes.

출처 2: 보건복지부(2015). 2015 한국인 영양소 섭취기준.

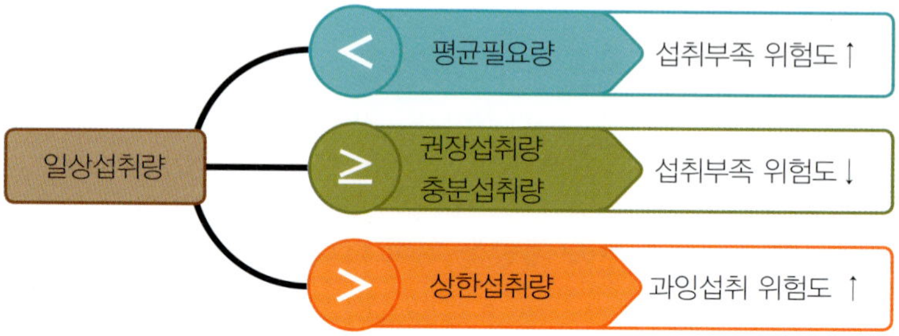

| 그림 3-6 | 영양소 섭취기준을 활용한 개인의 식사평가

출처: 보건복지부(2015). 2015 한국인 영양소 섭취기준.

한 집단의 섭취량이 정규분포를 따른다고 가정하면 일상 섭취 수준이 필요량보다 부족한 대상자부터 과잉인 대상자까지 넓은 범위에 각 개인이 분포하게 된다.

[그림 3-7]에서와 같이 만일 한 집단의 평균섭취량이 평균필요량과 일치하는 경우에는 대상자의 약 절반에서 부족이 발생하게 된다(음영 영역). 따라서 집단에서 영양소 섭취 부족자를 줄이기 위해서는 평균섭취량보다 많은 양을 섭취하도록 제시하여야 한다. 다만, 다른 영양소들과는 달리 에너지 섭취의 경우에는 권장섭취량을 기준으로 적용하게 되면 필요량을 초과하여 섭취하는 사람들이 대다수가 되기 때문에 집단의 비만 위험이 높아질 수 있다. 따라서 집단에 제시하는 에너지 섭취의 기준은 평균필요량에 해당하는 에너지 필요추정량(Estimated Energy Requirements, EER)[2)]을 이용한다.

2) 에너지 필요량은 에너지 소비량을 통해 추정하므로 평균필요량이라는 용어 대신에 필요추정량이라는 용어를 사용한다.

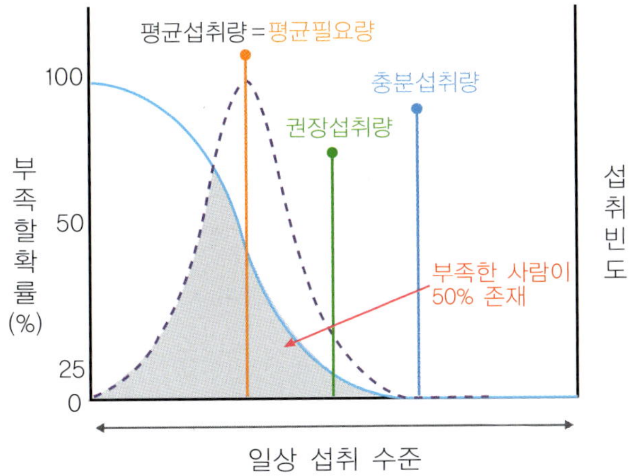

| 그림 3-7 | 평균섭취량과 평균필요량이 일치할 때 일상 섭취분포와 위험 곡선의 결합 - 집단에 적용 시

실선: 집단의 일상 섭취분포 곡선
점선: 위험 곡선

출처 1: Institute of Medicine(US)(2000). Standing Committee on the Scientific Evaluation of Dietary Reference Intakes.

출처 2: 보건복지부(2015). 2015 한국인 영양소 섭취기준.

[그림 3-8]은 집단의 평균섭취량(115)이 평균필요량(100)보다 약간 높은 수준인 경우에 집단의 일상 섭취 분포 곡선과 위험 곡선을 결합시킨 것이다. 이 경우 위험 곡선과 일상 섭취 분포는 상당 부분 겹친다(음영 영역). 인구집단의 약 절반은 평균섭취량 115를 초과하는데 이때 부족할 확률은 25% 이하에 해당한다. 섭취량 110은 약 35%의 위험 확률, 섭취량 100은(필요량의 중앙값)은 약 50%의 위험 확률, 섭취량 80은 약 85%의 위험 확률을 가지게 된다.

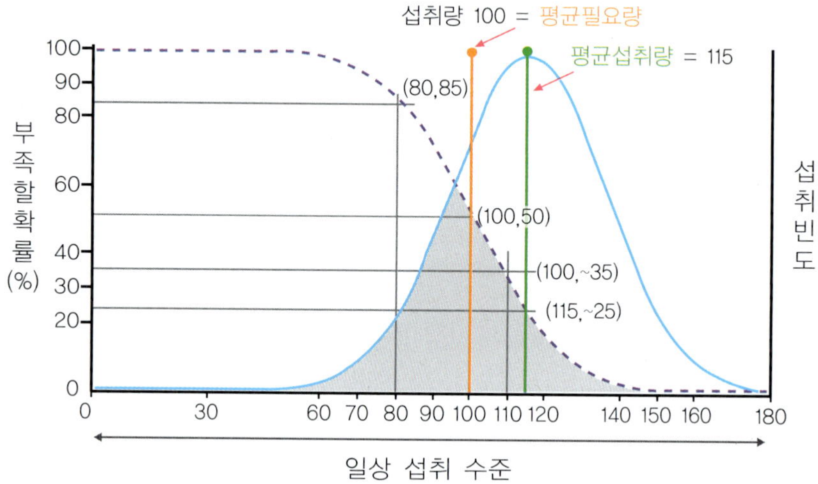

| 그림 3-8 | **평균섭취량이 평균필요량보다 약간 높을 때 일상 섭취분포와 위험 곡선의 결합 – 집단에 적용 시**

실선: 집단의 일상 섭취분포 곡선
점선: 위험 곡선

출처: Institute of Medicine(US)(2000). Standing Committee on the Scientific Evaluation of Dietary Reference Intakes.

[그림 3-9]은 집단의 평균섭취량(150)이 평균필요량(100)보다 훨씬 높은 수준일 때 집단의 일상 섭취 분포 곡선과 위험 곡선을 결합시킨 것이다. 이 경우 집단 구성원 대부분의 평균섭취량은 평균필요량 100을 초과하며 위험 곡선의 우측에 위치한다. 인구집단 중 섭취량이 130 미만인 경우에만 5%를 초과하는 섭취 부적절의 위험이 있게 된다(음영 영역).

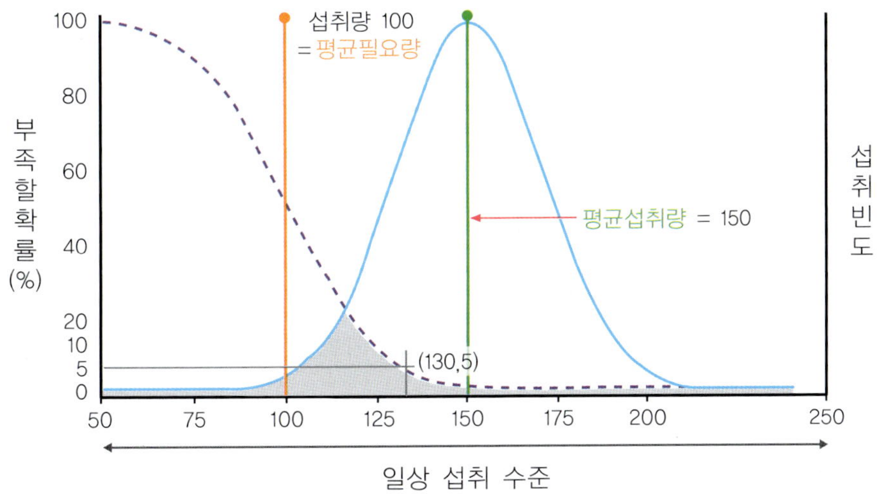

| 그림 3-9 | 평균섭취량이 평균필요량보다 훨씬 높을 때 일상 섭취 분포와 위험 곡선의 결합 – 집단에 적용 시

실선: 집단의 일상 섭취분포 곡선
점선: 위험 곡선

출처: Institute of Medicine(US)(2000). Standing Committee on the Scientific Evaluation of Dietary Reference Intakes.

[그림 3-10]은 한 집단의 평균 영양소 섭취량이 권장섭취량과 동일한 경우이다. 이 경우, 집단 구성원의 16~17%는 영양소가 부족할 위험에 처한다(음영 영역). 정규분포에서는 각 개인의 섭취량이 넓은 범위에 분포하기 때문에 섭취 수준이 낮은 개인이 항상 일정 수준 발생하기 때문이다. 따라서 권장섭취량은 집단의 영양섭취상태 평가에 적합하지 않다[그림 3-11].

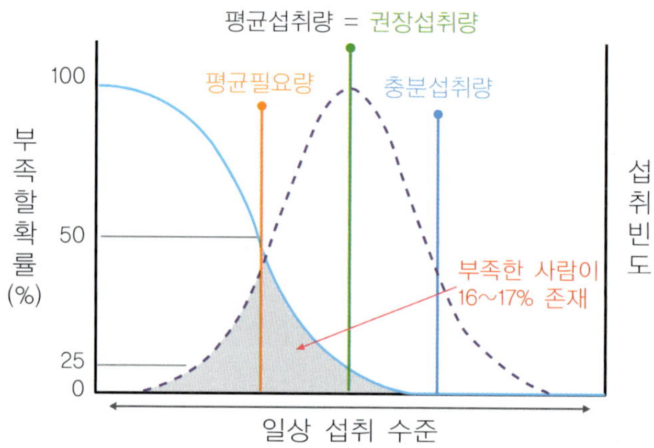

| 그림 3-10 | **평균섭취량과 권장필요량이 일치할 때 일상 섭취분포와 위험 곡선의 결합 – 집단에 적용 시**

출처 1: Institute of Medicine(US)(2000). Standing Committee on the Scientific Evaluation of Dietary Reference Intakes.

출처 2: 보건복지부(2015). 2015 한국인 영양소 섭취기준.

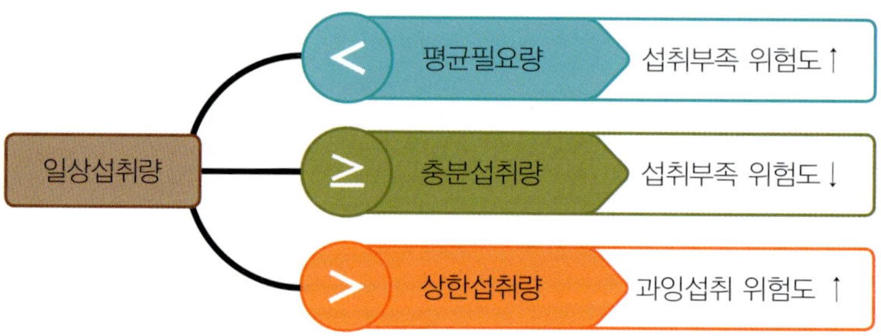

* 집단의 식사평가 시 권장섭취량은 사용하지 않음.

| 그림 3-11 | **영양소 섭취기준을 활용한 집단의 식사평가**

출처: 보건복지부(2015). 2015 한국인 영양소 섭취기준.

2) 개인의 식사섭취 판정

개인의 식사섭취수준을 판정하기 위해서는 우선 일상 섭취 자료를 정확히 수집하여 영양소 섭취량을 산출해야 한다. 하지만 이는 매우 복잡하고 어려운 과정이기 때문에 실제 개인의 영양소 섭취량과 다소 차이가 발생할 수 있다. 따라서 추정된 개인의 영양소 섭취량으로 식사를 평가할 때는 영양소 섭취기준의 절대적 수치를 근거로 판단하는 것은 적절하지 않으며, 식사의 적절/부적절의 여부 또는 부적할 가능성(확률) 정도로 판정하는 것이 바람직하다.

한국인 영양소 섭취기준은 성별·연령별 평균 체위기준에 맞게 설정한 수치이므로 개인에 적용할 때는 본인의 체격 조건과 실제 신체활동량에 맞게 조정하여 판정하는 것이 보다 정확할 수 있다.

한국인 영양소 섭취기준을 사용하여 개인별 식사평가를 수행할 때는 주의해야 할 사항이 있다. 우선, 한국인 영양소 섭취기준은 건강한 사람을 기준으로 책정되어 있기 때문에 질병이 있는 특별한 경우에는 그대로 적용하여서는 안 된다. 또한 영양소 필요량에는 개인 간 차이가 있으므로 성별·연령 및 체위기준이 동일하더라도 반드시 섭취기준이 같지 않을 수 있음을 염두에 두어야 한다. 마지막으로, 추후 연구 결과에 따라 과학적 근거가 마련될 경우 현재 한국인 영양소 섭취기준에 제시되어 있지 않은 새로운 영양소의 섭취기준이 마련될 수 있으므로 이에 대하여 주시할 필요가 있다.

(1) 영양소 섭취 양적 평가

① 에너지 섭취량

대상자의 체위가 한국인의 성별·연령별 평균 체위기준[표 3-5]과 크게 차이가 없는 경우에는 대상자가 속한 연령대의 에너지 필요추정량을 기준치로 이용할 수 있다. 그러나 이와 차이가 크거나 좀 더 정확한 판단을 위해서는 체위와 신체활동을 고려하여 에너지 필요추정량을 개별적으로 산출하여 판정하는 것이 바람직하다[표 3-6].

| 표 3-5 | 2020 한국인 영양소 섭취기준 제정에 사용된 체위기준

연령	체위기준					
	신장(cm)		체중(kg)		BMI(kg/m²)	
0~5(개월)	58.3		5.5		16.2	
6~11	70.3		8.4		17.0	
1~2(세)	85.8		11.7		15.9	
3~5	105.4		17.6		15.8	
	남자	여자	남자	여자	남자	여자
6~8(세)	124.6	123.5	25.6	25.0	16.7	16.4
9~11	141.7	142.1	37.4	36.6	18.7	18.1
12~14	161.2	156.6	52.7	48.7	20.5	20.0
15~18	172.4	160.3	64.5	53.8	21.9	21.0
19~29	174.6	161.4	68.9	55.9	22.6	21.4
30~49	173.2	159.8	67.8	54.7	22.6	21.4
50~64	168.9	156.6	64.5	52.5	22.6	21.4
65~74	166.2	152.9	62.4	50.0	22.6	21.4
75 이상	163.1	146.7	60.1	46.1	22.6	21.4

출처: 보건복지부(2020). 2020 한국인 영양소 섭취기준.

| 표 3-6 | 연령대별 에너지 필요추정량 산출식 – 2020 한국인 영양소 섭취기준

(단위: ㎉/일)

<table>
<tr><th colspan="2" rowspan="2">연령</th><th colspan="3">에너지 필요추정량(EER)</th></tr>
<tr><th>총에너지지소비량(TEE) 산출공식</th><th colspan="2">생애단계별 추가필요량[1)]</th></tr>
<tr><td rowspan="2">영아
(개월)</td><td>0~5</td><td rowspan="3">89×체중(kg)−100</td><td colspan="2">+115.5</td></tr>
<tr><td>6~11</td><td colspan="2">+22</td></tr>
<tr><td rowspan="2">유아
(세)</td><td>1~2</td><td colspan="2">+20</td></tr>
<tr><td>3~5</td><td rowspan="5">[남자]
88.5−61.9×연령(세)+PA[26.7×체중(kg)+903×신장(m)]
PA=1.0(비활동적), 1.13(저활동적), 1.26(활동적), 1.42(매우 활동적)
[여자]
135.3−30.8×연령(세)+PA[10.0×체중(kg)+934×신장(m)]
PA=1.0(비활동적), 1.16(저활동적), 1.31(활동적), 1.56(매우 활동적)</td><td colspan="2">+20</td></tr>
<tr><td rowspan="2">아동
(세)</td><td>6~8</td><td colspan="2">+20</td></tr>
<tr><td>9~11</td><td colspan="2">+25</td></tr>
<tr><td rowspan="2">청소년
(세)</td><td>12~14</td><td colspan="2">+25</td></tr>
<tr><td>15~19</td><td colspan="2">+25</td></tr>
<tr><td rowspan="4">성인
및
노인
(세)</td><td rowspan="4">20
이상</td><td rowspan="4">[남자]
662−9.53×연령(세)+PA[15.91×체중(kg)+539.6×신장(m)]
PA=1.0(비활동적), 1.11(저활동적), 1.25(활동적), 1.48(매우 활동적)
[여자]
354−6.91×연령(세)+PA[9.36×체중(kg)+726×신장(m)]
PA=1.0(비활동적), 1.12(저활동적), 1.27(활동적), 1.45(매우 활동적)</td><td rowspan="3">임산부</td><td>초기: +0</td></tr>
<tr><td>중기: +340</td></tr>
<tr><td>말기: +450</td></tr>
<tr><td>수유부</td><td>+340</td></tr>
</table>

1) 성장 및 대사변화에 따른 에너지 추가 필요량

출처: 보건복지부(2020). 2020 한국인 영양소 섭취기준.

② 다량영양소 섭취량

다량영양소 섭취의 적정성은 총 에너지 섭취량 중 탄수화물, 단백질, 지질이 차지하는 비율을 산출하여 평가한다[표 3-7]. 또한 단백질의 섭취 상태는 평균필요량과 권장섭취량을 이용하여 판정할 수 있다.

| 표 3-7 | 에너지적정비율 – 2020 한국인 영양소 섭취기준

영양소	에너지적정비율	
	1~2세	3~5세, 6세 이상
탄수화물	55~65%	55~65%
단백질	7~20%	7~20%
지질	20~35%	15~30%

출처: 보건복지부(2020). 2020 한국인 영양소 섭취기준.

③ 비타민과 무기질 섭취량

영양소의 종류에 따라 평균필요량 및 권장섭취량이 설정되어 있는 경우와 충분섭취량이 설정되어 있는 경우가 있다. 따라서 영양소에 따라 기준을 달리하여 평가하여야 한다. 또한 상한섭취량이 설정되어 있는 경우에는 이를 함께 고려해야 하며, 나트륨의 경우에는 목표섭취량 미만으로 섭취하고 있는지 평가한다. 상한섭취량은 대개의 경우 식품의 섭취를 통해서는 도달할 수 없는 수준이며 보충제나 약물로 복용하는 경우에 해당한다.

일반적으로 일상 섭취수준이 (상한섭취량이 설정되어 있는 경우에 상한섭취량 미만이면서) 권장섭취량 또는 충분섭취량 이상이라면 적정 수준에서 섭취하고 있다고 판단할 수 있다. 일상 섭취수준이 권장섭취량 또는 충분섭취량에 미치지 못한다면 섭취량을 증가시킬 필요가 있으며, 평균필요량과 비슷하거나 이보다 낮은 수준이라면 부족할 가능성이 높으므로 유의하여야 한다.

(2) 영양소 섭취의 질적 평가

① 영양소 적정비와 평균 영양소 적정비

영양소 적정비(Nutrient Adequacy Ratio, NAR)는 하루 식사를 통한 특정 영양소의 섭취량을 성별·연령별 권장섭취량으로 나눈 값이다. NAR이 1 이상이면 하루 식사를 통해 권장섭취량이 달성되었음을 의미하므로 1로 처리하기도 한다.

NAR = 영양소 섭취량/권장섭취량

평균 영양소 적정비(Mean Adequacy Ratio, MAR)는 여러 영양소 NAR 값의 평균값으로서 전반적인 식사의 질을 평가하는 데 사용될 수 있다. 각 영양소 당 1 이상의 NAR 값은 일괄적으로 1로 처리한 후 분석에 사용할 영양소들의 NAR 값을 합산하고 분석에 사용된 영양소의 개수로 나누어 평균 NAR, 즉 MAR 값을 산출한다. 결과 값으로 1이 도출된 경우에는 하루 식사를 통해, 분석에 포함된 모든 영양소가 권장섭취량 이상으로 충족되었음을 의미한다. 특정 영양소에 가중치를 주지 않았기 때문에 포함된 모든 영양소는 동일한 비중으로 평가된다. 따라서 결과 값이 영양소들의 평균 NAR 값으로 제시되기 때문에 만일 1보다 작은 값이 결과 값으로 도출되었을 때는 어떤 영양소로 인하여 권장섭취량이 충족되지 않았는지 드러나지 않는다는 한계가 있다.

MAR = 각 영양소 NAR 값의 합계/분석에 포함된 영양소의 개수

② 영양 질 지수

일반적으로 영양소의 섭취량은 에너지섭취량과 비례한다. 영양 질 지수(Index of Nutritional Quality, INQ)는 이와 같은 성질을 고려하여 에너지섭취량을 동일한 수준으로 조절하여 특정 영양소의 섭취량을 비교·평가하는 방법이다. 이때 에너지섭취량의 기준은 1,000kcal가 된다. 1,000kcal당 특정 영양소 섭취량을 1,000kcal당 특정 영양소의 권장섭취량에 대한 비로 나타내게 되는데, 특정 영양소의 일상 섭취량을 1,000kcal 중에 포함된 양으로 환산한 후 그 영양소의 1,000kcal당 권장섭취량으로 나누어 구한다. INQ가 1 이상이면 에너지 필요추정량이 충족되었다고 가정할 때 특정 영양소가 권장수준 이상으로 섭취되었으며 식사의 질이 양호하다고 판단할 수 있다.

INQ = 섭취한 식사 1,000kcal에 포함된 특정 영양소의 양 / 1,000kcal 당 특정 영양소의 권장섭취량

3) 집단의 식사섭취 평가

집단의 식사 평가에서는 구성원들의 영양소 섭취량을 파악한 후 섭취기준을 충족시키지 못하는 구성원의 비율을 구한다. 집단 내 각 개인의 영양소 필요량이나 평소의 영양소 섭취량을 파악하는 것이 실질적으로 불가능하기 때문에 확률적 접근법과 Cut Point 방법을 사용할 수 있다[표 3-8].

| 표 3-8 | 집단 내 부적절한 영양소 섭취인구 비율을 추정하는 방법

확률적 접근법	• 영양소 필요량과 섭취량의 분포를 활용함
Cut Point 방법	• 영양소 필요량의 분포가 평균필요량을 중심으로 대칭일 경우 사용 • 이 방법에서는 평균필요량보다 적게 섭취하는 대상자의 비율을 부적절하게 섭취하는 사람들의 비율로 파악함

출처: Institute of Medicine(IOM)(2000). Dietary Reference Intakes: Applications in Dietary Assessment.

(1) 확률적 접근방법

특정 영양소의 평균필요량 분포와 일상 섭취 분포를 결합하여 집단 내에서 영양섭취가 부적절할 위험이 있는 대상자의 비율을 추정하는 방법이다. 이 방법을 적용하기 위해서는 중요한 선행 조건이 몇 가지 있다. 하나는, 집단 대상자의 영양소 섭취와 필요량은 서로 독립변수로서 상호 연관성이 없어야 한다는 것이고, 두 번째는 영양소를 과잉 섭취할 위험이 매우 낮거나 영양소 섭취가 부족할 위험이 높을 경우에 적용할 수 있다는 것이다. 세 번째 조건은 인구집단의 영양소 필요량의 분포를 파악하여야 하는 동시에 그 분포가 정규성을 이루고 있어야 한다는 것인데, 대상 집단 구성원 개인의 영양소 필요량을 파악하여 분포

를 조사하고 정규성을 확인해야 하므로 실제로 집단의 식사평가에서 활용하는 것이 쉽지 않다.

(2) 평균필요량 Cut-Point 방법

평균필요량 cut-point 방법은 확률적 접근방법으로부터 도출되었는데, 영양소 필요량의 중앙값을 활용하여 집단의 영양소 섭취상태를 평가하는 간략한 방법이다. 확률적 접근방법과의 차이는 영양소 필요량의 분포가 평균필요량을 중심으로 대칭을 이루고 있어야 한다는 점이다. 요구량 분포의 분산을 알 필요는 없으며 섭취 분산과 관련된 크기와 모집단의 일상 섭취량 분포만 파악하면 된다. 우선 중앙값을 파악하여야 하며, 이러한 분포에서 평균필요량 미만으로 섭취하는 대상자의 비율을 추정하여 위험 인구로 판정하는 것이다.

[그림 3-12]는 한 집단의 일상 섭취량을 나타낸 곡선으로, 음영 영역은 일상 섭취량이 평균필요량(100)보다 낮은 인구를 표시한 것이고 그렇지 않은 영역은 일상 섭취량이 평균필요량보다 높은 인구이다. 음영 영역의 비율은 한 인구집단에서 불충분한 섭취를 하고 있는 인구의 유병률이라고 할 수 있다.

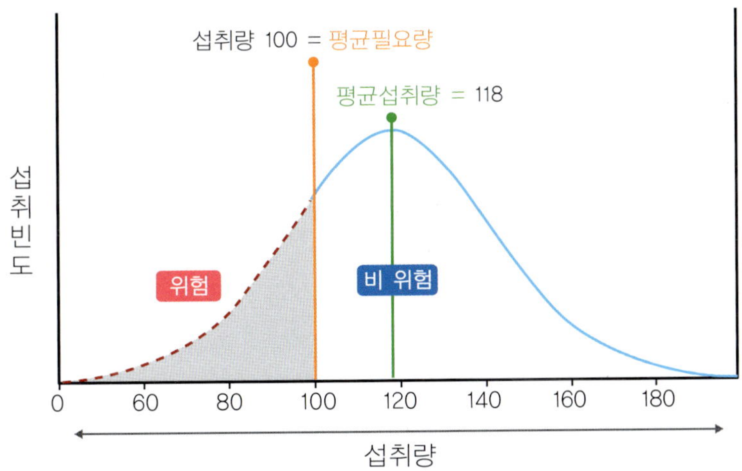

| 그림 3-12 | **평균필요량의 cut-point 방법**

출처: Institute of Medicine(IOM)2000. Dietary Reference Intakes: Applications in Dietary Assessment.

그러나 이 방법은 섭취량과 필요량 간 높은 상관관계가 있는 것으로 알려진 에너지 섭취 및 분포가 한쪽으로 매우 치우쳐 있는 가임기 여성의 철 요구량 등 영양소에는 적용할 수 없다. 평균필요량의 cut-point 방법은 다음과 같은 조건을 만족할 때 편향되지 않은(unbiased) 영양소 불충분 유병률을 추정하기에 매우 효과적이다.

- 필요량 분포가 평균필요량을 중심으로 거의 대칭인 경우
- 섭취량이 정확하게 측정된 경우
- 집단의 영양소 불충분 유병률이 매우 낮거나(3~10% 미만) 또는 매우 높지 않은(90~92% 이상) 경우
- 일상 섭취량이 필요량에 대해 독립인 경우
- 일상 섭취량의 분산이 필요량의 분산보다 큰 경우
- 집단 내 개인 간 섭취량 변동이 개인 내 필요량 변동보다 큰 경우

4. 식사의 질 평가

만성질환의 발병에는 여러 생활습관요인들이 관여하는데 이 중 특히 식사의 질(diet quality)은 중요하다. 만성질환의 예방과 건강 유지를 위해 식사의 질을 평가하는 여러 지수 또는 지표들이 개발되어 있는데, 평가 점수에 따라 범주화하기도 한다. 식사의 질 평가 지수 또는 지표를 이용하기 위한 일차적인 자료원은 개인별 식사섭취 자료, 즉 24시간회상법, 식사기록법, 식사섭취빈도조사법 등에 의한 자료이다.

현재 개발되어 있는 지수 또는 지표는 평가 방식에 따라 다음의 3가지로 분류할 수 있으며, 이중 c)의 형태가 가장 많은 수를 차지한다.

a) 영양소 기반 지표

b) 식품/식품군 기반 지표

c) a)와 b)를 종합적으로 평가하는 지수

1) 식사 다양성 평가

'식품군 섭취 패턴(food group intake patterns)'은 곡류, 육류, 과일류, 채소류, 유제품류(Grains, Meat, Fruits, Vegetables & Dairy, GMFVD) 등 다섯 개 식품군의 섭취 여부를 1 또는 0으로 나타내는 방식이다. 최소 기준량 이상 섭취한 경우에는 1, 그렇지 않은 경우에는 0으로 표시한다. 모두 달성한 경우에는 '11111', 모두 달성하지 않은 경우에는 '00000'이 된다.

'식사 다양성 점수(Dietary Diversity Score, DDS)'는 GMFVD에 표시한 숫자를 합산하는 방식으로서 최고 5점, 최저 0점이 된다. 우리나라에서는 GMFVD와 DDS를 각각 한국인의 식생활에 맞게 변형한 '한국인 식품군 섭취 패턴'으로 곡류, 육류, 채소류, 유제품류, 유지류(Cereals, Meat, Vegetables, Dairy & Oil, CMVDO) 등 다섯 개 식품군의 섭취 여부와 KDDS를 사용하기도 한다[표 3-9].

| 표 3-9 | 식품군 섭취 패턴의 구성 식품군과 식사 다양성 점수

DDS		KDDS	
식품군	최소 기준량	식품군	최소 기준량
곡류 및 감자류	60g	곡류군(전분 포함)	15g
육류	30g	육류군(육류, 어패류, 난류, 두류 포함)	30g
과일류		채소군과 과일군	
고체	30g	고체	30g
액체(주스류)	60g	액체(주스류)	60g
채소류			
고체	30g		
액체(주스류)	60g		
우유 및 유제품		우유 및 유제품	
고체(치즈 등)	30g	고체(치즈 등)	15g
액체	60g	액체	30g
		유지류군	5g

출처: Kim, I. S., Seo, E. A., & Yu, H. H.(1999). A longitudinal study on the change of nutrients and food consumption with advance in age among middle-aged and the elderly. Korean J Community Nutr, 4(3), 394.

2) 종합적인 식사 질 평가

광범위하게 참조되고 검증되어 온 지수 또는 지표에는 '식사 질 지수(Diet Quality Index, DQI)', '건강 섭취 지수(Healthy Eating Index, HEI)', '건강 식사 지표(Healthy Diet Indicator, HDI)', '지중해 식사 점수(Mediterranean Diet Score, MDS)' 등의 4가지가 있다. 최근에는 이들을 변형 또는 보완한 '대체 건강 섭취 지수(Alternative Healthy Eating Index, AHEI)', '교정된 식사 질 지수(Dietary Quality Index revised, DQIr)', '지중해 식사 질 지수(Mediterranean Dietary Quality Index, Med-DQI)', '수정된 지중해 식사 점수(Mediterranean Diet Score modified, MDSm)' 등도 사용되고 있다. 또한 우리나라에서는 HEI와 DQI를 각각 한국인의 식생활에 맞게 변형한 '한국인 건강 섭취 지수(Korean Healthy Eating Index, KHEI)', '한국인 식사 질 지수(Korean Diet Quality Index, KDQI)도 사용되고 있다.

DQI는 단백질, 총 지질, 포화지방산, 콜레스테롤, 복합 탄수화물, 과일과 채소, 나트륨, 칼슘 등을 적정 수준으로 섭취하고 있는지를 평가하고 점수가 낮을수록 식사의 질이 양호한 것으로 판단하는 지표이다. 이를 변형, 보완한 DQIr은 기존의 DQI 평가 문항에 곡류와 철 섭취량, '식사 다양성 점수(Dietary Diversity Score, DDS)', '식사 조절 점수(Dietary Moderation Score, DMS)'를 추가하고 점수 체계를 변경하여 점수가 높을수록 식사의 질이 양호하다고 판정한다 [표 3-10].

HEI는 총 지질, 포화지방산, 콜레스테롤, 나트륨 등 4가지 영양성분의 절제 정도와 각 식품군의 적정섭취 여부 및 식품 섭취 다양성 등 10개 항목으로 평가하도록 개발되었다. 이후 수정 보완한 HEI-2015, AHEI 등이 개발되었으며 우리나라에서는 한국인의 식생활 특성을 반영한 KHEI가 사용되고 있다. 국민건강영양조사에서는 KHEI를 사용하여 식생활을 평가하고 있다. '적절함' 영역에서 6개 항목, 즉, 잡곡류, 채소, 과일, 우유 및 유제품, 단백질 식품의 섭취와 아침식사 여부를 평가하고, '적당함' 영역에서 포화지방산, 나트륨, 당류와 음료수로부터의 에너지 섭취 등 3개 항목을 평가하고, '에너지 균형' 영역에서는 총 지질, 탄수화물, 에너지 섭취 등 3개 항목을 평가하여 총 100점 만점으로 환산하고 있다. KHEI는 개인의 식생활 수준 평가보다 인구집단의 식생활 수준을 모니터링하고 평가하는 데 효율적인 도구이다[표 3-11].

| 표 3-10 | 세 가지 형태의 식사 질 지수

DQI

항목	기준	점수
단백질 (RDA 대비)	≤100%	0
	100~150%	1
	>150%	2
총 지질 (에너지 섭취분율)	≤30%	0
	30~40%	1
	>40%	2
포화지방산 (에너지 섭취분율)	≤10%	0
	10~13%	1
	>13%	2
콜레스테롤	<300mg/일	0
	300~400mg/일	1
	>400mg/일	2
복합 탄수화물 (빵, 곡류 등)	≥6회/일	0
	4~5회/일	1
	0~3회/일	2
과일과 채소	≥5회/일	0
	3~4회/일	1
	0~2회/일	2

DQI-R

항목	기준	점수
총 지질 (에너지 섭취분율)	≤30%	10
	30~40%	5
	>40%	0
포화지방산 (에너지 섭취분율)	≤10%	10
	10~13%	5
	>13%	0
곡류 (6~11회)	≥100% 50~99% <50%	0~10*
채소 (3~5회)	≥100% 50~99% <50%	0~10*
과일 (2~4회)	≥100% 50~99% <50%	0~10*

DQI-K

항목	기준	점수
단백질 (RNI 대비)	≤100%	0
	100%~150%	1
	>150%	2
총 지질 (에너지 섭취분율)	<22.5%	0
	≥22.5%	1
포화지방산 (에너지 섭취분율)	<7%	0
	≥7%	1
콜레스테롤	<300mg/일	0
	≥300mg/일	1
통 곡류	매일	0
	매일은 아님	1
채소	≥200g/일	0
	<200g/일	1
과일	≥200g/일	0
	<200g/일	1

(다음 페이지에 계속)

DQI			DQI-R			DQI-K		
항목	기준	점수	항목	기준	점수	항목	기준	점수
나트륨	<2,400mg/일 2,400~3,400mg/일 >3,400mg/일	0 1 2				나트륨	<2,000mg/일 ≥2,000mg/일	0 1
칼슘 (RDA 대비)	≥100% 2/3배~100% <2/3배	0 1 2	칼슘 (RDA 대비)	≥100% 50~99% <50%	0~10*			
			철 (RDA 대비)	≥100% 50~99% <50%	0~10*			
			DDS	≥6점 3~5점 <3점	0~10			
			DMS	≥7점 4~6점 <4점	0~10			

*에너지 섭취량에 따라 조정

출처: J Lim, Y Lee, S Shin, HW Lee, CE Kim, JK Lee, SA Lee, D Kang. An association between diet quality index for Koreans (DQI-K) and total mortality in Health Examinees Gem (HEXA-G) study. Nutr Res Pract 12(3): 258-264, 2018

| 표 3-11 | 세 가지 형태의 건강 섭취 지수

HEI			AHEI			KHEI			
항목	기준	점수	항목	기준	점수	분류	항목	기준	점수
곡류	6~11회/일	0~10	곡류 식이섬유	0 g/일 15 g/일	0 10	적절함	잡곡류	≥0.3회/일	0~5
채소	3~5회/일	0~10	채소	0회/일	0		총 채소	19~64세 남녀: ≥8회/일 ≥65세 남자: ≥8회/일 ≥65세 여자: ≥6회/일	0~5
				5회/일	10		김치, 피클, 장아찌 포함 채소	19~64세 남녀: ≥8회/일 ≥65세 남자: ≥8회/일 ≥65세 여자: ≥6회/일	0~5

(다음 페이지에 계속)

<table>
<tr><th colspan="3">HEI</th><th colspan="3">AHEI</th><th colspan="4">KHEI</th></tr>
<tr><th>항목</th><th>기준</th><th>점수</th><th>항목</th><th>기준</th><th>점수</th><th>분류</th><th>항목</th><th>기준</th><th>점수</th></tr>
<tr><td rowspan="2">과일</td><td rowspan="2">2~4회/일</td><td rowspan="2">0~10</td><td rowspan="2">과일</td><td>0회/일</td><td>0</td><td rowspan="8">적절함</td><td>총 과일</td><td>19~64세 남자: ≥3회/일
65세 이상 남자, 19~64세 여자: ≥2회/일
65세 이상 자여: ≥1회/일</td><td>0~5</td></tr>
<tr><td>4회/일</td><td>10</td><td>신선한 과일</td><td>19~64세 남자: ≥1.5회/일
65세 이상 남자, 19~64세 여자: ≥1회/일
65세 이상 여자: ≥0.5회/일</td><td>0~5</td></tr>
<tr><td>우유</td><td>2~3회/일</td><td>0~10</td><td></td><td></td><td></td><td>우유, 유제품</td><td>≥1회/일</td><td>0~10</td></tr>
<tr><td rowspan="4">육류</td><td rowspan="4">2~3회/일</td><td rowspan="4">0~10</td><td rowspan="2">견과류와 콩단백질</td><td>0회/일</td><td>0</td><td rowspan="4">고기, 생선, 난류, 콩류</td><td rowspan="4">19~64 남자: ≥5회/일
65세 이상 남자, 19~64세 여자: ≥4회/일
65세 이상 여자: ≥2.5회/일</td><td rowspan="4">0~10</td></tr>
<tr><td>1회/일</td><td>10</td></tr>
<tr><td rowspan="2">적색육에 대한 백색육 비</td><td>0</td><td>0</td></tr>
<tr><td>4</td><td>10</td></tr>
<tr><td>식품 섭취 다양성</td><td>16개 식품/3일</td><td>0~10</td><td></td><td></td><td></td><td>아침 식사</td><td>5~7회/주</td><td>0~10</td></tr>
<tr><td>포화 지방산 (에너지 섭취분율)</td><td><10%</td><td>0~10</td><td></td><td></td><td></td><td rowspan="3">적당함</td><td>포화지방산 (에너지 섭취분율)</td><td>≤7%
(최저점 기준) >10%</td><td>0~10</td></tr>
<tr><td>나트륨</td><td><2,400 mg/일</td><td>0~10</td><td></td><td></td><td></td><td>나트륨</td><td>≤2,000mg/일
(최저점 기준) >6,500mg/일</td><td>0~10</td></tr>
<tr><td></td><td></td><td></td><td></td><td></td><td></td><td>당류와 음료수로부터 에너지 섭취 (에너지 섭취분율)</td><td>≤10%
(최저점 기준) >20%</td><td>0~10</td></tr>
</table>

(다음 페이지에 계속)

<table>
<tr><th colspan="3">HEI</th><th colspan="3">AHEI</th><th colspan="4">KHEI</th></tr>
<tr><th>항목</th><th>기준</th><th>점수</th><th>항목</th><th>기준</th><th>점수</th><th>분류</th><th>항목</th><th>기준</th><th>점수</th></tr>
<tr><td rowspan="2">총 지질 (에너지 섭취분율)</td><td rowspan="2"><30%</td><td rowspan="2">0~10</td><td rowspan="2">PUFA / SFA</td><td><0.1</td><td>0</td><td rowspan="6">에너지 균형</td><td rowspan="4">총 지질 (에너지 섭취분율)</td><td rowspan="4">15~30%
(최저점 기준) <10%
또는 >35%</td><td rowspan="4">0~5</td></tr>
<tr><td>≥1</td><td>10</td></tr>
<tr><td rowspan="2">콜레스테롤</td><td rowspan="2"><300 mg/일</td><td rowspan="2">0~10</td><td rowspan="2">트랜스 지방 (에너지 섭취분율)</td><td>≥4%</td><td>0</td></tr>
<tr><td><0.5%</td><td>10</td></tr>
<tr><td></td><td></td><td></td><td></td><td></td><td></td><td>탄수화물 (에너지 섭취분율)</td><td>55~65%
(최저점 기준) <50%
또는 >75%</td><td>0~5</td></tr>
<tr><td></td><td></td><td></td><td></td><td></td><td></td><td>에너지 섭취 (EER 대비)</td><td>75~125%
(최저점 기준) <60%
또는 >140%</td><td>0~5</td></tr>
<tr><td rowspan="2"></td><td rowspan="2"></td><td rowspan="2"></td><td rowspan="2">종합 비타민 복용기간</td><td><5년</td><td>2.5</td><td rowspan="2"></td><td rowspan="2"></td><td rowspan="2"></td><td rowspan="2"></td></tr>
<tr><td>≥5년</td><td>7.5</td></tr>
<tr><td rowspan="2"></td><td rowspan="2"></td><td rowspan="2"></td><td rowspan="2">알코올</td><td>남자
0 또는 >3.5회/주
여자
0 또는 >2.5회/주</td><td>0</td><td rowspan="2"></td><td rowspan="2"></td><td rowspan="2"></td><td rowspan="2"></td></tr>
<tr><td>남자
1.5~2.5 회/주
여자
0.5~1.5 회/주</td><td>10</td></tr>
</table>

중간에 속하는 섭취량은 0~10 사이의 값을 비례적으로 부여함.

출처: Sungha, Y., & Kyungwon, O.(2018). Development and status of Korean Healthy Eating Index for adults based on the Korea National Health and Nutrition Examination Survey. 주간 건강과 질병, 11(52), 1764-1772.

영양판정 실습

실습 1 2장에서 학습한 24시간 회상법을 이용하여 지난 하루동안 자신의 섭취량을 기록해 보자.

식사구분	음식명	음식총량			비고		
		눈대중분량	부피	중량	참고사항	제품명	제조회사명

실습 2 작성한 24시간 회상법의 기록을 CAN-pro 5.0 웹버전을 이용해 영양소 섭취량을 분석하고, 일상섭취량 칸에 기록하자. 또한 자신의 연령과 성별에 해당하는 한국인 영양섭취기준이 있다면 찾아서 기록하고 일상섭취량과 비교, 평가해 보자.

(에너지의 경우에는 평균필요량 항목에 필요추정량을 기입한다. 또한 영양소에 따라 설정되어 있는 기준이 상이하므로 평균필요량, 권장섭취량, 충분섭취량, 상한섭취량 중 설정되어 있는 기준을 찾아서 기입한다. 예를 들어 비타민 D의 경우에는 평균필요량과 권장섭취량이 설정되어 있지 않고 충분섭취량과 상한섭취량이 설정되어 있으므로 충분섭취량과 상한섭취량만 기입한다.)

영양소	일상섭취량	평균필요량	권장섭취량	충분섭취량	상한섭취량
에너지(kcal)					
탄수화물(g)					
단백질(g)					
지방(g)					
식이섬유(g)					
비타민 A(μg RAE)					
비타민 D(μg)					
비타민 E(mg α-TE)					
비타민 K(μg)					
비타민 C(mg)					
티아민(mg)					
리보플라빈(mg)					
니아신(mg NE)					
비타민 B_6(mg)					
엽산(μg DFE)					
비타민 B_{12}(mg)					
판토텐산(mg)					
비오틴(μg)					
칼슘(mg)					
인(mg)					
나트륨(mg)					
염소(mg)					
칼륨(mg)					
마그네슘(mg)					
철(mg)					
아연(mg)					
구리(μg)					
불소(mg)					
망간(mg)					
요오드(μg)					
셀레늄(μg)					

CHAPTER 4

신체계측조사에 의한 영양판정

신체계측은 신체 각 부위의 크기 및 신체구성성분을 측정하여 이를 표준치와 비교하여 성장발달 및 영양 상태를 판정하는 방법이다. 영양판정 방법 중 비교적 간단하고 재현성이 높으며 신뢰성이 높다. 또한, 일정기간 영양상태의 변화를 평가할 수 있으며, 영양불량 위험도가 높은 대상자를 찾아내는 선별검사방법으로 사용할 수 있다. 그러나 단기간의 영양상태 및 특정 영양소의 결핍을 판정하기가 어려운 단점이 있다. 신체조직의 발육과 조성은 여러 가지 영양소의 복합적인 기능으로 이루어지므로 신체계측은 다각적인 방법을 활용하여 조사하게 된다. 성장을 측정하는 신체계측조사는 신장, 체중, 머리둘레, 목둘레 등을 이용하여 성장의 정도를 평가하며, 신체조성을 측정하는 계측에서는 체지방량 및 제지방량을 측정하여 신체조직의 조성을 평가한다.

1. 신체성장 측정

1) 신장

신장은 골격 발달을 반영하는 지표로서 연령별 신장의 측정치는 그 집단 내에서 개인의 영양상태를 반영하는 간접지표로 이용된다. 신장이 기준치에 비해 작을 경우 영양불량의 가능성도 있으나 유전적 요인과 관련도 고려해야 한다. 성장기 어린이가 신장이 작은 경우 일반적으로 영양불량과 관련이 있으며, 성인의 경우는 과거 성장기의 영양상태를 반영하기는 하나 현재의 영양상태와는 무관하다.

혼자 바로 설 수 없는 유아들의 신장은 소아용 신장계로 누운 상태에서 길이를 측정한다. 측정을 위해서는 2명의 조사원이 필요하다.

혼자 서 있을 수 있는 대상은 신장계를 이용하여 서서 신장을 측정한다. 거동이 불편한 노인이나 척추측만증 및 질병 등으로 서서 신장을 재기 어려운 경우에 무릎높이를 측정하고, 계산식 또는 계산도표를 이용하여 신장을 추정한다.

무릎높이는 90° 각도로 측정막대가 부착된 캘리퍼를 이용하여 측정값을 5mm 단위까지 측정한다.

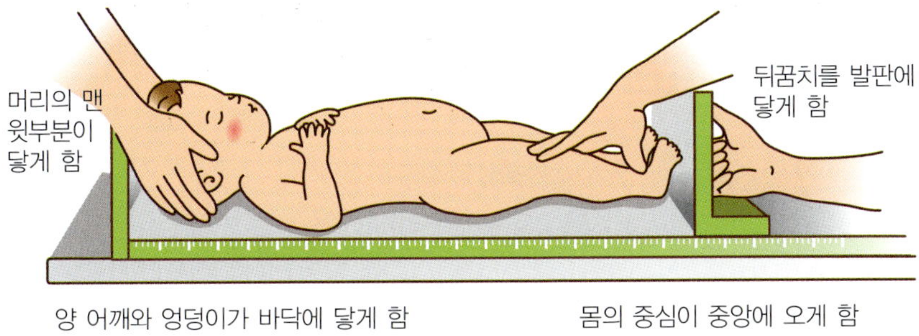

a. 누운 키 측정법

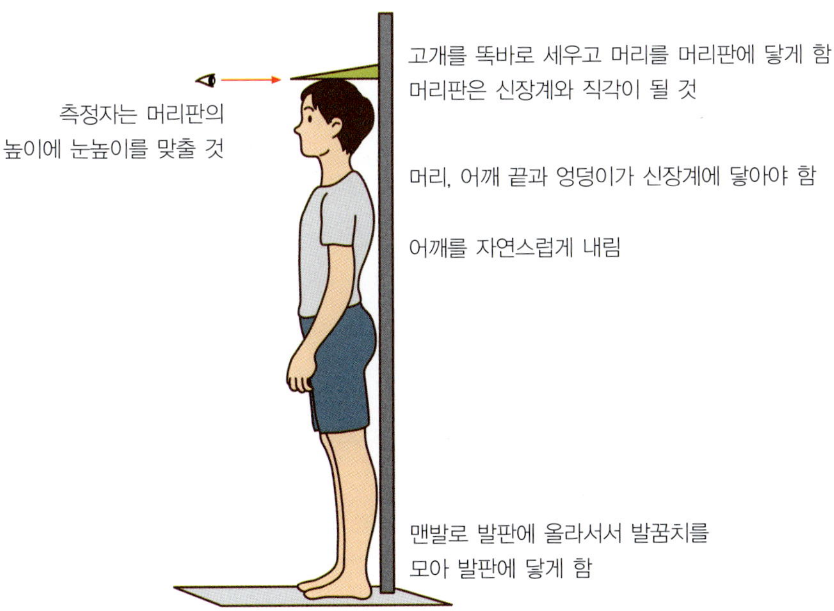

b. 선 키 측정법

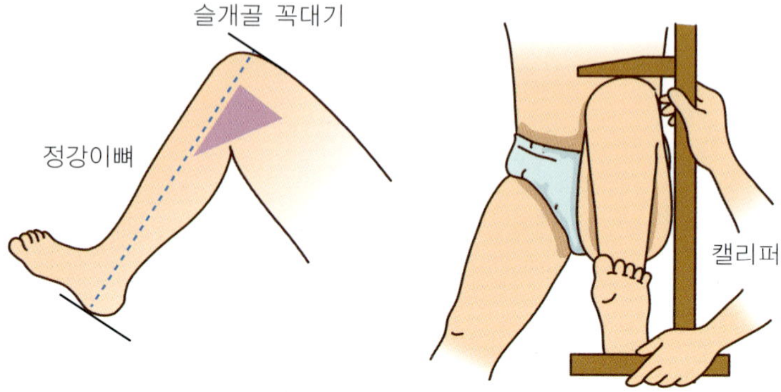

c. 무릎높이 신장 추정

| 그림 4-1 | 여러 가지 신장계 및 캘래퍼를 이용한 신장측정

측정치는 연령별, 성별로 한국인 소아발육표준치표와 체위참고치, 세계보건기구의 성장표준치, 미국의 질병통제예방센터의 성장도표 등과 비교하여 평가한다. 즉, 표준치에 대한 백분율 또는 백분위수를 계산한다.

질병관리청은 대한소아과학회와 함께 1967년부터 약 10년마다 성장도표를 제정·발표하고 있으며, 2017년에 「2017 소아·청소년 성장도표」를 제정·발표하였다.

연령별 신장은 과거 또는 장기간에 걸친 영양상태를 추정해 주는 지표로 이용된다. 측정값이 5~95백분위수에 해당하면 정상으로 간주하고, 50백분위수는 중간 값을 나타낸다. 또 3백분위수 미만이면 영양불량으로 판정한다. 영양불량으로 판정될 경우에는 1년 정도의 간격을 두고 성장속도를 지켜보면서 영양상태를 판정하는 것이 필요하다. 단기간에 정상 범위를 벗어나거나 두 개 곡선 이상 하락하는 경우 그 원인파악과 적절한 영양중재가 필요하다.

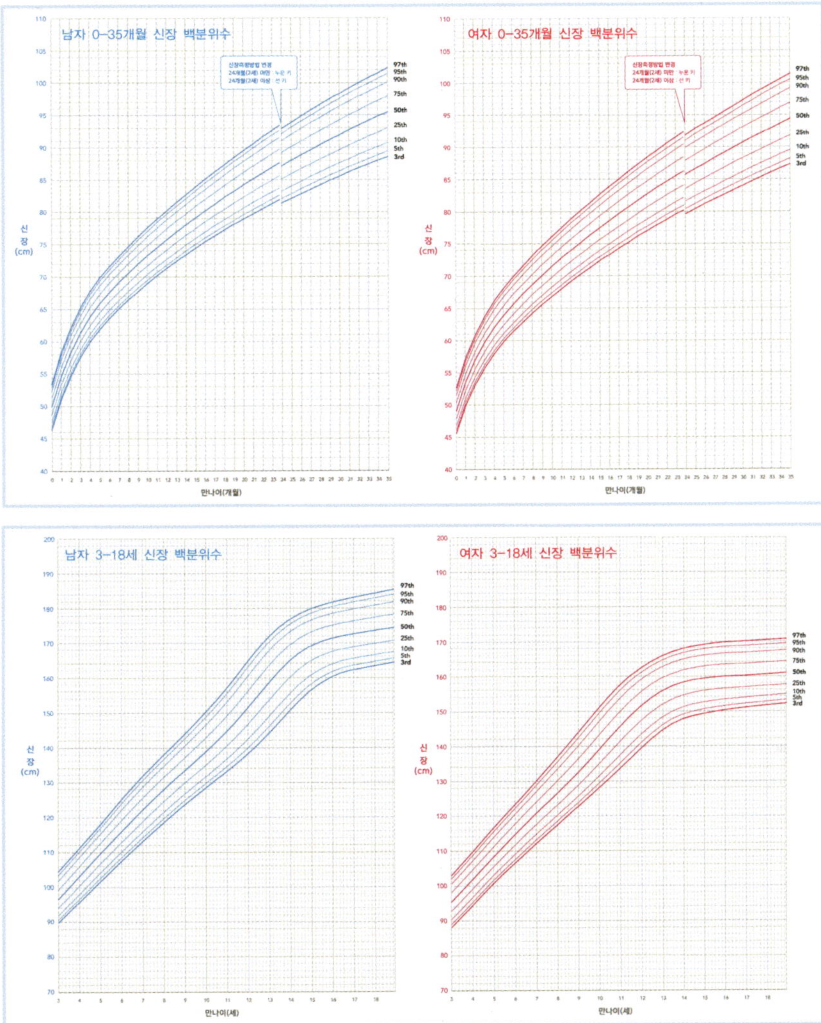

| 그림 4-2 | 연령별 신장 백분위수 성장곡선

2) 체중

체중은 골격, 근육, 피하지방의 양 등을 종합적으로 나타내며, 영양상태의 평가에 활용되는 가장 중요한 지표 중의 하나이다. 영·유아 영양상태를 판정하는 가장 기본적인 지표이기도 하다. 체중만으로 영양상태를 판정하기보다는 연령과 신장을 함께 고려하여 판정하는 것이 바람직하다.

영·유아는 소아용 전자저울이나 추저울, 전자저울을 이용하여 체중을 측정한다. 이 외에도 어른이 아기를 안고 잰 후 어른의 체중을 빼서 아기의 체중을 계산할 수도 있다.

혼자 설 수 있는 어린이와 성인은 전자저울이나 눈금저울로 체중을 측정한다. 공복 시에 가능하면 일정한 시간에 최소한의 의복을 입고 체중을 측정하며, 측정하기 전에 부종 여부를 관찰하여야 한다. 저울은 평평하고 단단한 면 위에 놓아 흔들리거나 기울어지지 않게 한다.

혼자 설 수 없는 거동이 불편한 사람은 침대저울이나 의자저울을 이용한다.

a. 소아용 체중계

b. 성인용 체중계

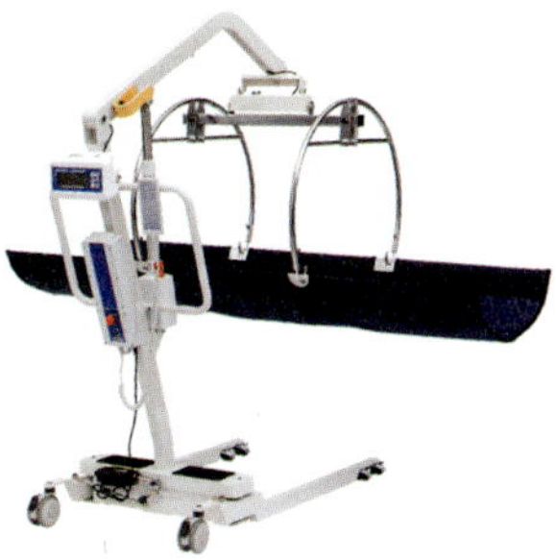

c. 침대저울

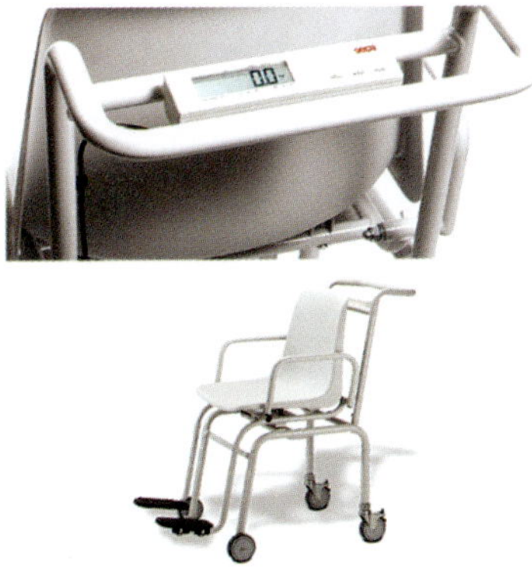

d. 의자저울

| 그림 4-3 | 여러 가지 체중계

출처: https://www.google.co.kr/

측정치는 연령별, 성별, 신장별로 한국인 소아발육표준치표 참조와 체위참고치, 세계보건기구의 성장표준치, 미국의 질병통제예방센터의 성장도표 등과 비교하여 평가한다. 즉, 표준치에 대한 백분위수를 계산한다. 개정된「2017 소아·청소년 성장도표」에 따르면, '0~2세 영·유아'의 연령별 체중이 5백분위수 미만일 때 '저체중'에 해당하며, 신장별 체중이 95백분위수 이상이면 '과체중'에 해당한다. 2~18세에서는 연령별 체중이 5백분위수 미만일 때 '저체중' 에 해당되며, 연령별 체질량지수가 85백분위수 이상이면서 95백분위수 미만일 때 '과체중', 95백분위수 이상일 때 '비만'으로 판정한다.

(1) 연령별 체중

연령별 체중은 성장기 어린이의 정상 성장 여부를 판정할 수 있다. 2017 성장도표부터 '0~2세 영·유아'의 연령별 체중이 5백분위수 미만일 때 '저체중'에 해당하며, 2세 이상 비만 선별 기준은 대한소아과학회의 기준에 따라 '연령별 체질량지수 95백분위수 이상 또는 25kg/m^2 이상'에서 '연령별 체질량지수 95백분위수 이상'으로 변경되었다. 또한 연령별 체질량지수 95백분위수 값이 낮아지면서 성장도표를 통한 비만 진단이 소아·청소년 전 연령에서 강화되었다.

어린이의 체중은 변화속도가 빨라서 일정기간의 간격을 두고 체중 증가속도를 평가하여 영양상태를 판정하는 것이 바람직하다. 특히, 몸이 아픈 경우 체중이 감소하기 쉬워 해석에 주의해야 한다. 또한, 연령별 체중은 신장의 차이를 반영하지 못하기 때문에 신장이 작을수록 영양불량으로 평가될 우려가 있다.

성인의 경우에는 연령이 증가할수록 지방이 증가하고 근육이 감소하기 때문에 연령별 체중이 큰 의미가 없다.

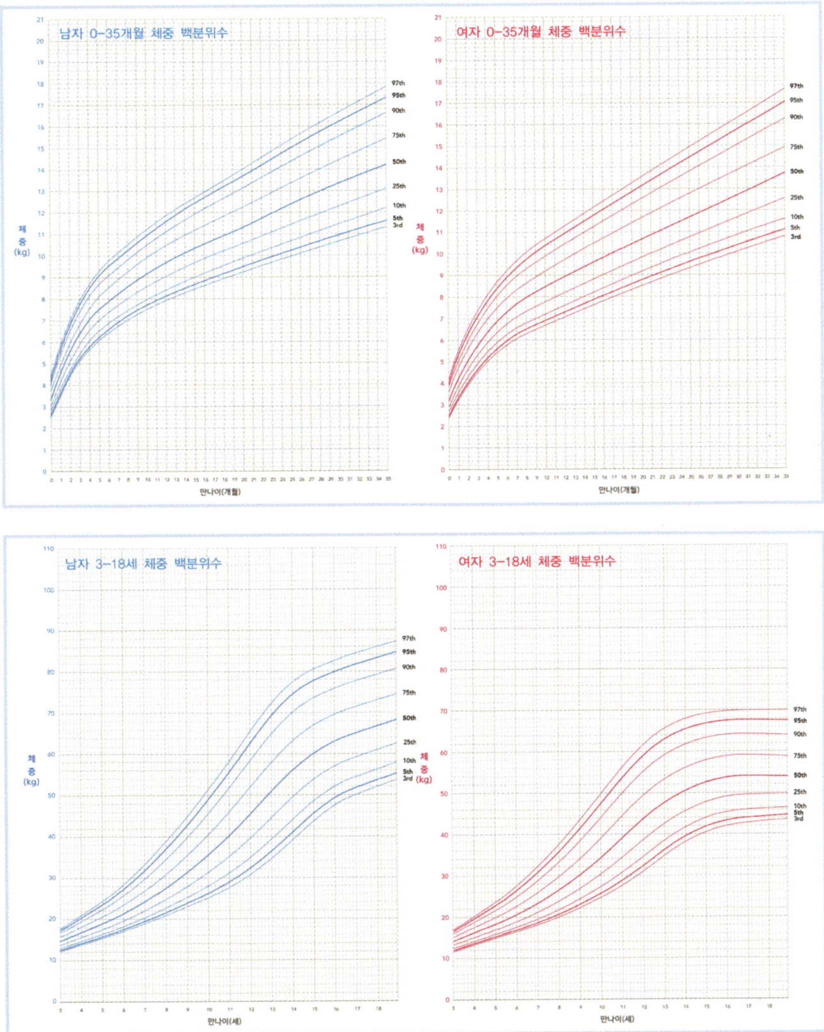

| 그림 4-4 | 연령별 체중 백분위수 성장곡선

(2) 신장별 체중

신장별 체중은 어린이 현재의 영양상태를 나타내 주는 지표이다. 생후 1년 미만의 경우는 월령이 높을수록 신장별 체중이 증가하는 경향이 있어, 월령에 따른 신장별 체중지표를 활용한다. 2017 소아·청소년 성장도표에서 '0~2세 영·유아'의 신장별 체중이 95백분위수 이상일 때 과체중으로 판정한다.

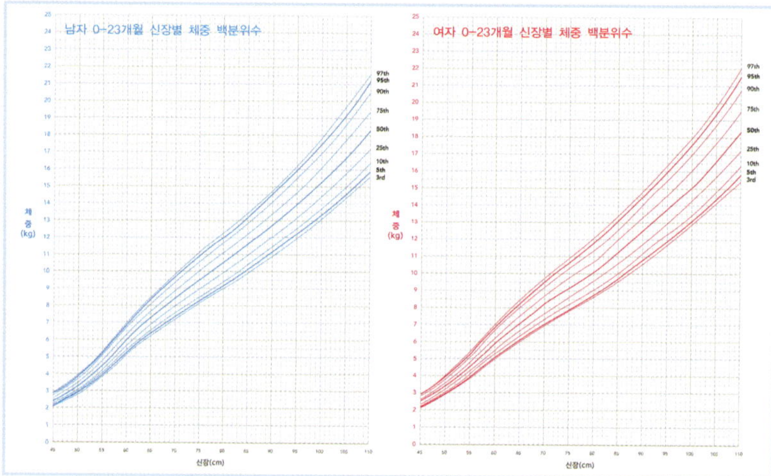

| 그림 4-5 | 신장별 체중 백분위수 성장곡선

3) 머리둘레

머리둘레는 생후 1년 사이에 일어나는 뇌의 성장상태를 반영하는 지표로서, 생후 12개월까지 증가속도가 매우 빠르며 그 후 2년 동안은 비교적 완만하게 증가한다.

머리둘레는 부드러운 줄자를 이용하여 측정한다. 보호자의 무릎이나 의자에 앉혀서 측정하거나 선 자세로 측정한다. 머리는 똑바로 세워 안와의 맨 아래와 이주가 수평이 되는 프랑크포트 수평면(frankfort horizontal plane)을 맞춘다. 줄자를 눈썹 바로 위 이마의 돌출 부위에서 후두부 돌출 부위를 둘러, 머리둘레가 최대가 되는 값을 mm 단위까지 읽는다.

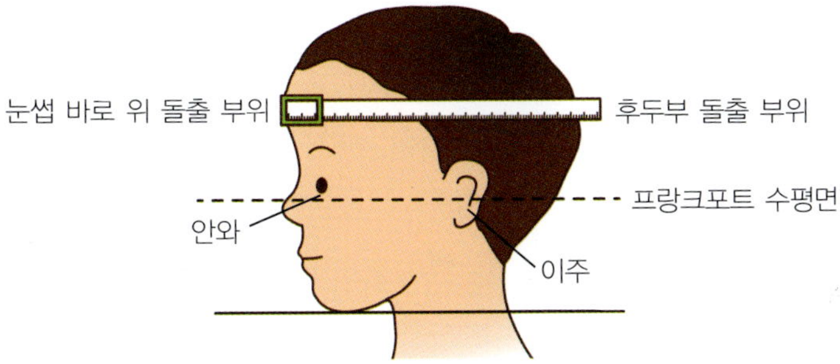

| 그림 4-6 | 머리둘레 측정방법

측정치는 연령별, 성별로 보건복지부·질병관리청과 대한소아과학회의 2017 소아·청소년 성장도표와 비교하여 평가한다. 즉, 표준치에 대한 백분율 또는 백분위수를 계산한다.

머리둘레가 표준치보다 낮게 나타나는 경우, 유아의 성장지연 및 영양불량상태로 판정할 수 있다.

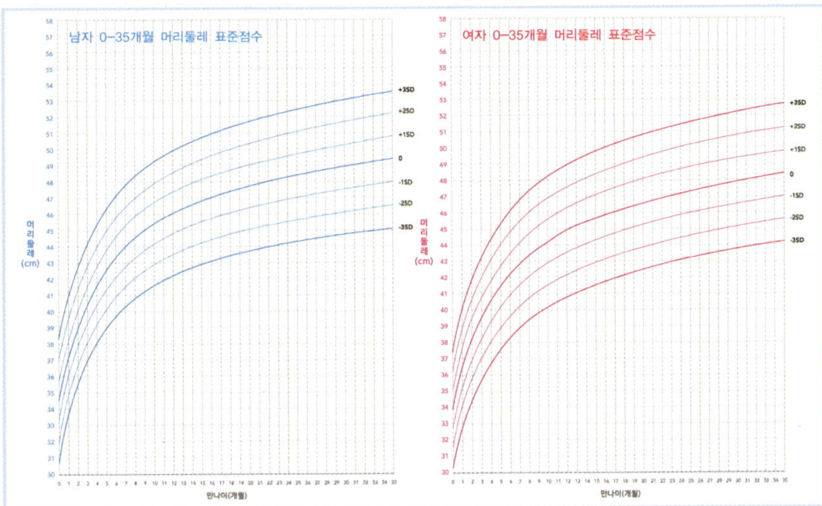

| 그림 4-7 | 연령별 머리둘레 표준점수 성장곡선, 3세 미만(0~35개월)

4) 목둘레

국민건강영양조사 제8기 1차년도(2019)부터 만 40세 이상 검진조사항목에 목둘레가 추가되었다. 2019년 아시아·태평양 심장병학회(asian pacific society of cardiology) 총회에서 히네스 박사는 목둘레가 넓은 사람일수록 대사증후군의 요건을 지니고 있을 가능성이 크다고 밝혔으며, 목둘레는 대사증후군을 예고하는 지표로서 허리둘레보다 더 정확하다고 강조했다. 또한 과체중 및 비만을 예측하기 위하여 목둘레가 활용된 연구 결과들도 있다.

- 측정방법: 목둘레는 부드러운 줄자를 이용하여 측정한다. 측정자는 선 자세를 취하며 피측정자의 뒤쪽에 서서, 목 뒤점과 방패연골 밑을 지나는 둘레의 치수를 잰다.

2. 신체골격크기 측정

신체 골격의 크기는 손목둘레나 팔꿈치두께를 이용하여 체격의 크기를 결정하는 것으로 더 정확하고 바람직한 표준체중 범위를 반영할 수 있다.

1) 팔꿈치넓이

팔꿈치두께는 지방량에 크게 영향을 받지 않고 제지방의 양과 관련이 깊어 손목둘레보다 더 정확하게 신체골격 크기를 가장 잘 반영하는 것으로 알려져 있다. 팔꿈치두께의 측정은 오른쪽 팔을 들어 팔꿈치를 90° 구부리고 손가락을 펴고 손바닥을 얼굴로 향하고 캘리퍼로 뼈 넓이를 mm 단위로 측정한다.

| 표 4-1 | 팔꿈치넓이에 의한 골격크기의 분류

신장(cm)		작은 체격	중간 체격	큰 체격
남자	155~158	<64	64~73	>73
	159~168	<67	67~73	>73
	169~178	<70	70~76	>76
	179~188	<70	70~79	>79
	≥189	<73	73~83	>83
여자	145~148	<57	57~64	>64
	149~158	<57	57~64	>64
	159~168	<60	60~67	>67
	169~178	<60	60~67	>67
	≥179	<64	64~70	>70

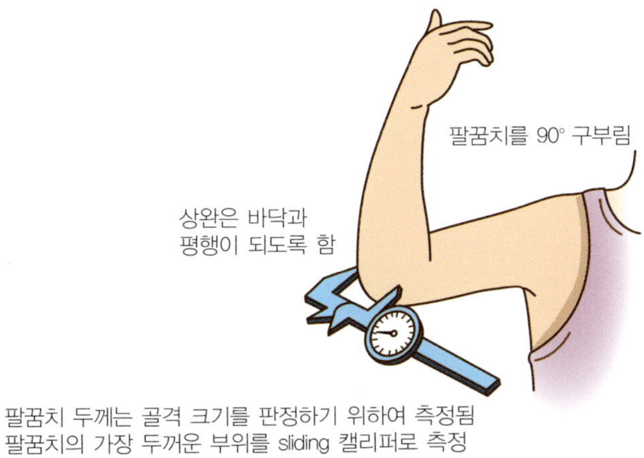

| 그림 4-8 | 팔꿈치두께 측정

측정치는 표준치 등을 참고하여 평가하며, 팔꿈치넓이에 따라 작은 체격, 중간 체격, 큰 체격으로 분류한다.

2) 손목둘레

넓이가 0.7cm 이하인 줄자를 이용하여 손목의 가장 가는 부분의 둘레를 측정한다. 오른손을 펴서 손바닥이 위를 향하게 하고 손의 힘을 뺀 다음 손목의 튀어나온 뼈의 앞쪽을 mm 단위로 측정한다.

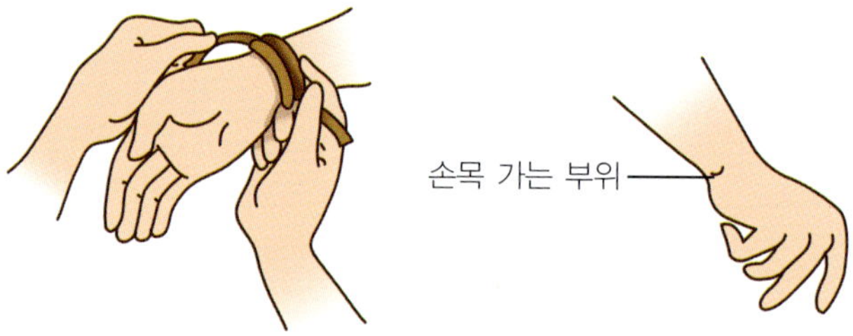

| 그림 4-9 | 손목 둘레 측정

신장을 손목둘레로 나눈 값을 신장 손목둘레비(r)의 기준치와 비교하여 골격 크기를 평가한다.

> 신장과 손목둘레 비율을 이용한 골격 크기 = 신장(cm) ÷ 손목둘레(cm)

골격의 크기는 세 가지로 구분된다. 신장과 체중이 동일하더라도 작은 체격인 사람이 큰 체격인 사람에 비해 체지방이나 근육량이 많다고 추정할 수 있다.

| 표 4-2 | 신장과 손목둘레비(r)에 의한 골격크기의 분류

구분	작은체격	중간체격	큰체격
남	>10.4	10.4~9.6	<9.6
여	>10.9	10.9~9.9	<9.9

신장과 손목둘레 비율을 구한 후 골격 크기를 구하고 골격 크기가 큰 경우 표준체중을 구한 수치에 10%의 체중을 가산하고, 골격 크기가 작은 경우 10%를 줄여 표준체중을 구한다.

- 골격 크기가 큰 경우: 표준체중=[(신장(cm)−100)×0.9]+10%
- 골격 크기가 중간인 경우: 표준체중=(신장(cm)−100)×0.9
- 골격 크기가 작은 경우: 표준체중=[(신장(cm)−100)×0.9]−10%

3. 신체조성 측정

신체조성을 크게 체지방조직과 제지방조직으로 구분할 수 있다. 제지방조직이란 신체에서 지방을 뺀 나머지 조직으로, 주로 근육, 골격, 연조직 등으로 구성되어 있다.

신체조성은 피부두겹두께, 상완둘레, 허리둘레, 체질량지수 등을 활용하며, 최근에는 전기저항측정법, 이중에너지방사선흡수계측법, 자기공명영상법, 컴퓨터단층촬영법 등 첨단기기를 활용하여 측정한다.

1) 체지방량 측정

체지방을 측정하는 방법으로는 캘리퍼로 피부두겹두께를 측정하여 체지방량을 추정하는 방법과 허리둘레와 엉덩이둘레를 측정하는 방법, 여러 가지 측정기기를 이용하는 방법 등이 있다. 정상 성인의 체지방률은 남자는 11~14%, 여자는 16~19%이다.

| 표 4-3 | 성인(18~30세)의 %체지방 분류

분류	남자(%)	여자(%)
거의 없음	≤10	≤15
적정수준	11~14	16~19
허용수준	15~18	20~25
과체중	19~24	26~29
비만	≥25	≥30

(1) 신장–체중지수

신체조성을 파악하기 위해서는 신장-체중지수를 구하여 평가할 수 있다. 신장-체중지수는 측정하기 쉽고 부담이 없으며 정확하기 때문에 대규모 영양조사 및 역학조사에서 비만의 간접 측정법으로 흔히 사용된다. 신장-체중지수는 어린이에게 있어서는 영양상태를, 성인에게 있어서는 비만도를 나타내는 지표로 주로 쓰인다.

신장체중지수에는 비만도, 상대체중, 체중변화, 체질량지수, 카우프지수, 뢰러지수, 폰더럴지수 등이 있다.

| 표 4-4 | 신장–체중지수 산출

지표	구하는 공식
비만도	(실제체중 – 표준체중)÷표준체중×100
상대체중	(실제체중÷신장별표준체중)×100
체중손실비율	(평상시체중 – 현재 체중)÷평상시 체중×100
체질량지수	체중(kg)÷신장^2(m^2)
카우프지수	[체중(g)÷신장^2(cm^2)]×10
뢰러지수	[체중(kg)÷신장^3(cm^3)]×10^7
폰더럴 지수	신장(inch)÷체중$^{1/3}$(lb$^{1/3}$)

① 표준체중 이용법

현재 자신의 체중을 표준체중이상체중과 비교하여 영양상태를 판정하는 방법이다. 표준체중을 계산하는 방법에는 여러 가지가 있으나 일반적으로 브로카 변법을 많이 사용하고 있다. 이 외에도 대한당뇨병학회에서 제시한 표준체중 계산법이 있으며, 체지방률과 제지방률을 이용한 계산법도 있다.

| 표 4-5 | 표준체중 계산법

지표	구하는 공식	
브로카변법 1	표준체중(kg)=[신장(cm)−100]×0.9	
브로카변법 2	160cm 이상	표준체중(kg)=[신장(cm)−100]×0.9
	150~160cm	표준체중(kg)=[신장(cm)−150]×0.5+50
	150cm 이하	표준체중(kg)=신장(cm)−100
대한당뇨병학회	남자	표준체중(kg)=신장^2(m^2)×22
	여자	표준체중(kg)=신장^2(m^2)×21
체지방률 이용 계산법	표준체중(kg)=제지방조직량÷(1−정상의 체지방률)	
	체지방량=체중×체지방률(%)	
	제지방조직량=체중−체지방량	

가. 비만도

비만도는 실제체중과 표준체중과의 차이를 표준체중으로 나누어 백분율로 나타낸다. 비만도가 ±10%의 범위 안에 있으면 정상체중, 10~20%는 과체중, 20% 이상이면 비만으로 판정한다.

| 표 4-6 | 비만도 산출 및 판정

비만도(%)		구분
(실제체중−표준체중)÷표준체중×100	<−20	저체중, 매우 마름
	−20~<−10	저체중, 마름
	−10~<+10	정상체중
	+10~<+20	과체중
	≥+20	비만

나. 상대체중

상대체중은 실제체중을 표준체중으로 나눈 후 백분율로 표현한 것이다. 상대체중이 90% 이하면 체중미달, 90~110% 이면 정상, 110% 이상이면 과체중, 120% 이상이면 비만으로 판정한다.

| 표 4-7 | 상대체중 산출 및 판정

비만도(%)		구분
실제체중÷신장별 표준체중×100	<80	저체중, 매우 마름
	80~<90	저체중, 마름
	90~<110	정상체중
	110~<120	과체중
	≥120	비만

② 체중 변화

체중의 변화는 체단백질, 수분, 무기질 또는 체지방량의 변화로 인해 나타난다. 체중 변화는 영양상태를 잘 반영하는 지표로서, 기간이 짧을수록, 체중감소율이 클수록, 영양결핍 정도가 심한 것으로 평가한다. 일반적으로 6개월 내에 10% 이상의 체중 감소, 또는 1개월 내에 5% 이상의 체중감소가 나타나면 체중소실이 심한 것으로 판정하고, 그 원인을 파악하여야 한다. 주로 병원에 입원한 환자의 영양판정 시 많이 이용된다.

| 표 4-8 | 체중손실비율 산출 및 판정기준치

체중손실비율	기간	유의적인 체중손실비율(%)	심한 체중손실비율(%)
{(평상시 체중 − 현재 체중)÷ 평상시 체중}×100	1주일	1~2	>2
	1개월	5	>5
	3개월	7.5	>7.5
	6개월	10	>10

③ 체질량지수(Body Mass Index, BMI)

체질량지수는 가장 널리 이용되는 신장-체중지수로서 케틀레지수(Quetelet's index)라고도 한다. 체질량지수는 계산이 쉽고, 체지방량과 높은 상관관계를 나타내므로, 전 세계적으로 많이 활용되고 있다.

$$체질량지수(BMI) = 체중(kg) ÷ 신장^2(m^2)$$

가. 성인의 체질량지수

체질량지수와 체지방과의 관계는 연령, 성별 및 인종에 따라 달라지는데, 여성이 남성에 비해 체지방률이 높고, 연령이 높은 사람이 낮은 사람에 비해 체지방률이 높은 경향을 보인다. 한편, 근육이 많은 운동선수나 부종으로 인한 환자의 체중 증가에도 체지방 과다나 비만으로 판정하게 된다. 따라서 체질량지수와 함께 피부두겹두께 허리둘레 등을 함께 측정하는 것이 좋다. WHO기준으로는 25kg/m^2 미만인 경우에 정상, 30kg/m^2 이상인 경우에 비만이다. 아시아-태평양지역 기준으로는 23kg/m^2 미만인 경우에 정상, 25kg/m^2 이상인 경우에 비만으로 분류한다.

| 표 4-9 | 체질량지수에 의한 성인의 비만판정

분류	BMI(kg/m²)		질병의 위험도
	WHO기준	대한비만학회 및 WHO 서태평양지역 기준(2004)	
저체중	<18.5	<18.5	낮음
정상	18.5~24.9	18.5~22.9	보통
과체중	25.0~29.9	23.0~24.9	증가
경도비만(1단계)	30.0~34.9	25.0~29.9	중등도
중등도비만(2단계)	35.0~39.9	30.0~34.9	고도
고도비만	≥40.0	≥35.0	매우 고도

체질량지수가 18.5kg/m² 미만의 저체중은 만성 에너지 결핍상태로 스트레스에 대한 반응능력 및 면역력이 감소하고, 골다공증, 불임 등이 나타난다. WHO는 저체중을 세 단계로 분류하였다.

| 표 4-10 | 상대체중 산출 및 판정

분류	BMI(kg/m²)
정상	≥18.5
경도 저체중(1단계)	17.0~18.4
중등도 저체중(2단계)	16.0~16.9
심한 저체중(3단계)	<16.0

나. 아동·청소년의 체질량지수

체질량지수는 주로 성인의 비만판정에 사용되었으나, 최근에는 아동·청소년 비만의 판정기준으로도 권장되고 있다. 성장기 아동의 비만 여부를 체질량지수로 판정하고자 할 때에는 성·연령에 따른 판정 기준을 적용해야 한다. 아동·청소년기 비만은 '2017 소아·청소년 성장도표'에 나타난 성·연령별 체질량지수를 이용하여 95백분위수 이상인 경우 비만으로 판정한다.

$$BMI = \frac{\text{체중(kg)}}{[\text{신장}^2(m^2)]}$$

평가	
저체중	14 백분위수 이하
정상	15~84 백분위수
과체중	85~94 백분위수
비만	95 백분위수 이상

④ 카우프지수

카우프지수는 영·유아 5세 미만의 유아 (특히 2세 미만)의 비만판정에 많이 사용되는 지수이다.

| 표 4-11 | 카우프지수 산출 및 평가기준

카우프지수	1세 미만	1~2세	구분
체중(g)÷신장^2(cm^2)×10	<15	<14	영양불량
	15~18	14~17	정상
	18~20	17~18.5	비만 경향
	>20	>18.5	비만

⑤ 폰더럴지수

폰더럴지수는 신장을 체중으로 나눈 값으로 수치가 높을수록 마른 것을 나타내며, 13 이상이면 심혈관계 질환의 위험도가 낮고, 12 이하는 심혈관계질환의 위험도가 높은 것으로 판정한다.

$$\text{폰더럴 지수} = \text{신장(inch)} \div \text{체중}^{1/3}(\text{lb}^{1/3})$$

⑥ 뢰러지수

뢰러지수는 학령기 어린이의 영양판정에 주로 이용된다. 그러나 신장이 작은 어린이는 비만으로 판정되기 쉬운 단점이 있어, 신장을 기준으로 하여 신장이 110~129cm에서는 180 이상, 130~149cm에서는 170 이상, 150cm 이상에서는

160 이상을 비만으로 판정하기도 한다.

| 표 4-12 | 뢰러지수 산출 및 평가기준

뢰러지수		구분
체중(kg)÷신장^3(cm^3)×10^7	<92	매우마름
	92~109	마름
	110~140	정상
	141~156	비만
	≥157	고도비만

(2) 피부두겹두께

체지방률을 간접적으로 측정할 때 가장 널리 사용되는 방법이다. 피부두겹두께 측정은 피하지방을 손가락으로 잡아 쥐어 그 두께를 측정하는 방법이다. 보다 정확한 측정값을 얻기 위해 최소 3부위 이상의 피부두겹두께 측정을 권장한다. 한 부위만 측정하는 경우에는 삼두근을 가장 많이 측정한다.

| 표 4-13 | 피부두겹두께 측정의 장·단점과 체지방량 추정 시 전제 가설

분류	특성
전제 가설	• 피부와 피하지방조직의 두겹두께는 일정한 압축성을 가진다. • 피부의 두께는 무시할 만하거나 일정하다. • 피하지방조직의 두께는 개인 내 또는 개인 간에 일정하다. • 지방조직의 지방함량은 일정하다. • 피하지방과 신체 내부지방의 비는 일정하다. • 체지방은 균일하게 분포된다. • 피하에 체지방의 50%가 존재한다.
장점	• 측정방법이 간단하여 빠르다. • 경제적이다. • 수중체중법과 상관성이 높다.
단점	• 정밀도가 낮다. • 측정자에 따른 오차가 크다. • 재현성이 낮다

측정할 때에는 정확한 캘리퍼를 사용해야 피하지방의 두께를 정확히 측정할 수 있다. 피하지방층이 두꺼울수록 접히는 범위가 넓어 뚱뚱한 사람은 상당히 잡기가 어렵다. 왼손의 엄지와 검지 손가락으로 표시된 측정 부위에서 1cm 위쪽의 피하지방을 단단하게 잡아당긴다. 이때 측정할 때마다 엄지와 검지 손가락의 힘을 일정하게 유지하도록 한다. 캘리퍼의 숫자판이 위로 오게 하여 접힌 피부의 긴축과 직각이 되도록 캘리퍼로 집는다. 동일한 측정점에서 15초 이상의 간격으로 적어도 2번 측정했을 때 그 측정치의 차이가 1mm 이하여야 한다. 익숙하지 않은 조사자는 측정 부위를 표시한 후 측정하는 것이 도움이 된다.

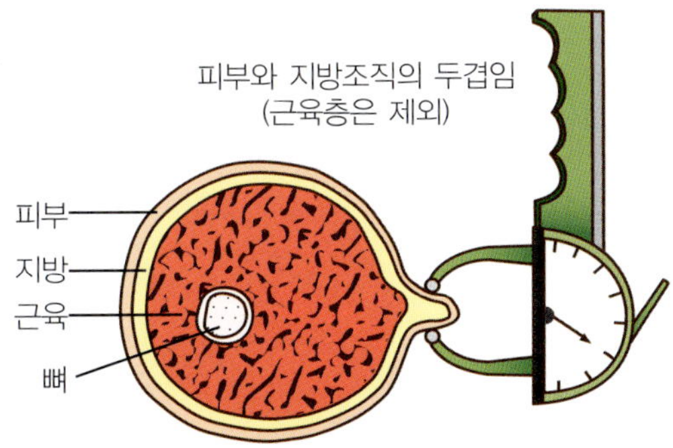

| 그림 4-10 | **캘리퍼를 이용한 피부두겹두께**

피부두겹두께는 피부와 피하지방 조직의 압축성은 일정하고, 피하지방의 두께는 개인 내 또는 개인 간에 일정하거나 예상할 수 있으며 체지방은 균일하게 분포되어 있고, 지방조직의 지방 함량은 일정할 뿐만 아니라 피하지방과 신체 내부 지방의 비는 일정하다는 가정하에 실시하는 방법이므로 측정치에 전적으로 의존하여 결과를 너무 비약적으로 해석해서는 안 된다.

일반적으로 측정하는 부위는 다음과 같다.

① 장골상부 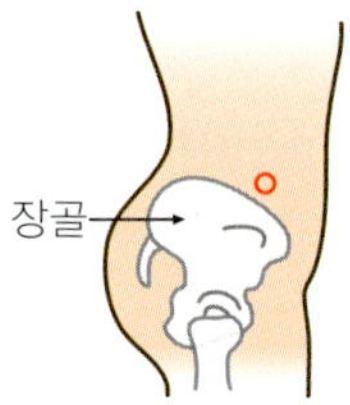	• 옆중심선상에서 장골(엉덩뼈)능 바로 위의 약간 앞쪽 부위를 측정한다. • 두 발을 모으고 선 자세에서 팔을 자연스럽게 옆으로 내려뜨린다. • 오른팔을 약간 뒤로 돌린 다음 측정점에서 뒤쪽으로 1cm 떨어진 부위를 잡고 측정한다.	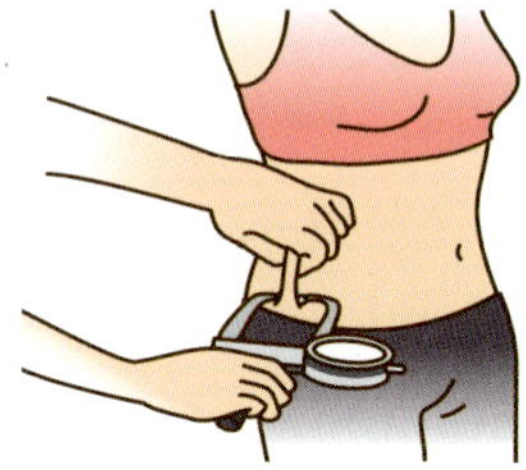
③ 복부 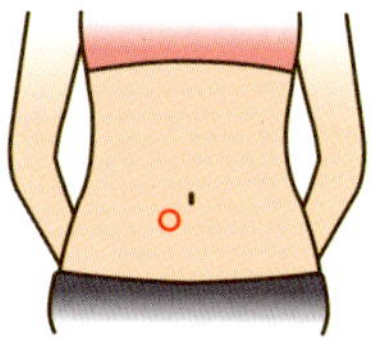	• 양 발에 체중이 고루 분산되도록 똑바로 서서 복부를 이완시키고 편안하게 숨을 쉰다. • 배꼽에서 오른쪽으로 3cm, 아래로 1cm 되는 지점의 피부두께를 측정한다. • 측정점에서 옆으로 1cm 떨어진 부위를 잡고 측정한다.	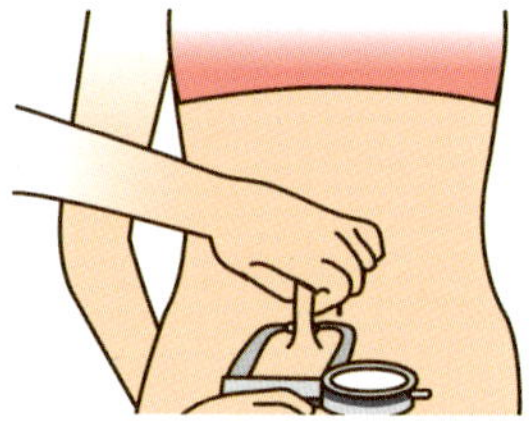
③ 허벅지 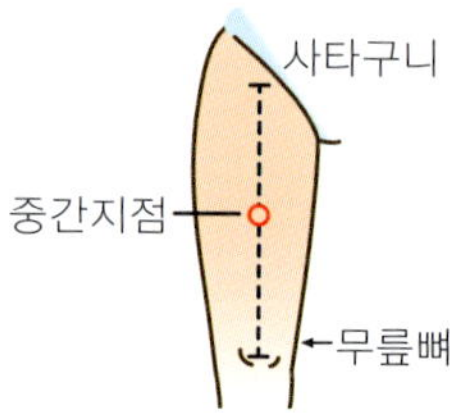	• 사타구니의 접히는 끝 부위와 무릎뼈 사이의 앞쪽 중간 지점을 측정한다. • 체중은 약간 왼쪽 발에(오른쪽을 측정할 때) 실리게 하고, 오른쪽 발바닥은 바닥에 닿은 채로 오른쪽 무릎을 약간 구부려 다리를 이완시킨다. • 측정점에서 위쪽으로 1cm 떨어진 부위를 잡고 측정한다.	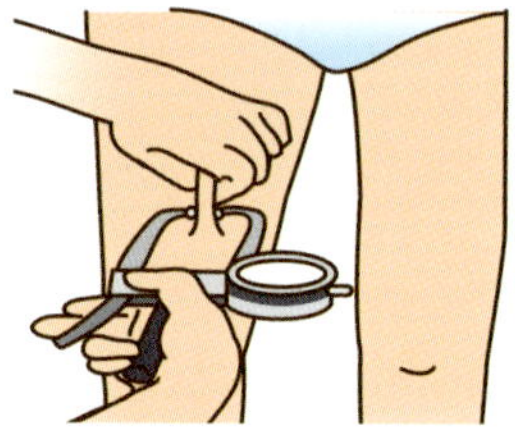
④ 장딴지 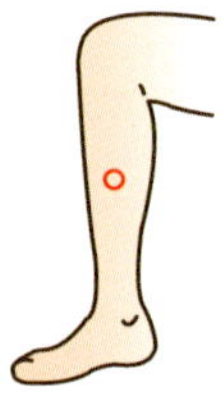	• 의자에 앉은 상태에서 발바닥은 바닥에 붙이고 무릎이 90°가 되도록 다리를 구부린다. • 장딴지의 안쪽 중심 부위에 표시하고, 측정점에서 위쪽으로 1cm 떨어진 부위를 잡고 측정한다.	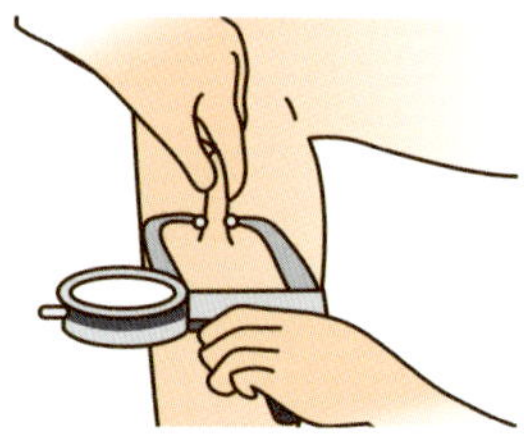
⑤ 가슴 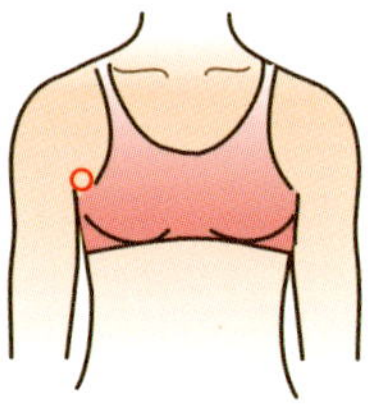	• 앞쪽 겨드랑이의 접히는 부위 제일 위쪽에서 젖꼭지에 이르는 긴 축을 따라 측정한다. • 겨드랑이의 제일 위쪽을 잡고, 1cm 아랫부분을 측정한다.	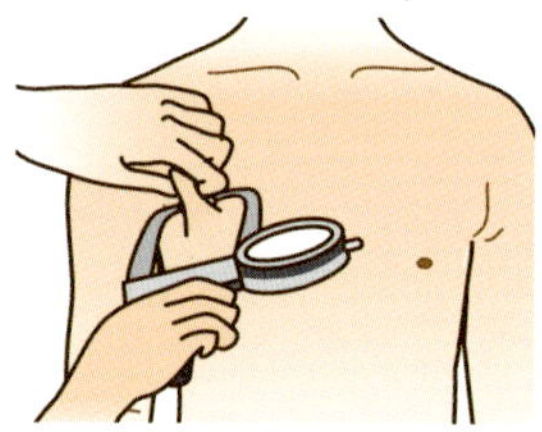

(다음 페이지에 계속)

부위	측정방법	그림
⑥ 이두근 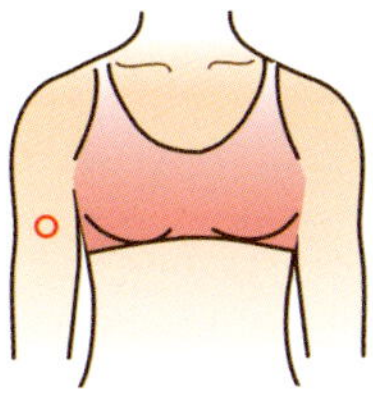	• 팔을 옆으로 자연스럽게 내려뜨리고 손바닥을 앞으로 향하게 한다. • 삼두근과 같은 선상에 있는 팔의 앞면을 측정한다.	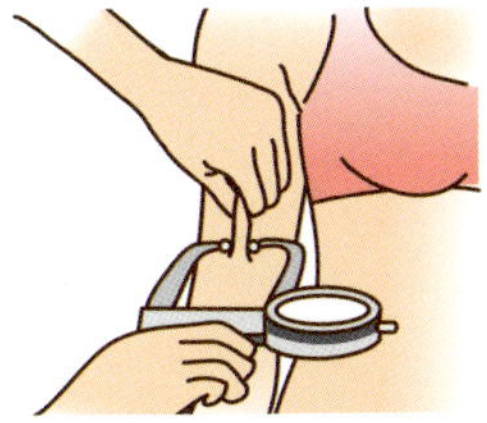
⑦ 삼두근 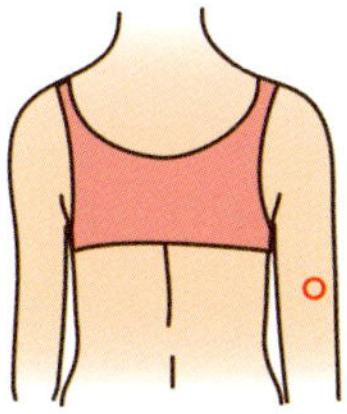	• 똑바로 서서 팔을 90°로 구부린 상태에서 어깨 꼭짓점과 팔꿈치와의 중간 지점을 찾아 팔 뒤쪽에 표시한다. • 팔을 자연스럽게 내려뜨린 상태에서 측정점으로부터 위쪽으로 1cm 떨어진 부위를 수직으로 잡고 측정한다.	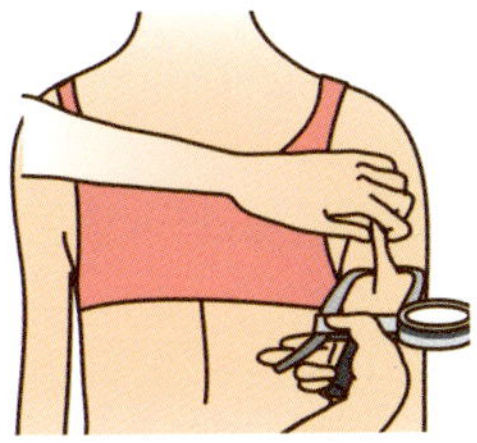
⑧ 견갑골 하부 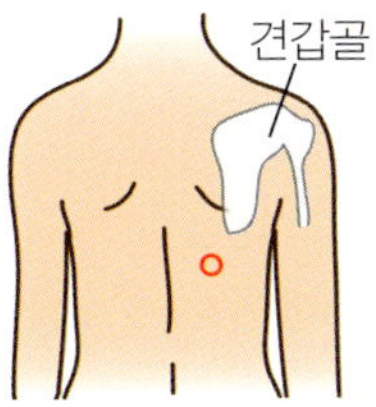	• 오른쪽 팔을 등 뒤로 올려 정확한 견갑골의 위치를 확인한 다음, 어깨와 팔을 자연스럽게 내려뜨린다. • 견갑골의 안쪽 각진 곳의 가장 밑부분에서 1cm 아래 떨어진 곳이 측정점이다. • 측정점에서 비스듬히 위쪽으로 1cm 떨어진 부위를 잡고 측정한다.	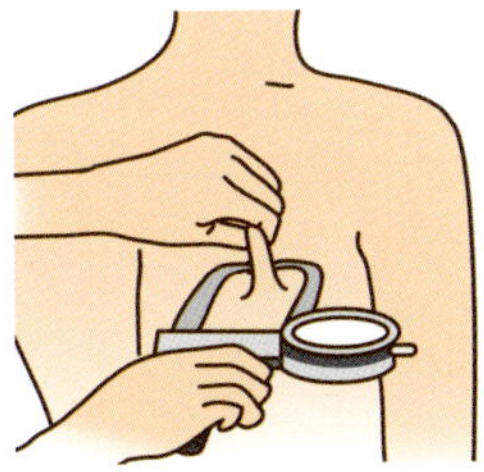
⑨ 옆중심선 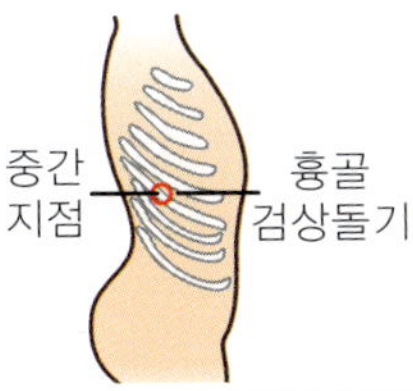	• 옆중심선(겨드랑이의 중심 수직선)과 흉골검 결합 부위가 만나는 지점을 측정한다. • 똑바로 서서 팔을 약간 뒤로 젖힌다. • 측정점에서 등 쪽으로 1cm 떨어진 부위를 수평으로 잡아 측정한다.	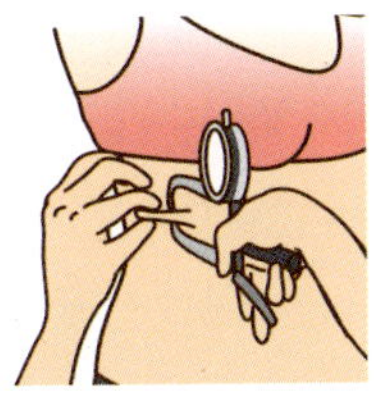

| 그림 4-11 | **피부두겹두께 측정 부위와 측정방법**

피부두겹두께 측정치로부터 체지방량을 추정하고자 할 때에는 한 부위, 두 부위 또는 여러 부위의 피부두겹두께를 함께 이용하여 계산한다. 피부두겹두께에 의한 체지방량 산정에는 한 곳을 측정하여 기준치와 비교해 보거나, 두 곳을 측정하여 %체지방 기준표와 비교해 보는 법 또는 세 곳 이상의 측정치를 이용한 수식으로 체밀도와 체지방량을 구하는 방법이 있다. 신체 구성성분을 산정하기 위하여 한 곳만을 측정할 때 가장 많이 측정하는 부위는 삼두근이다.

(3) 허리둘레와 엉덩이둘레

체지방량이 정상이어도 복부비만인 경우 비만 관련 질병의 발생 위험이 증가한다.

체지방의 분포양상을 나타내는 지표로 허리둘레와 허리-엉덩이둘레비가 있다. 허리둘레는 신장에 관계없이 복부비만 정도를 잘 반영한다. 그러나 내장지방량보다는 전체지방량의 영향을 받기 때문에, 내장지방량을 잘 반영하지 못하는 단점이 있다. 반면, 허리-엉덩이둘레비는 피하지방과 복부지방의 분포를 나타내는 지표이기는 하나 비만하지 않더라도 엉덩이둘레가 작은 사람과 비만하면서도 엉덩이둘레가 큰 사람의 값이 상대적으로 비슷해지는 등 허리둘레의 변화나 내장지방량의 변화를 적절히 반영하지 못한다는 단점이 있다.

허리둘레는 양발을 어깨너비 정도로 벌리고 숨을 편안히 내쉰 상태에서 측정한다. 갈비뼈의 맨 아래와 장골능 사이의 중간 부위인 가장 작은 둘레를 줄자를 이용하여 측정한다. 엉덩이둘레는 서 있는 조사대상자의 엉덩이둘레 중 가장 큰 곳을 줄자로 잰다. 허리둘레를 엉덩이둘레로 나누어서 허리-엉덩이둘레비의 값을 계산한다.

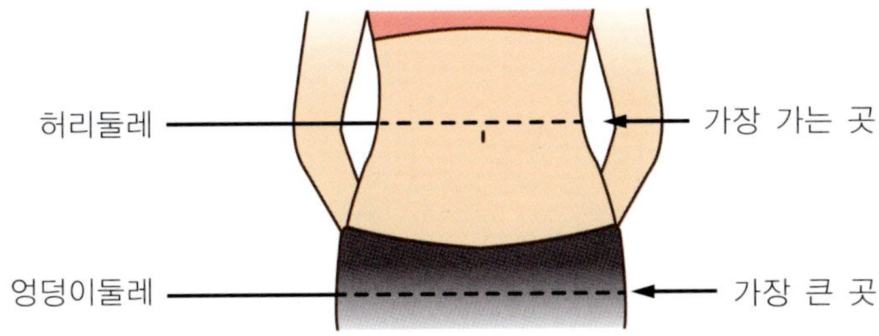

| 그림 4-12 | 허리둘레와 엉덩이둘레 측정법

WHO는 허리둘레가 남자 90cm 이상, 여자 80cm 이상이면 복부비만으로 분류하며, 우리나라에서는 대한비만학회에서 허리둘레가 남자 90cm 이상, 여자 85cm 이상을 복부비만으로 분류한다. 또한, 허리-엉덩이둘레비가 남자의 경우 0.95 이상, 여자의 경우 0.85 이상이면 복부비만으로 분류한다.

2) 제지방량 측정

제지방조직은 체지방을 제외한 수분, 단백질, 무기질의 복합체이고, 주된 저장 장소는 근육조직이다. 그러므로 근육량을 측정하면 신체의 제지방량을 알 수 있다. 상완둘레, 상완근육둘레, 상완근육면적이 전체 근육량과 상관관계가 있다.

(1) 상완둘레(Mid-upper Arm Circumference, MAC)

팔은 근육, 피하지방, 골격 등으로 구성되며, 골격은 비교적 일정하게 피하지방의 변화를 의미한다.

조사대상자를 똑바로 서게 하고, 머리는 프랑크포트 수평면을 유지하면서 다리를 약간 벌리고, 손바닥을 몸 쪽으로 펴서 팔을 편안히 내려뜨리게 한다. 소매가 있는 옷이면 소매를 걷어 올리고 왼쪽 팔의 상완위 중간(견봉 끝과 팔꿈치 뼈끝 중간)에 중심점을 찍고, 줄자로 그 중심점 둘레를 너무 조이지 않고 부드럽게 둘러서 mm 단위까지 측정한다.

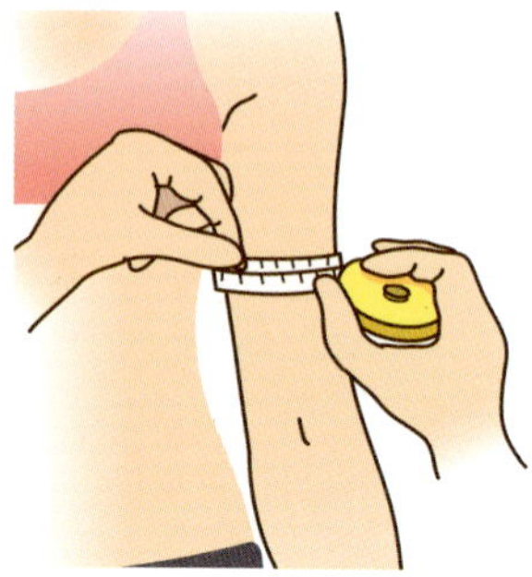

| 그림 4-13 | 상완둘레 측정법

저개발국가에서는 대체로 피하지방의 양이 매우 적어 상완위둘레의 변화가 근육량과 비례하므로 단백질-에너지 영양불량이나 영양실조, 기아 상태 등의 진단에 유용하다.

(2) 상완근육둘레(Mid-upper Arm Muscle Circumference, MAMC)와 면적(Arm Muscle Area, AMA)

상완위(위팔뼈)는 가운데 작은 부위의 골격을 제외하면 피하지방과 근육으로 구성되어 있다. 상완위근육둘레는 상완위둘레(MAC)와 삼두근 피부두겹두께(TSF)에 의해 계산할 수 있는데 상완위둘레에서 피하지방의 두께로 계산한 둘레를 빼면 상완위근육둘레가 된다. 상완위근육둘레는 체단백질량의 변화 경향을 반영하나 작은 변화에는 민감하지 않다.

상완위근육면적은 상완위둘레(MAC)와 삼두근 피부두겹두께(TSF)에 의해 구하는데 상완위둘레보다 근육량의 변화 정도를 더 정확하게 나타내 준다. 상완위근육면적은 상완위의 단면이 원이고, 삼두근 피부두겹두께가 평균 지방층 두께의 두 배이며, 단백질-에너지 영양불량 시 뼈의 위축이 근육 소모량과 비례하며, 신경혈관조직이나 상완골의 단면적이 상대적으로 적어 무시할 수 있다는 것을 전제로 계산한 것이다. 이 방법은 비만인 사람이나 85 백분위수 이상인 사람의 근육량은 과대평가될 수 있으며 측정치의 단위는 동일해야 한다.

4. 기기를 이용한 신체조성 정밀분석방법

신체구성성분을 보다 정밀하고 정확하게 측정하기 위하여 여러 특수장치 및 정밀분석기기를 활용하여 분석할 수 있다.

1) 수중체중법

아르키메데스의 원리에 근거한 방법이다. 물속에서 체중을 측정한 후 신체의 밀도를 계산하여 체조성을 측정하는 방법으로 신체를 구성하고 있는 지방조직과 제지방조직의 밀도가 다르다는 가정하에 실시한다. 골격과 근육조직의 밀도 1.10g/㎤는 물의 밀도 1.00g/㎤보다 더 크고, 반면에 지방조직0.90g/㎤는 밀도가 물보다 더 작다는 가정에서 측정하는 방법이다. 따라서 체지방이 적고 근육이 많은 사람은 체지방이 많은 사람에 비해서 물속에서의 체중이 더 나가게 된다. 측정을 위해 숙련된 경험과 특수장비가 필요하고 비용도 많이 들며, 한 번에 많은 사람을 측정하기가 어려운 단점이 있다.

2) 생체전기저항측정법(Bioelectrical Impedance Analysis, BIA)

미세한 전류를 대상자의 손과 발에 위치한 4개의 전극을 통해 흐르게 한 다음 되돌아오는 저항을 측정하는 것이다. 인체에 전류를 통과시키면 제지방조직에서는 전류가 전달되지만, 지방이나 세포막 같은 비전도성 조직에서는 저항이 발생하는 원리를 이용한 방법이다.

측정방법이 비교적 편리하며, 기기의 운반이 수월하고, 체지방 함량 분포의 범위가 넓은 대규모집단을 조사할 경우에 적당하다. 조사대상자가 정상적인 수분 함량을 가지고 있는 상태일 때 정확한 측정이 가능하며, 탈수, 심한 발한, 과도한 운동, 카페인과 알코올의 섭취 시에는 탈수로 인하여 체지방량이 과대평가될 수 있다.

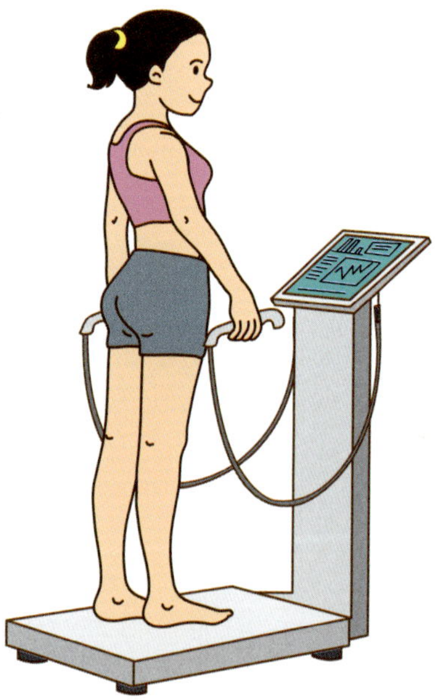

| 그림 4-14 | 전기저항 측정법

3) 초음파진단법

초음파를 이용하여 지방조직과 근육조직을 측정하는 방법이다. 방사능이 없어 안전하며 이동이 간편하다는 장점이 있으나, 비용이 많이 들고 측정기술과 해석에 숙련된 기술이 필요하다. 의학계에서 많이 사용하고 있으며 고도비만으로 피부두겹두께 추정이 어려운 경우에 활용한다.

4) 컴퓨터단층촬영법

X-선이 밀도가 다른 체조직에 통과하면서 나타나는 차이의 결과를 횡단 영상으로 만들어 내는 영상기법으로 의학계에서는 주로 질병진단의 목적으로 사용하지만, 신체조성과 영양상태의 판정에서도 유용하다. 피하지방과 내장지방의 면적을 비율로 제공함으로써 체지방 분포를 정확하게 측정한다. 그러나 장비가 비싸고 측정시간이 많이 걸리며, 방사선에 노출되는 위험이 있다.

5) 자기공명영상법

체내 수분을 구성하는 수소원자의 자기적 특성을 이용한 방법으로 체내의 수소원자는 강력한 자기장에 의해 체조직 조성에 따라 각기 다른 고주파 에너지를 함유하게 되는데, 이를 분석하여 영상으로 나타낸다. 방사선 노출 없이 체지방의 분포 및 양을 측정하는 데 효과적이고 안전한 방법이기는 하나 고가의 장비로 비용이 많이 드는 단점이 있다.

6) 총 체수분량 측정

체내수분은 제지방조직에 존재하고 체지방에는 없으므로, 총 체수분량을 측정하면 제지방조직 및 체지방률을 계산할 수 있다. 이는 제지방조직의 평균 수분 함량이 약 73.29%라는 가정에 근거하여 측정하는 방법이다. 총 체수분량은 동위원소희석법을 사용하여 측정한다. 방사선 동위원소를 경구 또는 비경구적으로 투여하여 체내에 있는 수분과 평형이 될 때까지 기다린 후 혈액, 요 또는 침 등을 분석하여 동위원소의 양이 체내 총 수분량에 의해 희석된 정도로부터 총 체수분량을 간접적으로 측정하는 방법이다.

7) 총 칼륨량 측정

체내 총 칼륨의 90% 이상이 제지방조직(세포내액의 주요 양이온)에 존재하며, 칼륨의 0.012%는 자연적으로 칼륨 동위원소로 존재하며 탐지가 가능한 극미량의 고에너지 감마선을 방출하기에 감마선탐지기를 이용하여 총 칼륨량을 측정하면 신체조성을 알 수 있다. 그러나 비용이 많이 들고 훈련된 기술을 요하는 등 방법상 여러 제한점으로 널리 사용되지 않고 있다.

영양판정 실습

실습 **체위를 측정하여 신체계측기록지를 작성하고 평가해 보기**

1) 영양판정을 수강하는 같은 과 친구와 짝을 지어 서로의 체위를 측정하고 관련된 체격지수를 산출하여 영양상태를 판정한다.

<table>
<tr><td colspan="6">신체계측 기록지</td></tr>
<tr><td colspan="3">이름:</td><td colspan="3">측정일: 년 월 일</td></tr>
<tr><td>나이:</td><td colspan="2">성별:</td><td colspan="2">신장: (cm)</td><td>체중: (kg)</td></tr>
<tr><td>신장</td><td colspan="5"></td></tr>
<tr><td>체중</td><td colspan="5"></td></tr>
<tr><td>무릎길이</td><td colspan="5"></td></tr>
<tr><td>손목둘레</td><td colspan="5"></td></tr>
<tr><td>팔꿈치넓이</td><td colspan="5"></td></tr>
<tr><td rowspan="2">비만도</td><td>상대체중(%)</td><td></td><td rowspan="5">피두두겹
두께
(mm)</td><td>삼두근</td><td></td></tr>
<tr><td>BMI</td><td></td><td>견갑골 하부</td><td></td></tr>
<tr><td rowspan="5">둘레
측정</td><td>허리둘레(cm)</td><td></td><td>복부</td><td></td></tr>
<tr><td>엉덩이둘레</td><td></td><td>허벅다리</td><td></td></tr>
<tr><td>WHR</td><td></td><td>장골 상부</td><td></td></tr>
<tr><td>상완둘레(cm)</td><td></td><td rowspan="2">근육량</td><td>상완근육면적(cm^2)</td><td></td></tr>
<tr><td>상완근육둘레(cm)</td><td></td><td>체근육량(kg)</td><td></td></tr>
<tr><td>판정</td><td colspan="5"></td></tr>
</table>

CHAPTER 5

생화학검사에의한영양판정

생화학검사는 신체계측에 의한 변화, 임상적인 증세가 나타나기 전의 영양상태를 감지할 수 있는 방법이다. 생화학검사의 영양상태를 판정에는 성분검사(static test)와 기능검사(functional test)로 크게 두 가지로 나누어 볼 수 있다.

1. 생화학검사 개요

생화학검사 방법은 다른 영양판정 방법들과 비교해 볼 때 가장 객관적이고 정량적인 자료를 제시할 수 있는 방법이다. 그러나 다른 조사방법에 비해 다양한 설비와 기술이 필요하며 비용과 시간이 많이 소요되므로 많은 인원을 대상으로 진행하기에 어려움을 동반한다. 생화학검사는 신체계측에 의한 변화, 임상적인 증세가 나타나기 전의 영양상태를 감지할 수 있는 방법이다. 따라서 영양결핍이 심하지 않은 아임상적 단계(subclinical level)나 한계수준 영양결핍(marginal deficiency)에서도 영양문제를 알 수 있어 예방적인 측면에서 영양평가가 가능하다. 생화학검사는 식사섭취조사 등의 타당도 검증이나 식이 섭취량 보고에 대한 정확성을 확인할 수 있는 중요한 영양관리 측정 및 관리방법이다. 그러나 생화학검사 결과는 영양 외에 실험방법이나, 시료 수집방법, 질병과 같은 다른 요인인 비영양학적 요소에 의해 영향을 미칠 수 있다. 생화학적 조사결과를 해석할 때 영향을 주는 비영양적 요인도 고려되어야 할 것이다. 따라서 정확한 영양상태를 판정하기 위해서는 식사섭취조사, 신체계측, 임상조사와 함께 사용되어야 하며, 시료의 채취, 운반, 보관, 분석에 대한 관리를 철저히 해야 정밀도와 정확도가 높은 결과를 제시할 수 있다.

| 표 5-1 | 생화학적 조사에 결과 판정에 영향을 주는 요인

- 신체적 요인
최근의 식이섭취량, 주야의 변화, 약물복용, 혈청이나 혈장의 투석, 질병 및 감염, 스트레스, 호르몬 분비상태, 운동, 연령·성·인종 등
- 분석 과정에서의 요인
시료 수집방법, 분석방법의 정확성과 민감성, 분석방법의 타당성

2. 생화학검사 유형 및 검사시료

1) 생화학적 조사 유형: 성분검사(static test)와 기능검사(functional test)

생화학검사의 영양상태를 판정에는 성분검사(static test)와 기능검사(functional test)로 크게 두 가지로 나누어 볼 수 있다. 성분검사는 혈액, 소변, 체조직의 영양소나 영양소의 대사물을 측정하는 직접검사 방법이며, 기능검사는 영양소가 관여하는 생리적인 기능에 이상이 있는지를 측정하는 것이다. 즉, 기능검사는 특정 효소의 활성을 잰다든지 특정 영양소에 의해 영향을 받는 기능을 측정하는 간접검사 방법이다.

성분검사는 몇 가지 제한점이 있다. 혈액 지표들은 체내 저장량이 고갈된 다음에 영향을 받으므로 체내 영양상태를 민감하게 반영하지 못한다. 따라서 정확한 성분조사를 위해서는 영양소를 민감하게 반영하는 체액이나 조직의 영양소를 측정하거나 소변을 통한 영양소의 배설상태를 측정하는 것이 좋다. 이 외에 성분검사의 제한점으로는 영양소들 간의 상호작용, 성분검사결과를 영양상태 판정에 적용할 때 어떤 판정기준치(cut-off point)를 적용하느냐에 따라 해석이 달라진다는 점이다.

2) 생화학검사시료

영양상태 판정을 위해 생화학적 조사에 가장 많이 이용하는 시료가 혈액과 소변이며 경우에 따라서는 모발, 타액, 정액, 골수, 양수 등을 사용한다.

Tip !

시료 수집용 물품(질병관리본부, 한국인유전체역학조사사업)

1. 채혈용	1) Serum Separate Tube(SST, 8.5mℓ) 2) EDTA tube(10mℓ, 3mℓ)	 SST (8.5mℓ) EDTA (10mℓ) EDTA (3mℓ)
2. 소변 수집용	1) Urine cup(50mℓ) 2) Conical tube(15mℓ)	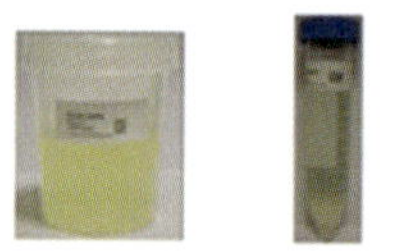 Urine cup (50mℓ) Conical tube (15mℓ)
3. 검사 및 시료 제작용	1) Test tube(5mℓ) 2) Cryo vial(1.8mℓ) 3) E-tube(1.5mℓ)	 Test tube (5mℓ) Cryo vial (1.8mℓ) E-tube (1.5mℓ)

(1) 혈액

생화학 분석을 위해 사용되는 시료 중 가장 많이 사용된다. 혈액은 혈액 세포들로 이루어진 혈구와 액상 부분으로 이루어진 혈장으로 이루어진다. 혈구부분에는 적혈구, 백혈구, 혈소판이 포함되며 전체 혈액의 45%를 구성한다. 액상부분은 단백질과 효소, 포도당, 지질, 비타민, 무기질, 이온 등을 포함하고 있으며 전체 혈액의 55%를 차지하고 있다. 혈액 중 목적에 따라 전혈(whole blood), 혈청(serum), 혈장(plasma), 적혈구, 백혈구 등을 사용할 수 있다. 혈청은 혈액 채취 후 20~30분 정도 실온에 에 방치한 다음 10분 동안 원심분리하여 얻은 상층액이다. 이에 반해 혈장은 항응고제(EDTA, 헤파린, 옥살산, 시트르산 등)를 첨가하여 원심분리한 후 얻은 상층액이다. 즉 혈청은 피브리노겐이 포함되지 않으며, 혈장은 피브리노겐과 응고인자가 포함되어 있다. 영양상태 판정을 위한 채혈은 공복상태(식후 12시간)에서 실시하며 대부분의 채혈은 상완정맥에서 주사기를 이용하여 채혈한다. 헤모글로빈이나 헤마토크리트와 같은 소량의 혈액이 필요한 경우는 손가락 끝이나 귓불에서 채혈침을 이용하여 채취할 수 있다. 혈액 시료는 채취 후 빨리 분리하여 냉장 또는 냉동 보관하고 가능한 한 빨리 분석하는 것이 결과의 정확도를 높이는 방법이다.

(2) 소변

소변은 주로 최근 섭취한 식사에 포함되어 있는 수용성 비타민과 무기질의 영양상태, 단백질 영양상태 및 신장의 기능 등을 알아보기 위해 사용된다. 주로 영양상태 판정을 위해서는 24시간 소변을 분석하는 것이 가장 적합한데, 아침 기상 후 배뇨한 후 8시부터 시작한다면 다음날 8시 전까지 모은 소변을 24시간 소변이라 한다. 그러나 24시간 소변을 수거하는 일은 번거로우므로 대부분 아침기상 직후에 받은 소변이 섭취한 영양소에 의한 영향을 덜 받고 비교적 일정하므로 임의(수시) 채취된 소변을 사용한다. 그러나 검사목적에 따라 채뇨의 시기가 달라질 수 있다. 당뇨검사는 식후 2~3시간이 지난 소변이 좋고 유로빌리노겐 검사 시에는 오후 2시~4시 사이가 적당하다. 소변을 오래 방치하면 세균의 번식에 의해 성분이 분해되기 쉬우므로 2~3mℓ 톨루엔 등을 요 수집용기에 첨가하여 변질을 방지한다.

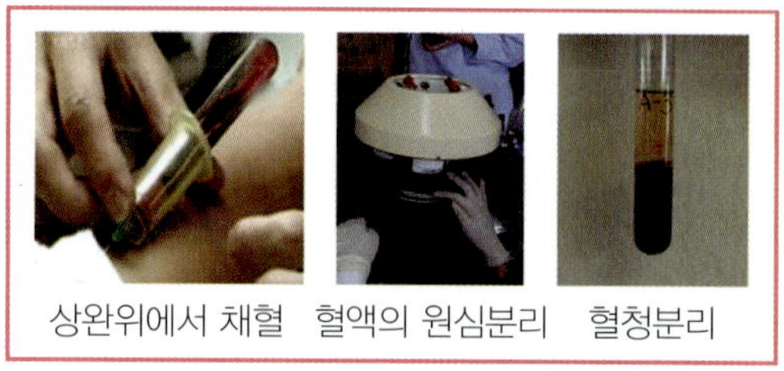

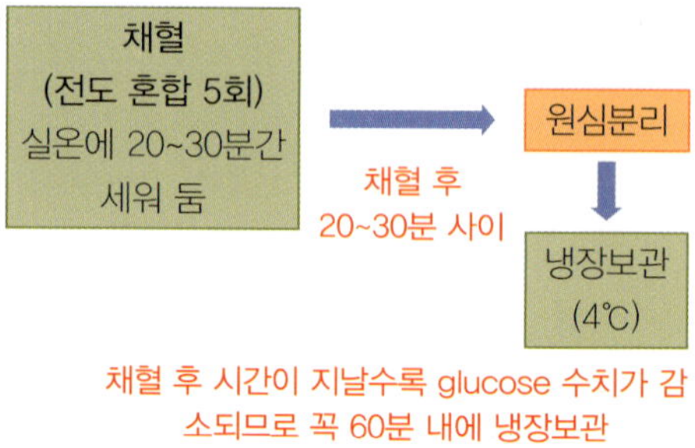

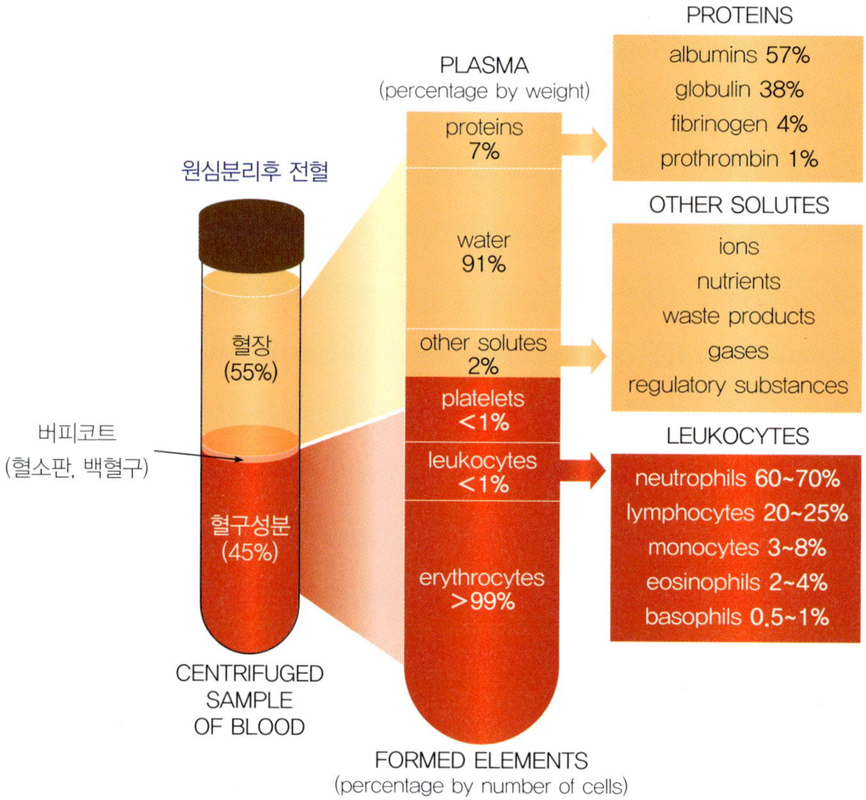

| 그림 5-1 | **채혈, 혈청 분리 및 혈액조성**

3. 영양소별 생화학검사 방법

1) 단백질 영양상태 판정

단백질 영양상태를 판정할 때는 일반적으로 단백질을 체단백질(somatic)과 내장(visceral)단백질로 구분하여 측정한다. 체단백질은 주로 골격근육단백질(skeletal muslce protein)을 말하고 내장단백질은 주로 간, 신장, 췌장, 심장 등과 같은 체내기관을 구성하는 단백질과 혈청단백질이나 적혈구와 백혈구를 포함한다. 우리 몸의 단백질 함량은 체중의 16% 정도이고 이 중 30~50%는 체단백질 및 내장단백질 풀(pool)에 있으면서 체세포량(body cell mass)을 구성한다. 체세포량의 75%는 체단백질과 내장단백질로 각각 75, 25%를 차지한다. 체단백질은 비교적 균일한 데 비해 내장단백질은 구조와 기능이 다른 수백 개의 단백질로 이루어져 있으며 단백질 영양상태에 의해 영향을 받는다.

단백질 영양상태를 잘 반영하는 한두 가지 지표를 선정하기 어려우므로 몇 가지 측정방법을 동시에 사용할 때 단백질 영양상태를 보다 정확하게 판정할 수 있다.

(1) 근육 단백질

체단백질량(근육단백질량)을 측정하기 위해서는 소변 중 크레아티닌 배설량이나 3-메틸히스티딘 배설량을 측정한다.

① 크레아티닌 배설량과 크레아티닌 신장지표

크레아티닌은 골격근에서 APT생성에 관여하는 creatine phosphate의 대사물질로 신장의 사구체에서 거의 대부분 여과되어 재흡수가 되지 않기 때문에 24시간 소변의 크레아티닌은 골격근의 양을 잘 반영한다. 하지만 영·유아에서는 24시간 소변 채취가 쉽지 않고 신생아의 크레아티닌 청소율은 성인의 25% 정도이며 2세경에야 70~80%가 될 정도로 미숙하다. 이러한 영·유아의 미숙한 신장 기능은 탈수나 케톤산증 등의 외적 환경으로 인해 크레아티닌 배설을 쉽게 불안정하게 한다는 점을 고려하여야 한다. 또한 영·유아기에는 절대적, 상대적 측면에서 골격근의 양이 적어서 소변의 크레아티닌의 신뢰도가 더욱 떨어진다. 이외에도 갑상샘 질환이나 근이영양증에서는 크레아티닌의 배설이 감소하고, 신장질환에서는 세뇨관에서 크레아티닌이 배설되므로 요중 배설량이 증가한다. 골격근의 발달이 성인과 비슷해지는 후기 청소년기에는 영·유아기보다는 임상적 가치가 있다고 하겠으나, 이 또한 골격근의 발달 정도에 절대적 영향을 주는 사춘기 발달 단계를 같이 고려해야 한다. 생화학검사를 위해 필요한 소변은 24시간 수집된 소변을 사용하여야 하므로 번거로움이 있다. 또한, 소변 중 크레아티닌 배설량은 나이가 증가할수록 감소하고 식이가 미치는 영향도 고려하여야 한다.

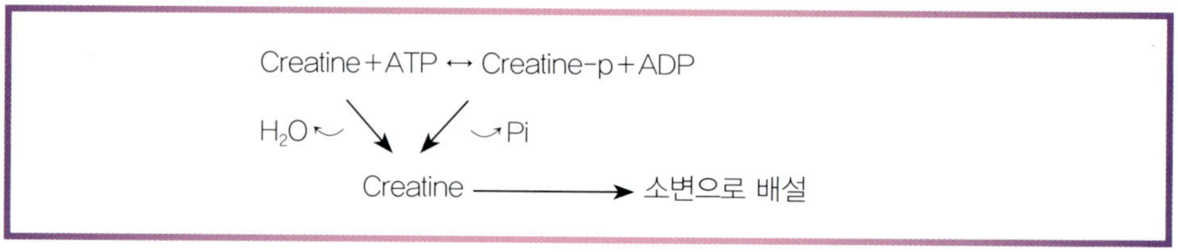

| 표 5-2 | 크레아티닌 배설량에 영향을 미치는 요인

증가시키는 요인	감소시키는 요인
격심한 운동 육식 및 단백질 섭취 증가 감염, 발열, 외상	월경 중이거나 직전 나이 증가 만성 신부전증

24시간 소변의 크레아티닌의 양은 체격에 따라 달라질 수 있기에 같은 키의 정상인의 크레아티닌으로 나눈 크레아티닌 신장 지표(Creatinine Height Index, CHI)로 표준화하여 체내 골격근의 양을 평가하는 데 사용한다. CHI가 90% 미만이면 비정상적으로 판단하고 60~80% 정도이면: 중등도 감소, <60%이면:

심한 감소 및 심한 결핍으로 판단한다.

$$\text{CHI} = \frac{\text{24시간 소변 중 크레아티닌(mg)}}{\text{예상되는 24시간 소변 중 크레아틴(mg)}} \times 100$$

※ 예상되는 24시간 소변 중 크레아티닌(ideal urinary creatinine)=23mg×표준체중(in male), 18mg×표준체중(in female)

| 표 5-3 | 크레아티닌 신장지표를 이용한 정상 및 결핍정도

	Normal	Malnutritional value		
		Severe	Moderate	Mild
Creatinine-height index(% of standard)	>90	<60	60~80	81~90

| 표 5-4 | 표준체중인 성인 남녀의 신장에 따른 24시간 소변의 크레아티닌 배설기준치

남자		여자	
신장(cm)	크레아티닌(mg)	신장(cm)	크레아티닌(mg)
157.5	1,288	147.3	830
160.0	1,325	149.9	851
162.6	1,359	152.4	875
165.1	1,386	154.9	900
167.6	1,426	157.5	925
170.2	1,467	160.0	949
172.7	1,513	162.6	977
175.3	1,555	165.1	1,006
177.8	1,596	167.6	1,044
180.3	1,642	170.2	1,076
182.9	1,691	172.7	1,109
185.4	1,739	175.3	1,141
188.0	1,785	177.8	1,174
190.5	1,831	180.3	1,206
193.0	1,891	182.9	1,240

② 3-메틸히스티딘 배설량

근육량을 측정하는 또 다른 방법으로는 3-메틸히스티딘(3-methylhistidine)의 뇨 배설량을 측정하는 것이다. 모든 골격근육섬유의 액틴과 미오신에만 존재하는 아미노산으로서 액틴과 미오신이 분해되면 3-메틸히스티딘이 방출되어 요로 배설된다. 3-메틸 히스티딘은 식이로 섭취하는 것이 없을 때 근육량을 반영한다. 따라서 식이로부터 섭취량을 제한하기 위해서 소변 수집 전에 최소한 3일간의 육류섭취를 금해야 한다. 3-메틸 히스티딘 배설량을 측정하기 위해서는 연속된 3일간의 24시간 소변 배설량을 수집하는 것이 좋다. 소변 중 3-메틸히스티딘의 배설량은 크레아티닌 배설량 측정처럼 결과값은 나이, 성별, 성숙도, 호르몬, 신체활동량, 최근 운동량, 부상상태나 질병 유무 등에 영향을 받는다. 또한 골격근외에도 3-메틸히스티딘의 풀(pool)이 존재하는 것으로 생각되므로 단백질 영양상태를 판정하는 좋은 지표라고 보기 어렵다.

③ 질소 평형

질소 평형 상태(nitrogen equilibrium)는 섭취한 질소의 양과 배설한 질소의 양이 같을 때를 말한다. 일반적으로 건강한 사람의 경우는 보통 단백질의 합성과 분해가 같은 경우로 식이로 섭취한 질소량과 배설되는 질소량이 같아 질소 균형(nitrogen balance)이 이루어진 상태라 할 수 있다. 양의 질소 균형상태(positive nitrogen balance)는 질소 섭취가 배설보다 많을 때를 말하며 단백질 합성량이 배설량보다 높은 경우로 성장기의 영·유아, 청소년, 임산부들과 회복기의 환자들에게 주로 나타난다. 반면, 음의 질소 균형상태(negative nitrogen balance)는 질소배설이 섭취보다 많을때의 현상으로 단백질의 합성량이 분해량보다 높은 경우로 단백질 섭취가 부족할 때, 상해, 수술, 암 및 질병으로 인한 단백질 손실이 큰 경우에 나타난다. 질소 평형은 24시간 식이 단백질 섭취량과 소변으로의 요소 손실량을 이용하여 계산할 수 있다. 요소(urea)에는 뇨 총 질소의 85%~90%가 들어 있으므로 질소 손실량은 뇨요소 배설량(Urine Urea Nitrogen, UUN)으로부터 추정한다. 질소 평형을 계산할 경우 대변이나 다른 경로로 손실되는 질소량이 계산되지 않는 제한점이 있다.

$$질소평형(g) = \frac{단백질섭취량(g)}{6.25} - 소변\ 요소\ 질소량(g) - 4g$$

(2) 혈청 단백질

혈청 단백질은 체내의 단백질 대사상태를 반영하는 지표로서 특히 단백질 칼로리 영양실조 정도의 평가에 유용하여 널리 사용된다. 자주 이용되는 혈청 단백질로는 알부민, 프리알부민, 레티놀결합단백, 트랜스페린 등이 있다. 반감기가 짧은 혈청단백질은 최근의 단백질 영양상태를 반영하며, 알부민과 같은 반감기가 긴 단백질은 장기간의 단백질 영양상태를 반영한다. 극소 저체중 출생아에서는 알부민이나 다른 혈청 단백보다 프리알부민과 레티놀결합단백이 영양 상태를 더 잘 반영하며 영양 회복 여부도 더 빨리 반영한다. 각 혈청 단백질의 반감기와 영양결핍정도의 기준 값은 [표 5-5]와 같다.

① 혈청 총 단백질

혈액 내 단백질 농도는 일반적인 단백질의 영양상태를 반영하며, 환자들에게 질병에 의한 합병증의 위험이 있는지를 판단하거나 영양 지원을 받을 경우 영양 지원의 효과를 판단할 수 있는 유용한 지표로 사용된다. 혈중 총 단백질(serum protein)의 농도를 측정하는 것은 간단하면서도 비교적 정확한 방법이라 할 수 있지만, 단백질섭취가 장기간 부족할 때만 수준이 감소하므로 예민하지 않은 방법이다.

② 혈청 알부민

혈청 알부민(serum albumin)은 혈청단백질의 50% 이상을 차지하고 있으며,

임상적으로 가장 많이 이용되고 측정되는 혈액 단백질로 단백질상태의 감소나 식이 단백질 섭취 감소의 지표라 할 수 있다. 혈청 알부민은 직접 측정하는 방법과 총철결합능으로부터 산출하는 방법이 있다. 낮은 알부민 농도는 입원환자들의 유병률, 사망률과도 상관관계가 높은 것으로 알려져 있다. 혈청 알부민은 임상적으로 증가하는 경우는 드문 반면 영양결핍 정도에 잘 비례하여 감소하기 때문에 유용한 영양결핍 지표로 활용도가 높다. 혈청 알부민 농도는 콰시오커와 마라스무스를 구분하기 위해서도 사용된다. 또한 화상, 출혈, 신증후군과 같은 손실이나 간경변과 같은 합성 장애만 없다면 지표로서의 신뢰도는 높다. 검사가 저렴하고 보편화되어 있다는 점도 장점이다.

하지만 알부민이 비교적 반감기가 길고 체내 보유량이 큰 편(4~5g/kg체중)이라 영양상태의 변화가 느리게 나타나 장기간의 단백질의 영양상태를 반영하나, 단기간의 급성 단백질 칼로리 영양실조 변화나 회복을 반영하는 데는 상대적으로 부적절하다. 혈청 알부민 농도는 식사 이외의 다른 요인에 의해서도 영향을 받는다. 감염이나 수술 등으로 인한 급성 이화상태에서는 급성단백질(acute phase proteins)이 증가하게 되는데, 급성단백질의 증가로 인해 알부민이나 트랜스페린의 합성이 감소될 수 있다.

③ 혈청 트랜스페린

혈중 트랜스페린(transferrin)은 간에서 합성된 베타 글로불린으로 철과 결합하는 당단백질이다. 트랜스페린의 1/3정도가 철과 결합한 형태로 2/3가 불포화 상태로 존재한다. 트랜스페린은 체내 저장량이 적고 짧은 반감기를 가지고 있어 알부민보다 단백질 상태를 잘 반영하는 민감한 지표라고 볼수 있다. 혈중 트랜스페린은 콰시오커나 마라스무스를 가진 단백질 결핍아동의 영양상태 판정 시 유용하게 사용된다. 혈청 트랜스페린 농도 측정은 직접 측정보다도 트렌스페린 총결합능(total iron binding capacity)를 측정하는 간접적 방법을 많이 이용한다. 트렌스페린 농도는 비단 단백질 영양상태뿐 아니라 만성적인 감염증,

신장질환, 수술환자들에게서 낮게 나타나고 임신이나 급성간염의 경우에 높아지는 것으로 알려져 있어 트랜스페린을 이용한 단백질 영양상태 판정에 유의해야 한다.

④ 프리알부민

보통은 PEM으로 인한 초기영양결핍을 진단하는 데 도움이 되고 최근의 영양섭취가 좋지 않은지를 감시하기 위해서 보통은 혈액 내 프리알부민(prealbumin) 수치를 측정한다. 프리알부민은 간에서 일차로 생산되는 단백질이며 이는 다른 단백질을 생산하기 위하여 아미노산의 원료로 제공되고 체내에 갑상샘 호르몬인 티록신을 운반하고 레트놀 결합 단백질의 운반체로 작용하여 티록신 결합 프리알부민(thyroxine binding prealbumin)으로도 알려져 있다. 프리알부민은 단 이틀의 반감기를 갖는데, 이는 단백질 결핍 시 체내에서 급속히 분해되고 빠르게 감소함을 의미한다. 따라서 프리알부민은 영양상태 판정보다 최근 식이섭취에 대한 지표로 사용하는 것에 적합하다. 하지만 간질환이나 상처, 염증, 갑상샘 기능 항진증, 수술시 에는 감소될 수 있으며 신장투석환자에서는 프리알부민의 농도가 증가할 수 있다.

⑤ 레티놀 결합 단백질

레티놀 결합 단백질(retinol binding protein)은 혈장에 존재하는 비타민 A 수송 단백질이다. 프리알부민과 결합하여 레티놀을 운반하는 단백질로 작용한다. 레티놀 결합단백질은 단백질 열량 결핍(PEM)과 적절한 영양치료에 빠르게 반응한다. 즉 PEM에서 즉시 감소하지만 단백질이 부족해도 열량이 충분한 경우 다시 곧 회복가능하다. 따라서 적절한 영양치료 시 빠르게 반응하므로 프리알부민처럼 전반적인 영양상태보다 최근 식이섭취에 적합한 지표이다. 프리알부민보다 더 짧은 반감기를 가지고 있지만 체내 보유량이 매우 적어 정확하게 측정하는 것이 간단하지 않다. 또한 신장에서 대사가 되므로 신장질환 시 레티놀 결합단백질의 농도가 높게 나타날 수 있다. 특히 신장투석환자들과 같이 신장질환시 혈청레티놀 결합단백질 농도가 높다. 또한 비타민 A 결핍이나 갑상샘 기능 항진증 등에서는 감소할 수 있다.

| 표 5-5 | 단백질 영양판정에 사용되는 혈청 단백질의 종류와 특성

혈청 단백질 종류	기준치	반감기	Malnutritional value			기능
			Severe	Moderate	Mild	
총 단백질 Serum albumin(g/dℓ)	>6.5g/dℓ					
알부민	3.5~5.0g/dℓ	18~20일	<2.1	2.1~3.0	3.0~3.5	혈장 삼투압 유지 및 운반체
트랜스페린 Transferrin (mg/dℓ)	260~430mg/dℓ	8~9일	<100	100~150	150~175	철 이동
프리알부민 Serum prealbumin (mg/dℓ)	20~40mg/dℓ	2~3일	<5	5~10	10~17	티록신 결합
티록신 결합 프리알부민 Thyroxine-binding protein (mg/dℓ)	20~40mg/dℓ	2~3일	-	-	-	
레티놀 결합 단백질 Retinol-binding protein (mg/dℓ)	2.6~7.6mg/dℓ	12시간	-	-	-	비타민 A 운반

(3) 면역기능평가

면역기능은 신체방어 시스템의 하나로서 외부로부터 침입하는 세균 및 항원들로부터 인체를 방어하는 중요한 역할을 하고 있다. 면역계는 영양상태에 영향을 받게 되는데 영양불량인 사람은 면역능력이 감소하고 이에 따라 질병에 대한 저항력이 약해지며 사망률도 높게 된다. 또한 영양과 질병과의 상관관계에 있어 영양불량인 사람은 질병에 쉽게 감염되어 영양상태를 더욱 악화시키는 악순환이 계속된다. 따라서 영양불량, 면역능력저하, 감염은 서로 밀접한 영향을 받는다고 할 수 있다. 따라서 면역기능검사는 영양상태를 판정하는 유용한 기능적 지표로 사용된다. 특히, 면역반응의 변화는 영양결핍 초기에 나타나므로 영양상태의 초기 지표로 활용할 수 있고 영양 지원에 대한 효과를 확인하는 지표로도 활용할 수 있다. 면역반응은 입원환자들의 합병증 발생의 예측인자로 사용될 수 있다. 면역반응이 영양상태불량에 예민한 지표이긴 하나 결정적으로 특정한 영양소에 의한 결핍임을 나타내는 특이성이 부족하다.

① 총 림프구 수(Total Lymphocyte Count, TLC)

총 림프구 수는 성인에서는 영양불량 정도의 평가에 널리 사용되는 대표적 면역기능 평가이다. 일반적으로 실시하는 혈구세포 분리를 통해 계산할 수 있다. 전체 혈구세포 중 백혈구 수의 비율을 일반적으로 계산하는데, 전체 백혈구에 전체 혈구세포 중 림프구가 차지하는 비율을 가지고 계산이 가능하다. 영양결핍에서 TLC가 감소하는 것은 명확하게 밝혀지지 않았지만 혈중 아연의 결핍으로 T 세포 매개 면역계가 약화되고, 흉선의 임파 관련 조직이 위축되기 때문이라는 일설이 있다. TLC는 다음과 같은 방법으로 구하며, 1,200~1,500/mm^{3}은 경도 영양불량, 800~1,199/mm^{3}은 중등도영양불량, 800/mm^3 미만은 심한 영양불량으로 간주한다. 총 림프구 수는 종양, 염증, 감염, 스트레스 등에서도 증가할 수 있으며 스테로이드와 같은 특정 약물이나 면역 억제제 등에 의해서 감소할 수 있다.

$$\text{TLC(Total Lymphocyte Count)} = (\%\ \text{lymphocyte} \times \text{WBC}) \div 100$$

소아를 대상으로 한 몇몇 연구에서는 TLC가 정상군과 영양결핍군 간에 유의미 차이를 보이지 않았는데, 이는 소아에서는 TLC가 영양 상태 외에도 조혈계의 발달의 영향을 더 크게 받기 때문이라고 생각된다. TLC가 영양 상태 외에 조혈 능력에 많은 영향을 받는다는 사실은 노인을 대상으로 한 TLC의 영양지표로서의 유용성에 관한 연구에서도 짐작할 수 있는데 노인에서는 조혈 기능이 감소되어 있어서 TLC가 노인에게서는 영양지표로 유용하지 않다고 하였다.

| 표 5-6 | 총 림프구 수에 따른 영양상태 평가

	Normal	Malnutritional value		
		Severe	Moderate	Mild
Total Lymphocyte Count(cell/mm^3)	>2,000	<800	800~1,199	1,200~1,500

② 지연형 피부 과민 반응(Delayed Cutaneous Hypersensitivity reaction, DCH)

세포 매개 면역반응으로 streptokinase, streptodornase, Candida, Trichopyton과 purifiedprotein derivative of tuberculin 등을 피부 내에 주사하여 약 72시간 뒤 경결(주입 부위가 붉게 부풀어 오르고 단단해짐)이 5×5mm 이상이면 양성 반응으로 판독한다. 영양 장애로 인한 세포 매개 면역반응의 손상이 있으면 음성 반응을 보이는데 이럴 경우 패혈증 발병률이나 사망률이 증가한다. 이러한 지연형 피부 과민 반응은 단백질불량이나 아연이나 철분 결핍 등에서 저하되는 것으로 알려져 있다. 영양결핍 외에도 심한 외상, 항암치료, 면역억제제의 사용, 바이러스(홍역, 볼거리, 수두, 인플루엔자) 감염, 어린 나이 등의 경우에도 음성 반응이 나타날 수 있어 감별을 요한다.

③ 세포 매개성 및 체액성 면역지표

평가를 위해 혈액에서 단핵구를 분리하고 CD4 +, CD8 +, T lymphocyte, NK-cell 의 수를 Flow-cytometer를 이용하여 분석한다. 체액성 면역 능력을 측정하기 위해 B lymphocyte의 수와 함께 Ig G, Ig A, Ig M 함량을 방사 면역 확산법(single radical immunodiffusion)의 원리를 이용하여 측정하여 면연능력을 평가한다.

2) 지질의 영양상태 판정

지질의 영양상태를 판정하기 위해서는 혈청 중성지질과 혈청 콜레스테롤 측정이 이용된다.

(1) 혈청 중성지질

혈청 중성지질은 식사를 통해 섭취하거나 간에서 합성되는 지질을 반영하며, 공복의 중성지질농도는 최저밀도 지단백(Very Low Density Lipoprotein, VLDL) 수준의 지표가 된다. 또한 중성지질은 정맥영양을 이용하는 환자의 지질지표가 되며, 비만, 간질환, 갑상샘 기능 저하증, 당뇨병, 십이지장염 환자에서 상승한다. 식이요인으로는 알코올 과다섭취, 고지방식 섭취, 고탄수화물 섭취가 영향을 미치며, 영양불량 시 감소한다. 혈청 중성지질 측정 시 12시간 공복 후 측정하여야 하며, 150mg/dℓ 이하이면 정상, 150~199mg/dℓ이면 경계수준, 200mg/dℓ 이상이면 위험수준으로 판정한다.

(2) 혈청 콜레스테롤

혈청 콜레스테롤은 총 콜레스테롤, 저밀도 지단백(Low Density Lipoprotein, LDL) 콜레스테롤, 고밀도 지단백(High Density Lipoprotein, HDL) 콜레스테롤로 나뉜다.

혈청 콜레스테롤은 관상심장질환 및 죽상동맥경화증의 위험요인이며, 콜레스테롤은 체내에서도 합성되므로 반드시 콜레스테롤을 많이 섭취한다고 해서 혈청 콜레스테롤의 농도가 올라간다고 할 수 없다. 일반적으로 LDL 콜레스테롤은 심혈관계질환과 관련성 높고, 죽상 동맥 경화증을 일으키며, HDL 콜레스테롤은 반대로 심혈관계질환 위험도를 낮춘다. 혈청 총콜레스테롤은 봄여름에는 높고 가을겨울철에는 낮은 계절별 차이, 채혈 시 금식기간, 성별, 부신피

질호르몬, 경구피임약 등의 약물 복용여부, 간 합성기능, 유전적 소인 등에 따라 영양 상태와 상관없이 큰 영향을 받을 수 있다. 혈청 총콜레스테롤은 비만을 반영하는 주된 생화학적 영양지표이지만, 150mg/dℓ 이하면 영양불량 위험으로 간주한다. 지질검사를 위해서는 혈액채취 전 반드시 12시간 이상 금식 상태여야 한다. 혈청에서의 총콜레스테롤, 중성지방, HDL콜레스테롤, LDL콜레스테롤(중성지방이 400 이하일 경우 Friedewald 공식으로 계산 또는 직접측정)측정한다. 이상지질혈증의 정의는 National Cholesterol Education Program Adult Treatment Panel III (NCEP-ATP III)에서 권고하는 바와 같이 소위 죽상경화성 이상지질혈증(atherogenic dyslipidemia)로 알려진 고LDL콜레스테롤 혈증, 고중성지방혈증 또는 저HDL콜레스테롤 혈증인 경우 및 과거의사진단 및 지질강하제를 복용하는 경우로 정의하였다. 정상범위는 총 콜레스테롤은 200mg/dℓ 이하이고, LDL-콜레스테롤은 130mg/dℓ 이하, HDL-콜레스테롤은 40mg/dℓ 이상이다. 총 콜레스테롤이 200~239mg/dℓ이면 경계수준, 230mg/dℓ 이상이면 고콜레스테롤혈증이며, LDL-콜레스테롤은 130~149mg/dℓ이면 경계수준, 150mg/dℓ 이상이면 고LDL-콜레스테롤 혈증이다. 또한 HDL-콜레스테롤이 35mg/dℓ 미만이면 위험수준이다.

| 표 5-7 | 한국인의 이상지질혈증 진단기준

분류	혈중 농도(mg/dℓ)
LDL콜레스테롤[1] (mg/dℓ)	
매우 높음	≥190
높음	160~189
경계	130~159
정상	100~129
적정	<100
총콜레스테롤(mg/dℓ)	
높음	≥240
경계	200~239
적정	<200
HDL콜레스테롤(mg/dℓ)	
낮음	≤40
높음	≥60
중성지방(mg/dℓ)	
매우높음	≥500
높음	200~499
경계	150~199
적정	<150

1) 이상지질혈증 진단의 LDL콜레스테롤 '높음' 기준의 경우 치료지침의 저위험군(주요 심혈관계 위험요인 1개 이하) 환자에서 약물치료 시작 권장 기준으로 사용할 수 있음. 중등도 위험군의 경우 LDL콜레스테롤 '경계' 기준을 약물치료 시작 권장 기준으로 사용할 수 있음. 고위험군 환자의 경우 LDL콜레스테롤 '정상' 기준을 약물치료 시작 권장 기준으로 사용할 수 있음. 초고위험군의 경우 LDL콜레스테롤 값에 관계없이 약물치료 시작을 권장함

출처: 한국지질·동맥경화학회(2018). 이상지질혈증 치료 지침.

3) 무기질 영양상태 판정

(1) 철

철은 효소 및 시토크롬, 헤모글로빈, 미오글로빈 등의 중요한 구성요소이다. 체내 철의 2/3가 헤모글로빈에 존재하며, 헤모글로빈은 대사를 위해 체내 조직에 산소를 운반한다. 철결핍은 가장 흔한 영양결핍이고, 이로 인해 발생하는 철결핍빈혈은 가장 흔히 볼 수 있는 빈혈이다. 전 세계 인구의 약 30%에서 철결

핍빈혈이 있으며 철이 부족하면 철 결핍성 빈혈 이외에도 어린이의 운동실조, 발달장애, 인지능력 손상과 임신부의 임신성 빈혈, 조산, 미숙아, 사산 위험 등이 발생한다. 반면, 철을 과잉섭취하면 위장 장애, 아연 흡수율 감소, 혈관질환이나 암 발생 위험률의 증가 등을 초래할 수 있다. 철의 영양상태를 판정하는 지표로는 헤모글로빈 농도(Hemoglobin, Hb), 헤마토크릿(Hematocrit, Hct), 혈청철 농도와 평균적혈구용적(Mean Corpuscular Volume, MCV), 총 철결합능(Total Iron Binding Capacity, TIBC), 혈청 페리틴(ferritin) 농도, 트랜스페린(transferrin) 포화도(Transferrin Saturation, TS), 적혈구 프로토포르피린이 있다.

체내 철결핍단계는 일반적으로 철결핍상태를 경미한 것에서 심한 경우까지 3단계로 세분화한다.

첫 번째 단계는 negative iron balance이다. 철분 공급이 부족하게 되면 혈색소나 혈청철의 감소 없이 체내의 철저장이 감소하는 철결핍 상태가 된다. 저장 철의 상태를 잘 알려주는 지표가 바로 혈청 페리틴 수치이다. 철결핍이 있게 되면 혈청 페리틴 수치가 12~15 μg/ℓ 이하로 감소하게 된다. 그러나 혈청 페리틴은 급성기 반응물질로 만성염증, 감염, 악성 종양이나 간질환이 있을 때에는 증가하게 되어, 이러한 상황에서는 혈청 페리틴 수치로 철결핍의 정도를 반영하는 것은 부정확하다. 이에 환자의 혈액 검사를 할 때에 C-반응단백질(CRP)을 같이 측정하여 염증의 유무를 살피는 것이 도움이 된다. 혈청 페리틴 수치 이외에 체내의 철분 저장 정도를 측정하는 데 도움이 되는 지표로 망상적혈구 혈색소양(reticulocyte hemoglobin content, CHr)과 혈청 트랜스페린 수용체(transferrin receptor, TfR)가 있다. 이 두 가지는 혈청페리틴과 달리 만성 염증, 감염이나 악성 종양에 영향을 받지 않는다. CHr은 골수에서 나온 망상 적혈구 내의 철함유단백의 농도를 측정한 것이다. 소아에서 CHr이 감소되었다면 염증이나 감염 등에 관계 없이 철결핍으로 고려할 수 있다. 혈청 TfR은 조직의 TfR에서 떨어진 것으로 조직 내 철결핍이 있을 때 증가하게 되어 철결핍의 상태를 알 수 있게 한다. 혈청철이 정상범위에 있는 한 저장철이 줄어드는 상황에서도 헤모글로빈 합성은 영향을 받지 않는다.

두 번째 단계는 철결핍성 조혈단계(iron-deficient erythropoiesis)이다. 저장된 철을 다 소비하게 되면 다음 단계로는 혈청철의 감소, 트랜스페린 포화도의 감소, 그리고 적혈구 프로토포르피린(free erythrocyte protoporphyrin)이 증가하게 된다. 혈청철은 나이나 하루의 시간에 따라 정상 수치가 많은 변동이 있고, 정상 참고 수치의 폭이 커서 철저장의 상태를 정확하게 반영하지 못한다. 그래서 혈색소와 혈청철의 감소로만 철결핍빈혈을 진단하는 것은 신중해야 한다.

마지막 단계는 철 결핍성 빈혈단계(iron-deficiency anemia)이다. 철 결핍성 빈혈이 나타나는 단계로 혈중 페리틴, 트랜스페린, 헤모글로빈 농도와 평균적혈구용적(Mean Corpuscular Volume, MCV)이 감소하고 적혈구 프로토포르피린 농도가 증가한다. 철결핍이 더 진행하면 소적혈구, 저혈색소 빈혈이 나타난다. 혈색소와 적혈구용적률이 나이의 정상치에 비해 감소되어 있으며, 평균적혈구용적과 평균적혈구혈색소량 또한 감소하고, 적혈구 크기 분포폭(Red cell Distribution Width, RDW)은 상승한다. 그러므로 철의 결핍 정도를 측정할 때는 몇 가지 혈액학적, 생화학적 방법을 같이 사용하여 판정하는 것이 좋다.

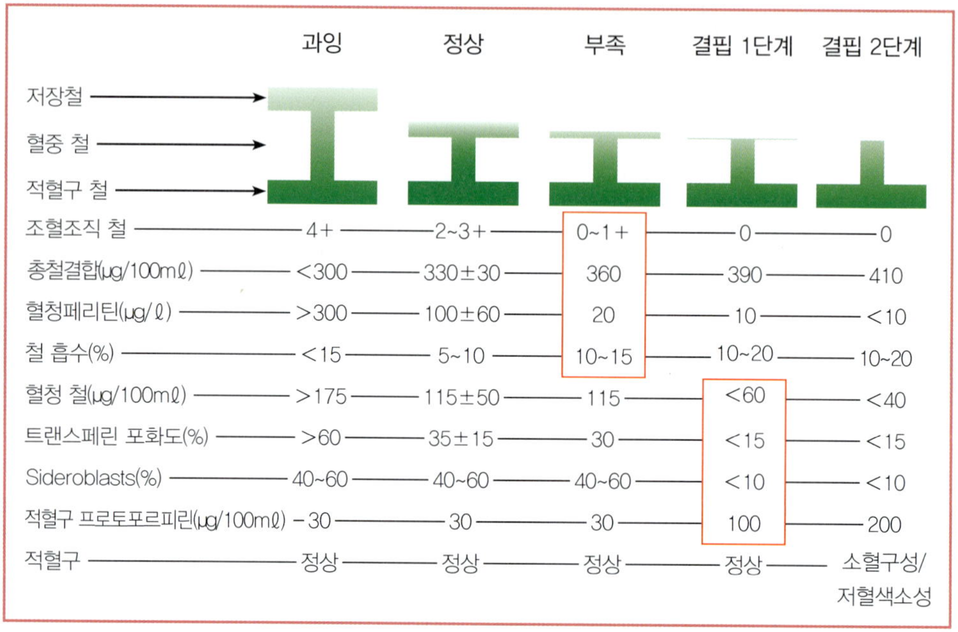

| 그림 5-2 | **체내 철의 결핍 정도에 따른 철 영양상태지표의 변화**

출처: Lee R. D(2006). Nieman DC, Nutrional Assessment.

① 혈청 페리틴

페리틴은 체내 철의 저장 형태로 주로 간에 존재하지만 비장, 골수에서 볼 수 있다. 페리틴은 철을 포함하는 단백질로 세포 안에 저장된 철의 일차적인 형태라고 볼 수 있다. 건강한 사람의 경우 체내 철의 30% 정도가 저장형태로 존재하는데 대부분 페리틴 형태로 저장되며, 일부가 헤모시데린(hemosiderin)형태이다. 저장철이 고갈되게 되면 조직의 페리틴 양이 감소하고 이와 함께 혈중 페리틴의 양이 같이 감소한다. 혈청 페리틴 농도는 철결핍을 감지할 수 있는 가장 예민한 지표로 빈혈이 발생하기 전 혹은 적혈구의 모양이나 다른 지표들이 변하기 전에 감소한다. 철분 저장량이 고갈되면 페리틴은 더 이상 철결핍에 적합한 지표로 사용될 수 없다. 혈청 페리틴 농도는 감염, 염증, 손상, 특정 만성질환, 과량의 철 저장고, 바이러스성 간염, 몇몇 암 등에서는 증가되기도 한다.

② 트랜스페린, 총철결합능력, 혈청철

총철결합능력(Total Iron Binding Capacity, TIBC), 불포화철결합능(Unsaturated Iron Binding Capacity, UIBC), 또는 트랜스페린 포화도 수치는 철에 결합하여 이를 운송할 수 있는 트랜스페린의 양을 반영한다. 트랜스페린(transferrin)은 혈액에서 철과 결합하여 이를 몸의 이곳 저곳으로 운반하는 단백질이다. 즉, 혈중 철은 트랜스페린과 결합하여 운반된다. 트랜스페린은 철분과 결합하는 당단백으로 트랜스페린의 1/3 정도가 철과 결합한 형태로, 2/3 정도가 불포화 상태로 존재한다. 따라서 철은 혈액에서 트랜스페린에 의해 운반되기 때문에 혈청철 수준은 트랜스페린과 결합된 철의 양과 같다. 철의 저장량은 고갈되었으나 빈혈이 발생하기 전 상태에서 트랜스페린 농도는 정상으로 나타난다. 또한 철을 포화시킬 수 있는 불포화 상태의 트랜스페린과 트랜스페린에 포화된 혈청철(serum iron)을 합친 개념으로서 혈청 트랜스페린과 결합할 수 있는 철의 양을 총철결합능이라고 할 수 있다.

트랜스페린 포화도(Transferrin Saturation, TS)는 아래와 같이 총철결합능력에 대한 혈청 철의 비율로 나타낸다. 비교적 단순하게 나타나는 철결핍의 경우, 혈청 철이 감소하고 총철결합능력은 증가하여 트랜스페린 포화도가 감소한다. 또한 총철결합능을 아래의 공식에 대입하여도 트랜스페린 값을 얻을 수 있다.

$$\text{트랜스페린 포화도(TS)\%} = \frac{\text{혈청철}(\mu mol/\ell)}{\text{TIBC}(\mu mol/\ell)} \times 100$$

$$\text{Calculated transferrin} = (0.68 \times \text{TIBC}) + 21$$

총철결합능력은 혈청 단백질과 결합하는 철의 양을 측정하는 방법으로 혈청 트랜스페린 추정량을 알 수 있다. 총철결합능력은 과량의 철을 혈액에 공급하고 단백질과 결합하지 않은 철을 제거한 후 혈중 철의 양을 측정하는 방법이다. 하지만 철이 과잉일 경우에는 트랜스페린 이외의 단백질과도 결합이 가능하므로 총철결합능력은 철의 영양 상태를 반영하는 정확한 측정법이라 하기 어렵다.

혈청 철 농도를 측정할 경우는 하루 중에도 측정시간에 따라 변화가 나타나, 오전에 측정하는 경우가 오후에 측정하는 경우보다 높게 나타날 수 있다. 총철결합능력의 경우는 혈청 철과는 달리 하루 중 측정시간에 따른 변화는 없지만 저장 철이 고갈될 경우에 증가하고 과잉이나 염증에 의해 감소한다. 특히 철분 결핍을 동반한 영양결핍 시에는 철 결핍성 빈혈의 영향으로 총철결합능은 오히려 증가 할 수 있다. 트랜스페린도 총철결합능과 마찬가지로 철 결핍성 빈혈에는 증가되고, 신증후군, 간 경변에서는 감소한다. 즉, 악성 종양, 감염과 같은 급·만성 질환과 신증후군에서는 총철결합능은 감소하기 때문에 영양지표로서의 가치는 낮은 편이다.

Tip !

철결핍에 따른 철 영양상태 단계

철결핍의 단계에서 철저장의 고갈이 먼저 발생하는데, 혈청 페리틴(ferritin) 수치가 신체 철저장의 상태를 비교적 정확하게 반영한다. 그러나 간질환, 감염, 만성염증, 만성신장질환, 악성종양 등을 앓고 있는 환자에서 페리틴이 증가할 수 있어 해석에 주의를 요한다. 다음 단계로 혈색소 합성의 장애와 효소 내 철분 감소현상이 일어나서 혈청 철의 감소, 총철결합능력(total iron binding capacity, TIBC)의 증가, 트랜스페린 포화도(혈청철÷TIBC×100) 감소 등의 소견이 있다, 철결핍상태가 보다 진행되면 혈색소가 정상 범위 아래로 떨어지고, MCV와 MCH 감소, RDW의 증가가 발생한다. RDW는 평균 적혈구용적의 변이계수(coefficient of variation)를 계산한 것으로 적혈구 크기의 분산을 의미하는데, 정상치는 11.5~14.5%이다. 소적혈구성 빈혈에서 철결핍빈혈은 RDW가 증가하는 반면, 만성질환에 의한 빈혈의 경우는 감소하기 때문에 감별을 하는 데 유용하다.

| 표 5-8 | 체내 철영양상태 판정

지표		정의	정상범위(성인)
적혈구 수		· 혈액 1mm^3 안의 적혈구 수	남자: 410~530만 개/mm^3 여자: 380~480만 개/mm^3
헤모글로빈 농도		· 혈액100mℓ 안의 헤모글로빈 g 수	남자: 14~18g/dℓ 여자: 12~16g/dℓ
헤마토크릿		· 전체 혈액량에 대한 적혈구의 용적 비율	남자: 39~52 여자: 36~48
혈청페리틴 농도		· 혈청 페리틴 농도 측정 · 철결핍에 대한 가장 민감한 지표	40~160μg/ℓ
혈청 철 함량		· 혈청 중 총 철함량	65~165μg/dℓ
총 결합능		· 혈청 트랜스페린과 결합할 수 있는 철의 양측정하는 것으로서 혈청 철과 불포화 트랜스페린을 더한 양으로 함 · 철결핍 시 수치 증가	300~360μg/dℓ
트랜스페린 포화도		· 철과 결합된 트렌스페린의 백분율	20~50%
적혈구 프로토포르피린 함량		· 헴의 전구물질. 철결핍 시 적혈구 내에 축적되어 수치증가	0.677±0.27μmoℓ/ℓ
적혈구 지수	평균적혈구용적 MCV	· 적혈구 한 개의 평균용적	80~100fL
	평균 적혈구 헤모글로빈 양 MCH	· 적혈구 한 개의 평균 헤모글로빈 양	26~34pg
	평균 적혈구 헤모글로빈농도 MCHC	· 적혈구 한 개의 평균 헤모글로빈 농도	32~36g/dℓ

③ 적혈구 프로토포르피린(erythrocyte protoporphyrin)

헴은 적혈구에 있는 혈색소의 필수 구성 요소이다. 헴의 합성은 포로토포르피린이라 불리우는 분자의 중앙에 철 원자를 삽입하게 되는 일련의 효소 과정 중 일어난다. 프로토포르피린은 헴의 전구체라고 할 수 있다. 철의 양의 충분하지 않다면 프로토포르피린은 철 대신 아연과 결합하여 ZPP(Zinc Protoporphyrin)를 만들게 된다. ZPP는 산소와 결합할 수 없으므로 ZPP는 적혈구 내에서 기능을 할 수가 없다. 따라서 철 부족으로 인해 헴이 만들어지지 못할 경우 적혈구에 축적된다. 일반적으로 적혈구의 프로토포르피린의 양은 0.677±0.27μmol/L로 보고되고 있다. 철결핍의 경우 정상 농도의 두 배 이상으로 증가하며 철의 고갈이 심해질수록 점점 더 심각해진다. 납 중독일 경우에는 적혈구 프로토포르피린의 양이 증가하는 것으로 알려져 있다.

④ 헤모글로빈

헤모글로빈은 적혈구 내에 존재하는 철을 함유하는 단백질로 산소와 결합하여 운반하는 기능을 한다. 혈액 100mℓ 안에 들어 있는 적혈구 내에 존재하는 혈색소의 총합을 의미하여 단위는 g/dℓ이다. 빈혈유무를 판단하는 근거가 된다. 헤모글로빈과 헤마토크리트는 빈혈과 철 결핍성 빈혈을 진단하는 중요한 지표로 사용된다[표 5-9]. 임신 말기에 낮아진 헤모글로빈 농도는 낮은 정상 범위로 간주하여 정상으로 판단한다. 앞서 언급한 바와 같이 헤모글로빈과 헤마토크리트는 빈혈을 판단하는 중요한 지표이지만 철결핍의 마지막 단계에서 낮아지므로 철 결핍성 빈혈의 초기 진단지표로 사용하기에 적합하지 않다.

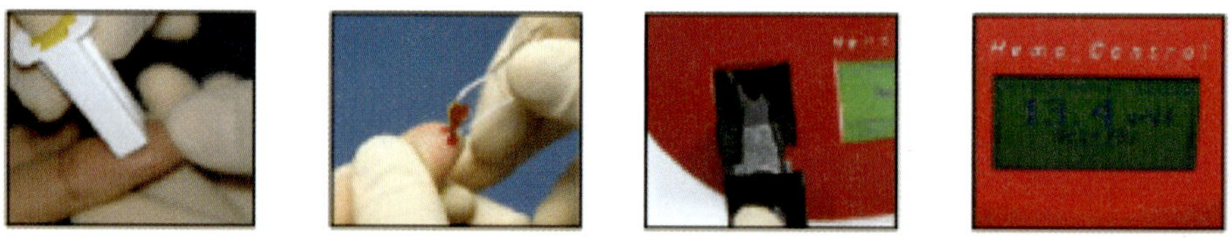

| 그림 5-3 | 휴대용 헤모글로빈 측정기를 이용한 헤모글로빈 측정방법

보건복지부(2019). 지역사회 통합건강증진사업안내[영양].

| 표 5-9 | 철 결핍성 빈혈을 판정할 수 있는 헤모글로빈과 헤마토크리트 기준치

연령/성		헤모글로빈(g/dℓ)	헤마토크리트(%)
10~11세		<11.5	<34
12~14세		<12.0	<36
15세 이상	비임신여성	<12.0	<36
	임신여성	<11.0	<33
	남성	<13.0	<39

출처: WHO/UNICEF/UNU(2001). Iron deficiency anemia, assessment, prevention, and control. A guide for programme managers, 47-62.

⑤ 헤마토크리트

헤마토크리트(적혈구용적률, hematocrit)는 전체 혈액 중 적혈구가 차지하는 비율을 백분율로 표시한 것으로 모세관 튜브(capillary tube)에 전혈을 담아 원심분리한 후, 튜브 안에 분리된 적혈구의 높이를 전체 혈액의 높이와 비교하여 계산한다. 단위는 %이며 통상 혈색소량의 3배가 된다. 일반적으로 남성이 39~52%, 여성이 36~48%의 범위에 해당한다.

⑥ 적혈구 지수(RBC index)

이는 적혈구의 크기와 헤모글로빈양을 평가하는 검사로 빈혈을 분류하는 데 유용하다. 평균적혈구용적(MCV), 평균 적혈구 헤모글로빈 양(MCH) 및 평균 적혈구 혈색소 농도(MCHC)의 3가지가 사용된다. 그중 MCV는 빈혈을 분류하고 원인을 밝히는 지표로서 가장 중요하며 MCH 및 MCHC결과는 상대적으로 민감도가 떨어져 임상적 유용성이 제한되어 있다.

가. 평균적혈구용적

평균적혈구용적(Mean Corpuscular Volume, MCV)은 적혈구 크기를 나타내는 지표로 각각의 적혈구의 평균적혈구용적을 나타내며 단위는 femtoliters(fL)이다. 기계에 의해서 직접 측정되며, 아래와 같은 공식으로 계산할 수도 있다. 즉 헤마토크리트를 적혈구 수로 나누어 계산한다. MCV를 이용해서 빈혈을 형태학적으로 정구성, 소구성, 대구성 빈혈로 분류할 수 있다. MCV의 정상치는 성인 남녀 모두에게 80~100fL의 범위로 알려져 있다. 빈혈이 없이 MCV가 증가된 예도 드물지 않게 관찰된다. 엽산이나 비타민 B_{12} 결핍이나, 만성간질환, 알코올 중독, 화학요법에 의해 증가하는 것으로 알려져 있다. 한편, MCV는 만성적인 철결핍이나 만성질환, 납 중독 등에 의해 감소한다.

$$\text{MCV(fL)} = \frac{\text{헤마토크리트(\%)} \times 10}{\text{적혈구 수}(\times 10^6/\mu\ell \textit{ of whole blood})}$$

나. 평균 혈구 혈색소 및 평균 적혈구 혈색소 농도

평균 적혈구 혈색소(Mean Corpuscular Hemoglobin, MCH)는 각 적혈수 내 혈색소의 평균무게를 나타내는 것으로 적혈구 수를 헤모글로빈 농도로 나누어 계산한다. 일반적인 기준치는 26~34pg이다. MCH는 세포의 크기와 관계된 헤모글로빈의 양과 적혈구의 크기에 의해 영향을 받는다. MCH와 유사한 평균 적혈구 혈색소 농도(Mean Corpuscular Hemoglobin Concentration, MCHC)는 평균 적혈구 내에 함유된 혈색소의 평균 농도를 g/dℓ 혹은 %로 나타낸 지표이다. 평균 헤모글로빈 농도를 헤마토크리트로 나누어 계산한다.

$$\text{MCH(pg)} = \frac{\text{헤모글로빈 농도}(g/d\ell) \times 10}{\text{적혈구 수}(\times 10^6/\mu\ell)}$$

$$\text{MCHC(\%)} = \frac{\text{헤모글로빈 농도}(g/d\ell) \times 10}{\text{헤마토크리트(\%)}}$$

앞서 언급한 여러 가지 지표 중 한 가지 생화학적 방법만으로는 철의 영양상태를 판정하기에 신뢰도가 낮기 때문에 몇 가지 지표들을 같이 사용한다. 한 인구집단의 철 영양상태를 판정하는 방법 중의 하나는 미국의 NHANES 연구에서 실시된 페리틴 모델로 혈청 페리틴과 트랜스페린 포화도 및 적혈구의 프로토포르피린 함량 등의 세 가지 검사를 실시하여 2개 이상의 검사결과가 비정상으로 나왔을 때 철결핍으로 간주한다. 또 다른 검사방법인 MCV모델은 평균 적혈구용적(MCV)과 트랜스페린 포화도 및 적혈구의 프로토포르피린 등 3가지 검사가 복합된 것이다. 복합적인 검사법은 2개 이상의 검사결과를 참고하면 철결핍 판정이 훨씬 정확하다는 장점이 있지만 검사 비용이 높고 여러 개 검사의 질을 계속 좋게 유지하기 어려운 단점이 있다. 빈혈이 철결핍 시에만 일어나는 것은 아니지만 영양불량이 많이 존재하는 개발도상국에서는 철결핍을 빈혈의 지표로 사용한다.

Tip !

적혈구 지수에 따른 빈혈의 분류

- 소혈구성 빈혈
  - 비정상적으로 작은 적혈구
  - 평균 혈구용적(MCV) <80fL인 경우
- 대혈구성 빈혈
  - 드물게 큰 적혈구
  - MCV>100fL 인 경우
- 저혈색소성 빈혈
  - 비정상적으로 헤모글로빈 수치가 낮은 적혈구
  - 평균 적혈구 헤모글로빈 농도(MCHC) <32g/100mℓ 또는 평균 적혈구 헤모글로빈(MCH) <27pg인 경우

Type	MCV(fL)
Normocytic	80~100
Microcytic	<80
Macrocytic	>100

Tip !

영양플러스 사업에서의 영양평가

- 영양위험요인(nutritional risk) 보유 여부 판정

① 빈혈검사: 혈중 헤모글로빈 농도 측정 ③ 영양섭취상태조사: 24시간 회상법	② 신체계측: 신장 및 체중 측정 ④ 기타 영양위험요인 조사

- 영양평가 종류별 영양위험요인 판정 기준

평가종류	판정기준
빈혈검사[1)]	• 혈중 헤모글로빈 검사 시 빈혈로 판정된 경우 · 빈혈판정 기준은 WHO 기준을 사용 – 6~59개월 영·유아: 헤모글로빈 11g/dℓ 미만 – 5세 유아: 헤모글로빈 11.5g/dℓ 미만 – 임신부: 헤모글로빈 11g/dℓ 미만 – 출산·수유부: 헤모글로빈 12g/dℓ 미만
신체계측	• 영·유아에서 저체중, 저신장, 성장부진 등으로 분류된 경우 · '2017 소아·청소년 성장도표'에 근거, 다음 중 한 가지 이상에 해당되는 경우 – 연령별 신장 백분위수가 10백분위수 미만 – 연령별 체중 백분위수가 10백분위수 미만 – 신장별 체중 백분위수가 10백분위수 미만 – 연령별 BMI 백분위수가 10백분위수 미만 – 표준체중에 대한 비율이 80% 미만 • 임신·출산·수유부에서 BMI에 의해 저체중으로 판정된 경우 · (BMI 18.5 미만) ⇒ BMI = 체중(kg)÷(신장(m))^2
영양섭취 생태조사[2)]	• 24시간 회상법에 의해 문제 영양소의 섭취부족으로 판정된 경우 · 2015년 한국인 영양소 섭취기준(보건복지부, 한국영양학회) 활용 – 에너지 섭취량이 필요추정량(EER)의 75% 미만이거나 – 단백질, 칼슘, 철, 비타민 A, 리보플라빈, 니아신, 티아민, 비타민 C 중 한 가지라도 섭취량이 평균필요량(EAR) 미만인 경우
기타 영양 위험요인 조사	• 기타 영양위험요인 조항에 해당하는 경우 · 저체중아, 조산, 사산, 유산, 기형아 출산 경력이 있는 임산부 · 다태아(쌍생아 이상)를 임신 혹은 출산한 임산부 · 미숙아(재태기간 37주 미만) 또는 저체중(출생 시 체중 2.5kg 미만)으로 출생한 영아 · 이유식 도입시기 부적절, 수유량 부족 등 식생활위험요인이 있는 영아 · 영양사의 상담에 의하여 부적절한 식품섭취를 하고 있어 지원이 필요하다고 판단되는 경우

(다음 페이지에 계속)

1) 빈혈검사
- 생후 6개월 이하 영아의 경우, 별도의 영양평가 없이 엄마의 영양위험요인 적용 가능
- 임신부의 경우, 철분제 섭취로 인해 정확한 빈혈 검사가 어려우므로 가구의 소득수준이 대상자 선정기준에 해당되면 영양위험요인 보유여부와 상관없이 대상자로 선정 가능
- 사업에 참여한 임신부가 출산한 영아의 경우, 생후 6개월까지 별도의 영양평가 없이 사업의 대상자로 자동등록 가능(단, 여건상 즉시 대상자로 등록하지 못하는 경우 신청대기자로 분류할 수 있음)
- 빈혈측정기에 헤모글로빈 검사결과 출력기를 연결하여 검사결과를 출력한 후 대상자 확인서명 날인 후 보관(출력기가 없는 경우, 즉시 측정결과를 용지에 기록한 후 대상자의 확인서명 후 보관)

2) 영양섭취상태조사
- 기타 상담에 의해 부적절한 식품섭취를 하고 있다고 판단되는 경우도 포함

1) 생화학검사

• 판정기준

· 혈중 헤모글로빈 검사결과 빈혈로 판정된 경우 영양위험요인 기준을 충족한 것으로 판정함

· 6개월 이하 영아의 경우 혈액검사를 생략할 수 있으며 모체의 위험요인을 적용할 수 있음

· 빈혈 판정 기준은 WHO 기준을 사용할 것을 권장함

※ WHO 빈혈판정 기준: 혈중 헤모글로빈 농도를 기준으로 함

구분	기준	구분	기준
6~59개월 영아 및 아동	11g/dℓ 미만	임신부	11g/dℓ 미만
5세 아동	11.5g/dℓ 미만	출산부 및 수유부	12g/dℓ 미만

(2) 칼슘

칼슘은 체내에 존재하는 무기질 중 가장 많은 양을 차지하고 있으며, 99% 정도가 뼈와 치아에 존재한다. 나머지 1% 정도의 칼슘은 세포 외액, 세포 내액, 세포막에 존재하며 근 수축과 혈액 응고 등의 생리적 기능에도 중요한 역할을 한다. 우리나라 사람들에게 가장 부족한 영양소이며, 폐경기 여성의 골다공증 예방에 매우 중요하다. 현재까지는 칼슘의 영양상태를 알 수 있는 적절한 생화학적 지표가 개발되어 있지 않은 상태이다. 칼슘 검사는 혈액이나 소변의 칼슘양을 측정하는 검사로, 혈액 내의 칼슘이 유지되고 있는 농도를 확인하는 혈액검사와 혈액에서 신장에 의해 걸러진 칼슘이 배출되는 정도를 측정하기 위한 소

변검사로 나누어질 수 있다.

① 혈청 칼슘농도

혈청 내 칼슘형태는 세 가지 형태로 존재한다. 이온화된 형태, 단백질과 결합된 형태, 유기물과 복합체를 형성한 형태 등 3가지 종류의 형태로 존재한다. 이 중에서 이온화된 형태와 복합물을 형성한 형태는 세포막으로 이동 가능하다. 혈중 칼슘 농도는 8.4~10.5mg/dℓ(2.3~2.5mmol/ℓ) 정도에서 좁은 범위 내에서 조절되어 세포 외액의 칼슘 농도가 유지되므로 정상적인 혈액 응고, 근육의 수축이완, 신경세포 기능과 호르몬 기능 등 모든 칼슘대사에 관여한다. 이때 칼슘대사에 관여하는 칼슘은 섭취량과 무관하고 이때 칼슘 조절호르몬인 부갑상샘 호르몬(Parathyroid Hormone, PTH), 칼시토닌(calcitonin), 칼시트리올(calcitriol, 1.25-$(OH)_2D_3$, FGF23 등이 혈중 칼슘 농도에 빠르게 반응하여 혈액의 칼슘 농도의 항상성을 유지한다. 따라서 혈액 내의 칼슘농도측정은 칼슘의 영양상태 판정을 할 수 있는 좋은 지표가 아니다. 고칼슘혈증의 경우 부갑상샘 기능 항진증, 종양, 갑상샘 항진증, 사르코이드증, 결핵, 장기적인 부동, 과도한 비타민 D 섭취, 신장이식의 경우 혈중 칼슘농도가 증가하여 나타날 수 있다. 저칼슘혈증의 경우 부갑상샘 기능 저하증, 칼슘 섭취 부족, 마그네슘 결핍, 비타민 D 부족, 인 농도 증가, 급성 췌장염, 신부전, 영양실조, 알콜중독일 경우 혈중 칼슘농도가 감소하여 나타날 수 있다.

Tip !

고칼슘혈증과 저칼슘이 나타날 수 있는 질병

- 고 칼슘혈증(12mg/dℓ 이상)인 경우: 악성종양의 골전이, 다발성골수종, 원발성 부갑상샘 기능 항진증
- 저 칼슘혈증(8mg/dℓ 이하)인 경우: 신부전, 부갑상샘 기능 저하증, 구루병, 골연화증, 비타민 D 결핍증

② 소변 칼슘 농도

칼슘의 영양상태 판정을 위한 지표로는 소변 칼슘 농도를 사용하기도 한다. 소변검사의 경우 24시간 소변 채집 결과에서 수치를 확인하기도 한다. 소변의 칼슘 농도는 혈중 농도, 식이 칼슘 섭취량 변화에 비해 좀 더 예민하게 반응한다. 하지만 소변 칼슘 농도는 고칼슘혈증을 유도하는 여러 가지 요인에 의해 영향을 받을 수 있다. 혈중 칼슘 농도가 높아지면 소변으로 배설되는 칼슘량이 증가한다. 또한, 식이 단백질 섭취량이 증가한 경우에도 칼슘 배설량이 증가한다. 따라서 소변의 칼슘량도 칼슘의 영양상태를 반영하는 좋은 지표는 아니다. 결국 칼슘의 영양상태를 정확히 나타낼 수 있는 생화학적 지표는 현재로는 없다고 할 수 있다. 사실상 현재 알려진 생화학 지표만으로 체내의 칼슘상태를 정확하게 판단하기가 쉽지 않다. 지금까지 알려진 방법 중 가장 정확하게 칼슘의 영양상태를 알 수 있는 최적의 지표는 골밀도를 측정하는 방법이다.

(3) 아연

아연은 체내에서 가장 많은 효소들의 구성요소로 작용하는 중요한 무기질이다. 이러한 이유로 단백질대사, 상처 치유, 면역 기능, 조직의 성장과 유지 등 다양한 대사에 관여한다. 아연의 심각한 결핍으로 왜소증(dwarfism), 성기능부진(hypogonadism)이 발생하고, 중등 정도의 결핍으로는 성장 지연이 발생할 수 있다. 현재까지 아연의 영양상태에 특이적으로 예민한 생화학적 지표가 부족한 상태이나, 아연의 영양 상태판정을 위한 지표로는 혈중 아연 농도, 적혈구 메탈로티오닌(metallothionein) 농도, 머리카락 아연 농도를 측정하거나 아연의존효소의 활성도 등이 있다.

① 혈중 아연 농도

혈청아연은 아연의 생화학적 영양상태를 판정하기 위하여 가장 많이 사용되는 지표이다. 그러나 혈중 아연의 농도는 체내 항상성이 잘 유지되고 있어 약간의 결핍 시에도 잘 유지되는 것으로 알려져 초기의 결핍정도를 판단하기에는 좋은 지표는 아니다. 혈중 아연 농도는 비교적 늦게 나타나긴 하나 조직 간의 교환 가능한 아연이 체내 보유량(exchangeable Zn pool)에 대한 지표로 사용 가능하다. 혈중 아연 농도는 골격이나 간에서 아연의 손실을 감지하거나 아연 결핍으로 인한 임상적인 위험 또는 대사적인 위험이 증가하는 신호가 될 수 있다. 혈청 아연의 정상범위는 74~250μg/dℓ(성인)이고 혈청 아연 농도가 40 to 60μg/dℓ 일 때 가벼운 결핍(mild deficiency)으로 임상진단을 내린다.

② 메탈로티오닌

메탈로티오닌(metallothionein)은 아연이나 구리와 결합하는 단백질로 간, 췌장, 신장, 소장 점막, 혈청, 적혈구에 존재한다. 메탈로티오닌 농도는 아연 농도와 비례적으로 존재하여, 혈중 아연 농도와 함께 사용될 경우 잠재적인 아연이 영양상태를 잘 반영하는 지표로 사용할 수 있다. 스트레스나 염증, 감염상태에서 혈중 아연 농도가 감소하는 반면 간이나 혈중 메탈로티오닌의 농도는 증가한다. 이는 혈액과 조직 간의 아연의 체내 재분배가 일어나고 이런 경우에는 결핍증이 나타나지 않는다. 따라서 혈중 아연 농도와 혈중 메탈로티오닌이 동시에 감소하는 경우에만 아연 결핍이라 판정할 수 있다. 스트레스에 반응하지 않는 적혈구 메탈로티오닌을 지표로 사용할 수도 있다.

③ 머리카락 아연 농도

머리카락의 아연 농도는 체내 아연상태의 지표로 사용할 수 있다. 머리카락은 천천히 자라기 때문에 단기간 식이의 영향보다는 장기간의 영양상태에 영향을 받는다. 머리카락은 다른 조직보다 비침습적(non-invasive)으로 샘플을 얻을 수 있으며 상대적으로 다른 방법에 비해 분석이 용이하다. 머리카락을 사용할 경우 외부에서 오염이 될 수 있는 가능성이 있으므로 분석 전에 잘 세척을 해야 하며 세척으로 인해 제거되지 않는 오염의 경우도 고려해야 한다. 이 외에도 특정 질환이나 머리카락의 성장속도, 머리카락의 색이나 성별 등도 아연의 농도에 영향을 미칠 수 있다.

④ 아연이 기능성 지표

그 밖에 아연의 영양상태를 판정하는 방법으로 아연의존효소의 활성도(상처치유 정도, 아연 보충에 따른 성장반응, 지연된 피부과민반응, 적혈구의 아연유입 정도)를 측정하거나 미각예민도(taste acuity tests) 등이 있다. 특히 미각예민도 아연 결핍인 어린이나 성인에게서 그 능력이 저하되므로 아연 결핍의 기능검사로 사용될 수 있다.

4) 지용성 비타민 영양상태 판정

(1) 비타민 A

비타민 A는 필수 지용성 비타민으로 개발도상국을 비롯하여 전 세계적으로 섭취가 부족한 비타민이다. 비타민 A의 영양상태는 결핍, 경계수준의 결핍, 적절, 과다, 중독의 다섯 단계로 나눌 수 있다. 이중 결핍과 중독상태는 임상적 증상으로는 판단이 가능하지만, 경계수준의 결핍, 적절, 과다상태는 생화학적인 검사를 통하여 판정한다. 비타민 A의 생화학검사로는 혈청, 유즙 간의 비타민 A 함량을 측정하는 방법이 있으며, 기능성 검사로는 투여반응시험(Relative Dose-Response test, RDR), 결막 상피세포 조사(conjunctiva impression cytology), 암적응검사(dark adaptation) 등이 있다.

① 혈청 비타민 A

혈청 비타민 A 분석은 비타민 A의 영양상태 판정에 가장 많이 사용하는 방법이다. 일반적으로 정상인 경우, 비타민 A는 혈청에서 95%가 레티놀 결합 단백질(Retinol Binding Protin, RBP)과 결합되어 있는 레티놀의 형태이며 나머지 5% 만이 결합되어 있지 않은 레티닐 에스터(retinyl ester) 형태로 존재한다. 혈청 비타민 A는 체내에서 항상성 조절이 잘 되고 체내에서 완전히 고갈되었거나 초과하였을 때 변화가 있으며, 간 저장량이 낮은 경우에도 어느 정도 항상성을 유지한다. 그러나 단백질, 열량, 아연 등 다른 영양소 섭취나 감염 등의 상태에 영향을 받으므로 혈청 비타민 A 수준은 임상적 증상, 식사섭취조사, 여러 사회경제적 지표와 함께 사용해야 한다. 혈청 비타민 A(serum retinol)의 수준이 20μg/dℓ 이하일 때, 적절하지 않은 수준이며, 비타민의 저장이 거의 고갈된 상태라고 할 수 있다. 혈청 비타민 A의 범위는 10μg/dℓ(0.35μmol/ℓ) 이하이면 임상적으로 결핍이라 할 수 있으며, 100μg/dℓ 이상일 때 과잉증으로 판정한다(WHO 2011 기준).

② 투여반응시험

투여반응시험(Relative Dose Response, RDR)은 체내 레티놀 저장량이 높은 경우에는 경구로 비타민 A를 투여해도 혈장의 비타민 A수준이 영향을 받지 않지만 체내 저장량이 낮은 경우에는 경구 투여 5시간 후의 혈장 비타민 A 수준이 최고치에 달하기 때문에 이용될 수 있다. 간의 비타민 저장량이 고갈될수록 비타민 A가 결합되지 않은 apo-RBP 상태로 쌓이고, 이러한 상태에서 holo-RBP 상태가 된다. 따라서 공복 시의 holo-RBP와 비타민 A 투여 후 5시간 후의 holo-RBP를 측정하여 그 차이로 apo-RBP의 축적상태를 알아보는 것인데, 이는 비타민 A의 결핍을 직접적으로 반영한다. 비타민 A의 결핍상태에서는 비타민 A 보충 전후의 holo-RBP 농도의 차이가 커서 RDR이 증가하나, 비타민 A가 충분할 때는 보충 전후의 holo-RBP 농도 차이가 크지 않아 RDR이 감소한다. RDR이 50% 이상이면 심한 결핍, 20~50%면 경계수준의 결핍, 20% 이하이면 적절한 상태로 판정할 수 있다. RDR 판정을 구하는 식은 다음과 같다. 이 방법은 비타민 A 투여 후 5시간을 기다려야 한다는 점과 두 번의 혈액을 채취(초기

상태에 한 번, 경구투여 5시간 이후에 또 한 번) 해야 한다는 점 등의 한계점이 있다.

$$\text{RDR(\%)} = \frac{\text{비타민 A 경구투여 5시간 후의 혈청 레티놀} - \text{투여 전 혈청 레티놀}}{\text{비타민 A 경구투여 5시간 후의 혈청 레티놀}} \times 100$$

③ 결막 상피세포조사

비타민 A 부족은 상피세포의 형태학적 변화를 가져오며, 특히 눈의 결막 상피세포에서 점액을 분비하는 세포 수와 핵의 수가 감소하고 비늘 모양으로 바뀌게 된다. 결막 상피세포조사(conjunctiva impression cytology)는 이러한 눈의 결막 상피세포의 형태학적 변형을 현미경으로 관찰하여 판정하는 방법이며 비타민 A의 결핍으로 인한 초기의 생리적인 변화를 감지할 수 있다. 셀룰로스 에스터 여과지를 눈의 결막 상피에 3~5초 동안 대고 있다가 떼어 여과지에 붙은 상피세포를 염색하여 현미경으로 관찰한다. 이 방법은 주로 비타민 A 결핍이 의심되는 대상에게 사용할 수 있다. 보통 집단의 결핍을 판정하는 데 사용되는데 조사한 집단대상자의 50% 이상이 정상 범위에서 벗어났다면 이 집단은 비타민 A 결핍의 위험이 있다고 할 수 있다. 이 방법은 반드시 전문세포학자(cytologist)가 판독을 해야 한다는 점, 각막이나 전신감염 또는 심한 영양결핍에 의해 영향을 받는다는 점 등의 여러 가지 한계점이 있다.

④ 암적응검사

비타민 A의 가장 잘 알려진 기능은 암적응(dark adaptation)기능이다. 비타민 A 결핍증인 야맹증의 발생 전에 암적응능력이 떨어진다. 로돕신(rhodopsin, 시자홍)은 옵신(opsin)과 시스-레티날이 결합된 것으로 눈에 빛이 들어오면 로돕신은 옵신과 트랜스-레티날로 분리되어 시각반응을 일으킨다. 즉, 어두컴컴한 곳에서 볼 수 있는 것은 망막 중에 로돕신이 있기 때문이다. 환할 때는 레티날로, 어두울 때는 레티날에서 로돕신으로 전환된다. 트랜스-레티날이 로돕신을 만들기 위해 시스-레티날로 돌아올 때 비타민 A가 공급되어야 하는데, 이때 비타민 A가 결핍되면 로돕신의 합성이 감소된다. 이러한 상태에서 밝은 불빛을 비춘 후, 어두워지면 빛에 대한 적응이 어려워진다. 이 검사는 기능적 검사로 5~15분 정도의 시간에 적은 비용으로 비교적 간단히 수행이 가능하여 대규모 집단검사에 유용한 방법이다.

⑤ 간 저장량 검사

비타민 A의 간 저장량은 방사성동위원소희석법(isotope dilution)이 유일하게 사용되는 방법으로 비타민 A의 식사섭취량과 상관관계가 있다. 이 방법은 간조직에서의 비타민 A 저장량을 측정하는 방법으로 어린이와 성인의 경우, 정상범위는 1g 간조직당 20μg 이상이며, 5μg 이하는 결핍으로 판정된다. 하지만 간의 생검은 시행하기 어려우므로 다른 진단 목적이나 수술 시의 생검이나 사망 후 부검 시 채취된 조직을 사용해야 하는 점 등의 한계점이 있다.

| 표 5-10 | 비타민 A 영양상태 판정을 위한 여러 생화학적 방법과 기준치

판정지표	결핍	부족	충분	과잉	독성
혈청 비타민 A (μg/100mℓ)	<10	10~20	20~50	50~100	>100
유즙 비타민 A (μg/100mℓ)	<10	10~20	20~100	–	–
간 비타민 A (μg/g)	>5	5~20	20~200	200~300	>300
투여반응도 (relative dose response)	>50	50~20	<20		
결막상피세포조사 (conjunctival impression cytology)	+	±	–	–	–
야맹증	+	±	–	–	–
안구건조증	+	–	–	–	–

출처: WHO(2011).

(2) 비타민 D

비타민 D의 주요한 생리적 기능은 혈청 칼슘과 인의 농도를 일정하게 유지하여 뼈의 무기질화, 신경근 기능 및 여러 세포작용을 돕는 것이다. 비타민 D의 결핍증으로는 성인에게는 골연화증(osteomalasis)이 있으며 어린이에게는 구루병(rickets)이 있다. 특히, 산모가 임신 시 비타민 D 결핍이었던 경우, 모유를 섭취하는 신생아가 비타민 D 결핍이 되기 쉽다. 비타민 D의 판정지표로는 혈청 25-하이드록시 비타민(25-OH-D), 혈청 부갑상샘호르몬, 혈청 알칼리 포스파테이스 등이 있다.

① 혈청 25-하이드록시 비타민 D

혈청 25-하이드록시 비타민 D(serum 25-hydroxyvitamin D, 25-OH-D)는 혈액에서 가장 많은 형태이며 반감기가 비교적 길다. 혈청 25-OH-D농도는 비타민 D의 영양상태를 판정하기에 가장 좋은 지표이며, 이는 피부와 식이섭취로부터의 비타민 D를 모두 반영한다. 비타민 D의 영양판정 기준치는 [표 5-11]과 같다. 혈청 25-OH-D에 영향을 미치는 요인으로는 계절이나 직업 등에 의한 일조량의 차이, 나이, 피부색깔, 흡연, 비만 정도, 경구피임약 사용 여부 등이 있다. 과잉의 혈청 25-OH-D 수준은 식이섭취나 보충제를 통해서만 도달가능하다.

| 표 5-11 | 비타민 D 영양판정을 위한 혈청 25-OH-D 기준치

혈청농도	판정
5ng/mℓ 미만	결핍, 비타민 D 보충 필요
10ng/mℓ 이상 80ng/mℓ 미만	정상
400ng/mℓ 이상	중독

② 혈청 부갑상샘 호르몬

혈청이나 혈장 부갑상샘호르몬(Serum Parathyroid Hormone, PTH)은 비타민 D의 기능과 관련이 있으며, 혈청 PTH는 나이가 듦에 따라 증가한다. 혈청 PTH는 혈청 25-OH-D와 역의 상관관계가 있다. 따라서 혈청 PTH와 혈청 25-OH-D 농도를 함께 측정하는 것은 비타민 D의 상태를 판정하는 데 유용하다.

③ 혈청 알칼리 포스파테이스

혈청 알칼리 포스파테이스(Serum Alkaline Phosphatase, ALP)활성은 비타민 D의 상태를 측정하는 간접적인 방법으로 골연화증이나 구루병인 경우, 그리고 비타민 D의 결핍 정도에 따라 비례적으로 효소활성이 증가하며, 20units 이상이면 결핍상태로 판정된다. 다른 질병상태에서도 증가하는 활성도가 영향을 받는 단점이 있다.

(3) 비타민 E

비타민 E는 항산화 영양소로 세포막을 프리라디칼(free radical)로부터 보호하고 동맥경화증 예방, 항암 등의 기능이 있음이 밝혀졌다. 비타민 E 결핍은 일반적으로 드물지만 간의 비타민 E 운반단백질(α-tocopherol transfer protein)이 유전적으로 결함이 있는 경우, 단백질 열량 결핍, 미숙아, 만성간질환 등의 경우에 나타날 수 있다. 비타민 E의 영양상태를 판정하는 지표로는 혈청 토코페롤, 혈소판, 적혈구 용혈검사 등이 있다. 4가지 토코페롤과 4가지 토코트리에놀이 있으며 그중 α-토코페롤은 가장 생물활성이 높아 영양권장량 설정에 고려되고 있다.

① 혈청 토코페롤

비타민 E의 영양판정을 하는 데 가장 보편적으로 이용되는 생화학적 지표이다. 대부분 비타민 E는 혈청 총 지질이나 혈청 콜레스테롤이 높은 사람의 경우,

혈청 토코페롤의 농도가 높게 나타난다. 또한 식사섭취 통한 비타민 E는 혈청의 토코페롤과 연관성이 없으나, 보충제로 섭취할 경우는 연관성을 보일수 있다. 일반적으로 일반 성인의 혈청 토코페롤의 농도는 0.8~1.5mg/dℓ이며, 성인의 혈청 토코페롤 함량이 0.5mg/dℓ 이하일 경우 결핍으로 판정하며, 우리나라 성인의 경우 0.68~1.20mg/dℓ일 때 정상 범위에 속한다.

② 혈소판 토코페롤

혈소판 토코페롤은 식사의 비타민 E 섭취량을 잘 반영하며, 혈청지질의 농도에도 영향을 받지 않으므로 비타민 E의 영양판정에 매우 좋은 지표이다. 정상인의 경우 혈소판 토코페롤의 함량은 30μg/g 정도이다.

③ 적혈구 용혈검사

적혈구 용혈검사(RBC hemolysis test)는 비타민 E의 영양판정에 쓰이는 가장 대표적인 기능적 지표이다. 비타민 E가 결핍된 아이들에게 혈장 토코페롤의 농도는 과산화수소 처리에 의해 발생된 용혈반응과 반비례한다고 보고되었다. 적혈구의 비타민 E 부족 시 용혈이 쉽게 일어난다는 원리를 이용하여 적혈구를 분리하여 세척한 후, 3시간 동안 2%로 희석된 과산화수소 또는 증류수에 넣어 배양한 적혈구가 파괴되어 생성된 헤모글로빈을 측정하여 비교한 후 판정한다. 정상인의 경우 보통 5% 미만의 용혈을 보이며, 10% 미만이면 양호하다고 판정하고, 20%가 넘으면 결핍으로 판정한다.

$$\text{용혈 정도(\%)} = \frac{\text{2\% 과산화수소 등장액 처리 후 용혈된 헤모글로빈 양}}{\text{증류수에 처리 후 용혈된 헤모글로빈 양}} \times 100$$

Tip !

용혈(hemolysis): 적혈구 속의 헤모글로빈이 적혈구 밖으로 나오는 현상

① 삼투적 용혈(osmotic hemolysis) (저농도→고농도)
② 화학적 용혈(chemical hemolysis)
③ 화학적 용혈(toxic hemolysis)
④ 기계적 자극 용혈(mechanical hemolysis)

5) 수용성 비타민 영양상태 판정

(1) 비타민 C

비타민 C는 산화형인 디히드로 아스코르브산(dehydroascorbic acid)과 환원형인 아스코르브산(ascorbic acid) 두 가지 활성을 가지는 형태를 총칭한다. 비타민 C는 콜라겐, 신경전달물질, 카르니틴 등의 합성에 관여하고 세포 대사과정에서 생성되는 유리라디칼을 제거함으로써 산화적 손상을 방지한다. 또한 비타민 C는 철을 환원시켜 소장에서 흡수가 잘 되도록 하고, 산화된 비타민 E를 환원시켜 재활용하므로 비타민 E의 항산화기능을 증가시킨다. 비타민 C를 부족하게 섭취하면 콜라겐 합성이 방해되어 괴혈병증상이 나타난다. 그 결과 결합조직에 변화가 생겨 연골과 근육조직이 변형되기도 하고 혈관이 약화되어 부신출혈 증세가 나타나기도 한다 비타민 C는 하루 30~200mg 정도 섭취할 경우 약 79~90% 정도 흡수되며, 과도하게 섭취하면 흡수율이 감소하고 신장을 통한 배설량이 증가한다. 흡수된 비타민 C는 모든 조직에 저장될 수 있다. 한국에서는 대부분의 사람들이 권장량 이상을 섭취하여 결핍이 많지 않으나 노인, 흡연자들은 부족하기 쉽다. 비타민 C의 영양상태를 판정하는 방법으로는 혈청 또는 혈청 비타민 C나 백혈구 비타민 C 농도를 측정하며, 기능조사방법은 신뢰도와 실용성이 적어 많이 사용하지 않는다.

① 혈청과 백혈구 내의 비타민 C

비타민 C 상태를 판정하는 데 가장 보편적으로 사용하는 생화학적 방법이다. 혈청 비타민 C는 백혈구 비타민 C보다 최근 섭취한 양을 더 잘 반영하지만, 백혈구 비타민 C는 세포저장량과 체내 비타민 상태를 잘 반영한다. 흡연 여부와 성별은 조직이나 혈청 내 비타민 C 농도에 영향을 미칠 수 있는 요인이며, 흡연은 비타민 C의 대사회전을 40% 이상 높이므로 흡연자는 하루에 100mg 이상의 비타민 C를 섭취해야 한다. 여성의 경우는 조직이나 혈액에서 비타민 C의 농도가 남성보다 높다. 백혈구 비타민 C는 세포 내 저장고와 체내 비타민 C의 상태를 잘 반영하지만 단기간의 식사섭취를 잘 반영하지 못하는 제한점이 있으며 기술적 측정방법에 어려움이 있다.

| 표 5-12 | 혈청 혈청 비타민 C 영양상태평가기준

혈청 비타민 C 농도	나이	결핍	경계	충분
혈청(mg/dℓ)	0~19세	<0.2	0.2~0.6	>0.6
	>20세	<0.2	0.2~0.4	>0.4
백혈구(mg/dℓ)	모든 연령	0~7	7~15	>15

출처: Simko MD, Cowell CC, Gilbride JA(1995), Nutrition assessment: A comprehensive guide for planning intervention.

(2) 비타민 B_1

티아민(비타민 B_1)은 체내에서 80%가 인산 형태인 티아민 피로인산(Thiamin Pyrophosphate, TPP)으로 체내에 존재하면서 탄수화물 대사에 직접적으로 관여하고 탄수화물, 단백질 및 지질의 열량대사과정에서 조효소 역할을 한다. 비타민 B_1의 영양상태 판정은 생화학적으로 혈액과 소변에 함유되어 있는 양을 측정하는 방법과 TPP를 조효소로 가지는 트랜스케톨레이스(transketolase)활성측정방법이 있다.

① 소변의 비타민 B_1

최근 비타민 B_1의 섭취를 반영하나 조직에서의 비타민 B_1 저장상태는 정확히 알기 어렵기 때문에 비타민 B_1의 영양상태를 판정하는 데 좋은 지표는 아니며, 24시간 동안 소변을 모아야 한다는 어려움이 있다.

| 표 5-13 | 소변의 비타민 B_1 배설 기준치

(단위: μg/g크레아티닌)

대상		결핍(고위험)	부족(중등위험)	적정(저위험)
어린이	1~3세	<120	120~175	>176
	4~6세	<85	85~120	>121
	7~9세	<70	70~180	≥181
	10~12세	<60	60~180	≥181
	13~15세	<50	50~150	≥151
성인		<27	27~65	≥66
임신(중기)		<23	23~54	≥55
임신(후기)		<21	21~49	≥50
성인 (티아민 투여 후)	μg/24시간	<40	40~99	≥100
	μg/6시간	<10	10~24	≥25
	μg/4시간	<20	20~79	≥80

출처: Gibson RS(2005). Principles of Nutrition Aessment.

② 적혈구 트랜스케톨레이스 활성

트랜스케톨레이스(transketolase)는 TPP(Thiamin Pyrophosphate)를 조효소로 필요로 한다. 특히 적혈구에서의 트랜스케톨레이스 활성도를 측정하여 비타민 B_1의 영양상태를 판정한다. 즉 적혈구를 이용하여 조효소인 TPP를 첨가하지 않은 상태에서 트랜스케톨레이스의 활성도를 측정하고 또 다른 쪽에는 적혈구에 TPP를 첨가한 후 효소의 활성도를 측정하여 이때 효소 활성도의 증가 정도인 활성계수(activity coefficient)를 계산하는 방법이다. 활성계수가 커질수록 비타민 B_1 결핍 정도가 심하다. 비타민 B_1 초기 결핍상태를 판정하는 가장 정확한 방법이다.

Tip !

TPP% 산정법

1. 적혈구를 취하여 두 시료로 나눔
2. 하나의 시료에서 트랜스케톨레이스 활성을 측정→Basal enzyme activity
3. 다른 시료에 과량의 TPP를 첨가하고 효소 활성을 측정→Stimulated enzyme activity
4. TPP효과(%) $= \frac{\text{Stimulated enzyme activity} - \text{Basal enzyme activity}}{\text{Basal enzyme activity}} \times 100$

(3) 비타민 B_2

비타민 B_2(리보플라빈)는 세 개의 육각형 고리로 이루어진 분자이다. 식품을 통해 섭취된 리보플라빈은 흡수되어 혈장 알부민, 면역글로불린과 결합되어 운반되며, 조직 내에서 대부분 Flavin Mononucleotide(FMN)와 Flavin Adenine Dinucleotide(FAD)의 조효소 형태로 여러 가지 산화, 환원 반응의 촉매 역할을 한다. 비타민 B_2는 비타민 B_{12}, 엽산, 비타민 B_6, 니아신의 대사에도 관여한다. 리보플라빈은 대부분 리보플라빈 형태나 산화 대사물 형태로 소변을 통해 배설되며, 소량이 담즙과 땀을 통해 배설된다. 리보플라빈이 결핍되면 주로 구강에서 구각염, 구순염, 설염 등이 나타난다. 이러한 리보플라빈의 결핍증은 주로 영양결핍이 많은 저소득층에서 많으며, 임신부, 청소년, 노인층과 알코올중독, 당뇨병, 간질환, 소화기질환 환자 등에서도 볼 수 있다. 비타민 B_2의 영양상태를 판정하는 방법으로는 소변의 비타민 B_2 배설을 측정하는 방법과 적혈구 글루타티온 환원효소(Erythrocyte Glutathione Reductase, EGR) 활성 방법이 있다.

① 소변의 비타민 B_2 배설

소변에서의 비타민 B_2를 24시간 수집해서 분석하는 방법이며, 결핍일 때 배설량이 감소한다[표 5-14]. 최근의 식사를 통한 비타민 B_2 섭취량을 알아보는 좋은 방법이나 장기간의 체내 저장량은 잘 반영하지 못하는 점, 24시간 동안 소변을 모아야 하는 점, 배설량이 영양섭취 외 다른 요인, 즉 항생제, 신경안정제, 경구피임약 복용 등 약물복용의 영향을 받는다는 점 등의 한계점이 있다.

| 표 5-14 | 비타민 B_2 영양상태 판정을 위한 소변의 비타민 B_2 배설 기준치

(단위:μg/g크레아티닌)

대상		결핍	부족	적정
어린이	1~3세	<150	150~499	≥500
	4~6세	<100	100~299	≥300
	7~9세	<85	85~269	≥270
	10~15세	<70	70~199	≥200
성인 임신(중기) 임신(후기)		<27 <27 <23 <21	27~29 27~65 23~54 21~49	≥80 66~129 55~109 50~99
성인 (티아민 투여 후)	μg/24시간	<40	40~119	≥120
	μg/6시간	<10	10~29	≥30
	μg/4시간	<1,000	1,000~1,399	≥1,400

출처: Gibson RS(2005). Principles of Nutrition Aessment.

② 적혈구 글루타티온 환원효소(EGR) 활성

체내의 비타민 B_2 영양상태를 가장 정확히 판정할 수 있는 방법으로, 적혈구의 EGR활성도를 FAD첨가에 따른 자극비율로 나타내어 EGR활성계수 측정법이 많이 이용된다. 활성계수가 높을수록 비타민 B_2의 영양상태가 좋지 않음을 뜻하는데, 활성계수가 1.2 이하면 양호, 1.2~1.4이면 부족, 1.4 이상이면 결핍으로 판정한다.

환원형 글루타티온(2GSH)+FAD↔산화형 글루타티온(G-S-S-G)+$FADH_2$

$$\text{EGR 활성계수} = \frac{\text{Stimulated enzyme activity(+FAD)}}{\text{Basal enzyme activity(−FAD)}}$$

(4) 니아신

니아신은 니코틴아미드(nicotinic acid amide), 니코틴산(nicotinic acid, pyridine-3-carboxylicacid) 및 그 유도체 중 니코틴아미드 생리활성을 나타내는 화합물을 총칭한다. 아미노산의 한 종류인 트립토판은 체내에서 니아신으로 전환된다. 트립토판이 체내에서 니아신으로의 전환은 평균 60:1의 전환율을 보인다. 니아신의 조효소 형태인 니코틴아미드 아데닌 디뉴클레오티드(Nicotinamide Adenine Dinucleotide, NAD) 및 니코틴아미드 아데닌 디뉴클레오티드 인산(Nicotinamide Adenine Dinucleotide Phosphate, NADP)은 체내에서 산화·환원 반응에 관여한다. 펠라그라는 니아신의 대표적인 결핍증이며, 니아신결핍은 경제수준이 낮은 저소득층이나 저개발국, 결핵약 복용환자, 만성알코올중독자 등에서 문제가 될 수 있다. 과잉증으로 홍조, 구토 등이 나타날 수 있고, 간독성, 포도당 내성, 소화관장애 등이 발생할 수 있다. 니아신의 영양상태 판정으로는 혈액이나 적혈구의 니아신 농도, 소변의 니아신 대사산물 배설의 측정이 있다. 혈액이나 적혈구의 니아신 농도는 최근 식이섭취는 반영하나 영양상태는 반영하지 못하여 좋은 지표는 아니다.

① 소변의 2-피리돈/ N-메틸 니코틴아미드 비율

소변에서 니아신 대사의 최종산물은 2-피리돈(2-pyridone)과 N-메틸 니코틴 아미드(N-methyl nicotinamide)이며 건강한 성인은 20~30%의 니아신을 N-메틸 니코틴 아미드 형태로, 40~60%의 니아신을 2-피리돈의 형태로 배설한다.

이들의 2-피리돈/ N-메틸 니코틴 아미드 비율을 측정하여 니아신의 영양상태를 판정하는데, 이 비율은 식이섭취에 영향을 거의 받지 않으면 소변의 채취시간과 무관하다. 50mg의 니코틴아미드를 투여한 후, 4~5시간 후 소변으로 배설되는 대사물질의 함량을 측정하며 결핍의 경우 배설량이 줄어든다.

(5) 비타민 B_6

비타민 B_6는 활성을 갖는 피리독살(pyridoxal, PL, 알데히드형), 피리독신(pyridoxine, PN, 일차알콜형), 피리독사민(pyridoaxamine, PM, 아민형)과 각각의 인산화형태인 pyridoxal 5' phospate(PLP), pyridoxine 5' phospate(PNP), pyridoaxamine 5' phospate(PMP) 등 6종의 유도체로 구성되어 있다. 비타민 B_6는 100여 종의 아미노산 대사에 관여하는 효소의 조효소로, 주로 탈탄산효소(decarboxylase), 아미노전이효소(aminotransferase), 및 라세미화효소(racemase) 등에 관여하며, 탈탄산반응, 단일탄소대사, 아미노기 전이반응, 헴 신생합성 및 지질 탄수화물대사 등을 통해 면역계 및 신경전달물질 합성, 스테로이드호르몬 작용을 조정하는 역할을 한다. 비타민 B_6는 수용성 비타민이나 인체 내 상당량이 저장되어 있다. 간, 적혈구, 다른 조직에서 아미노전이효소(aminotransferase)로서 작용하는데 이때 PLP와 PMP형태가 주를 이루며, 이중 PLP가 체내에서 가장 중요한 조효소의 형태이다.

비타민 B_6 섭취는 직접적으로 단백질섭취와 관련이 있으며, 단백질섭취가 증가하며 혈장 PLP는 감소한다. 대부분 건강한 사람들에게는 비타민 B_6 결핍증은 드물지만 고령자, 청소년, 임산부, 알코올중독자 등에서 결핍이 나타날 수 있다. 또한 비타민 B_6 섭취가 과다할 경우, 신경계에 문제가 생길 수 있다. 비타민 B_6의 영양상태는 직접적으로 혈액, 소변에서의 비타민 B_6를 측정하는 방법과 간전접인 기능적 방법으로 트립토판 2g 부하검사, 메티오닌 3g 부하검사, 아미노기전이효소 활성 측정(ALT, AST) 등이 있다[표 5-15]. 이들 각 비타민 B_6 영양상태 판정 지표 간에는 장단점이 존재하여 가장 좋은 지표에 대해 의견이 일

치되지 않았으므로 비타민 B_6의 영양상태를 바르게 판정하기 위해서는 여러 지표를 함께 측정하는 것이 바람직할 것이다. 또한 적절한 비타민 B_6의 영양상태 판정 지표의 선택 못지않게 중요한 것은 각 지표에 대한 분석법의 정확성 및 재현성 확보이다.

| 표 5-15 | 성인의 비타민 B_6 영양상태를 판정하는 생화학적 기준치

생화학적 지표		성인의 충분수준
직접측정법	혈액: 혈장 PLP	>30nm
	혈장 총 비타민 B_6	>40nm
	소변: 4-pyridoxic acid	>3.0μmolℓ/일
	총 비타민 B_6	>0.5μmolℓ/일
간접기능법	혈액: 적혈구 알라닌 전이효소 지표(ALT)	<1.25
	적혈구 아스파트산 전이효소 지표(AST)	<1.80
	소변 : 2g 트립토판 부하시험	<65μmolℓ xanthurenic acid/일
	3g 메티오닌 부하시험	<350μmolℓ cystathione/일

출처: Leklem JE(1990). Vitamin B6: A status report, J Nutr, 120: 1530-1507

① 혈장 PLP

혈장 PLP는 비타민 B_6의 영양상태를 판정하는 데 가장 흔히 사용되는 방법으로 총 비타민 B_6 중 70~90%가 혈장 PLP로 존재한다. 식이로 섭취된 B_6와 단백질은 혈장 PLP 농도에 영향을 주는데, 비타민 B_6의 섭취가 증가하면 혈장 PLP는 증가하고, 단백질 섭취가 증가할수록 혈장 PLP는 감소한다. 혈장 PLP에 영향을 미치는 다른 요인들은 [표 5-16]에 제시되어 있다. 최근에는 PLP 정량은 tyrosine apodecarboxylase를 이용한 효소법과 high performance liquid chromatography (HPLC)-fluometric법이 이용되고 있다.

| 표 5-16 | 혈장 PLP 농도에 영향을 미치는 요인들

요인	영향
비타민 B_6 섭취량 증가	↑증가
단백질 섭취량 증가	↓감소
포도당 섭취량 증가	↓감소
혈장량 증가	↓감소
신체활동 증가	↑증가
간 이외의 조직으로의 흡수 감소	↑증가
나이 증가	↓감소

출처 : Leklem JE(1990). Vitamin B6 : A status report, J Nutr, 120 : 1530-1507.

② 소변의 4-피리독신산

소변의 4-피리독신산(4-PA)은 주요한 비타민 B_6의 대사산물이며, 비타민 B_6 섭취에 의해 예민하게 영향을 받으므로 단기간의 비타민 B_6 영양섭취상태를 잘 반영한다고 할 수 있다. 남녀 평균적으로 하루에 소변으로 배설되는 4-PA가 3.0μmoℓ 이상이다.

③ 트립토판 부하검사

트립토판 부하검사(tryptophan load test)는 비타민 B_6의 영양섭취상태판정 시 가장 많이 사용되는 방법이며, 예민한 기능적 지표이다. 트립토판이 니코틴산으로 전환되는 대사과정에서 키뉴레니네이스(Kynureninase)는 PLP를 의존한다. 이때 비타민 B_6가 부족한 경우, 니코틴산으로 전환되지 못하고 중간 대사산물인 크산투렌산(xanthurenic acid)으로 축적되어 요로 배설된다.

2g의 트립토판을 경구투여한 후 65μmoℓ/일 이상이면 결핍으로 판정한다[표 5-15]. 요 크산투렌산 배설은 여러 가지 요인에 의해 영향을 받으며, 특히 단백질섭취량, 운동, 체근육, 투여된 트립토판의 양, 경구피임약 복용, 종양 등의 요인들에 의해 배설량이 달라진다. 이외에 트립토판(tryptophan) 대사물은 이온교환 크로마토그래피(ion-exchange chromatography) 또는 fluometric 법으로 측정한다. 그러나 이 검사법은 비타민 B_6 섭취량이 매우 낮은(0.8mg/일 이하) 경

우에는 비타민 B_6 영양상태 지표로 사용될 수 있으나 보통 성인의 섭취 범위인 1.0mg에서 2.5mg에서는 유용하게 사용할 수 없다.

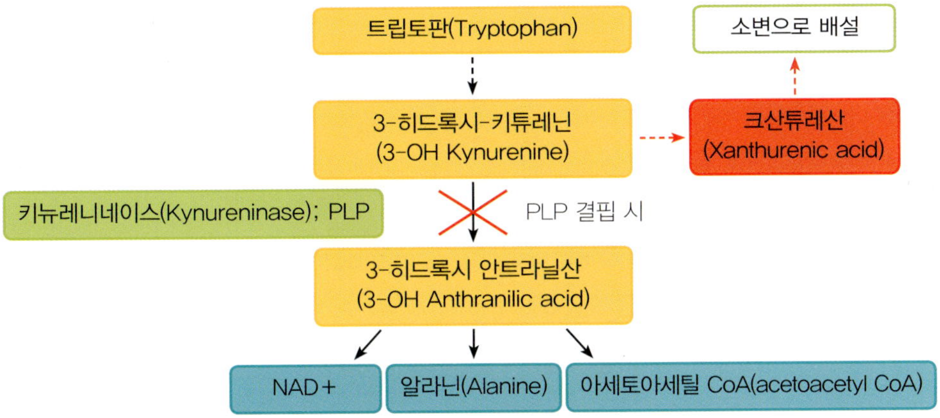

| 그림 5-4 | **트립토판의 대사 경로에서 PLP의 부족**

④ 메티오닌 부하검사

메티오닌 부하검사(methionine load test)는 메티오닌(methionin)의 대사에 관여하는 효소 시스타티오닌 β-신테이스(cystathione β-synthase)와 γ-시스타타이오네이스(γ-cystathionase)가 PLP 의존효소이므로 이를 이용한 방법이다. 특히 시스타티오닌(cystathionine)이 호모세린(homoserine)과 시스테인(cystein)으로 분해되게 하는 시스타타이오네이스(cystathionase)가 비타민 B_6 결핍에 민감하므로 메티오닌 3g 투여 후 24시간 수집한 소변을 이용하여 시스타티오닌 배설량을 측정한 것이다. 하루에 350μmol 이상 시스타티오닌이 소변으로 배설되면 결핍으로 판단한다. 비타민 B_6 결핍 식이를 시키고 메티오닌 부하 후 시스타티오닌 배설량의 증가폭이 여성보다 남성이 더 높았으며 이 차이는 단백질 섭취량이 메티오닌 대사에 영향을 미치는 것으로 추정되었다. 이 방법은 단백질섭취량에 영향을 받는다는 한계점이 있다. 더욱이 비타민 B_6 영양상태 판정지표로서의 시스타티오닌 소변배설량에 대한 신뢰성 있는 자료가 부족하여 현재는 비타민 B_6 영양상태 판정 방법으로 많이 쓰이지 않고 있다.

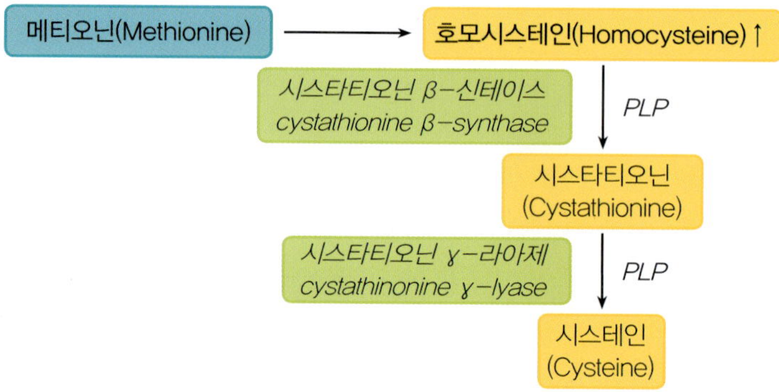

| 그림 5-5 | 메티오닌의 대사 경로에서 PLP의 의존

⑥ 적혈구 아미노기 전이효소 활성

PLP에 의한 적혈구 아스파테이트 아미노전이효소(aspartate aminotransferase)(α-EAST)와 알라닌 아미노전이효소(alanine aminotransferase)(α-EALT) 활성 자극 정도를 측정하는 α-EAST와 α-EALT 활성계수는 많은 논란에도 불구하고 약 120일이라는 적혈구 수명 때문에 장기적인 영양상태 판정에 유용한 방법으로 혈장 PLP 수준과 더불어 비타민 B_6 영양상태 판정에 많이 사용되어 온 지표이다. 이 효소들은 PLP를 조효소로 사용하므로 체내 비타민 B_6가 부족하면 두 효소의 활성이 감소되고, PLP를 보충해 주면 증가한다.

적혈구 아미노기 전이효소 활성은 조사대상자의 혈액에서 적혈구 분리 후, PLP 처리 전과 후의 효소 활성 측정, 식을 통해 효소 활성 증가지수로 산정한다.

$$\text{자극 지수 } \frac{PLP\text{ 처리 후 활성} - PLP\text{ 처리 전 활성}}{PLP\text{ 처리 전 활성}} \times 100(\%)$$

적혈구 ALT 활성계수가 1.25 이하, 적혈구 AST 활성계수가 1.8 이하이면 정상수준으로 판단한다[표 5-15]. 이 방법은 검사가 간단하여 대규모 집단을 판정하는 데 이용될 수 있다.

(6) 엽산

엽산은 핵산 합성과 아미노산 대사에서 단일탄소를 전달해 주는 조효소 역할을 하는 수용성 비타민이다. 따라서 엽산이 결핍되면 세포분열이 활발하게 일어나는 골수, 점막, 위장관, 생식기관 등의 세포에 영향을 주어, 거대적아구성 빈혈, 위장장애가 나타나며, 혈장 호모시스테인 농도를 증가시켜 심혈관계 질환의 위험을 높이고, 태아의 신경관결손증 발병 위험을 높인다고 알려져 있다. 엽산의 영양상태 판정 방법으로는 혈청과 적혈구 엽산 수준, 히스티딘 부하검사, 데옥시유리딘 억제시험 등이 있다.

① 혈청·적혈구 엽산 수준

혈청의 엽산은 단기간의 식사섭취량을 반영하며, 예민한 지표여서 초기의 결핍을 반영하지만 조직의 저장량을 반영하지 않는다는 한계점이 있다. 또한 혈청 엽산은 급성신부전, 간질환, 적혈구 용혈 등의 경우에 증가하고, 알코올 섭취, 흡연, 경구피임약 복용 시 감소한다.

적혈구 엽산은 적혈구 수명이 120일이므로 장기간의 엽산 영양상태와 체내 저장상태를 나타내는 가장 좋은 지표가 된다. 간에서의 엽산 저장과 체내의 총 저장량과 밀접한 상관관계가 있다. 혈청 엽산, 적혈구 엽산의 결핍 및 정상치는 [표 5-17]과 같다.

| 표 5-17 | 혈청 비타민 B_{12}, 혈청 엽산, 적혈구 엽산의 결핍기준치

구분	결핍	정상
혈청 비타민 B_{12}	<100pg/mℓ	>100pg/mℓ
혈청 엽산	<3ng/mℓ	>6ng/mℓ
적혈구 엽산	<150ng/mℓ	>200ng/mℓ
FIGLU 배설량	정상치의 5~10배	5~20mg

출처: Simko, M. D., Cowell, C., & Gilbride, J. A.(1995). Nutrition assessment: A comprehensive guide for planning intervention

② 히스티딘 부하검사

엽산은 히스티딘이 포르미미노글루탐산(Formiminoglutamate, FIGLU)을 거쳐 글루탐산으로 전환될 때 관여하는데, 엽산 부족 시 글루탐산으로 전환되지 못하고 FIGLU로 배설되며, FIGLU 배설량을 측정하여 엽산의 영양상태를 판정하는 방법이다. 히스티딘 부하검사(histidine load test)는 2~15g의 히스티딘을 섭취한 후, 8시간 후에 FIGLU양을 측정하는데, 대규모조사에는 부적합하다는 한계점이 있다. 2~5g의 히스티딘 섭취 후 6시간 소변량에서 FIGLU 배설량이 5~20mg이면 정상, 정상치의 5~10배가 배설되면 결핍으로 판정한다.

③ 데옥시유리딘 억제검사

데옥시유리딘 억제검사(deoxyuridine suppression test)는 엽산 결핍인지 비타민 B_{12} 결핍인지 구별을 가능하게 해 주는 방법으로 골수세포나 DNA 합성이 잘 일어나는 세포를 사용하여 시행한다. 다량의 데옥시유리딘 존재하에서 방사성 동위원소를 가진 티미딘(3H-tymidine)이 DNA합성에 이용된 것을 측정하는데, 이 경우 티미딘 합성요소(thymidine synthase)가 엽산 의존효소로서 엽산이 부족하게 되면 활성이 떨어져 데옥시유리딘이 티미딘으로 전환하는 것이 감소하게 된다. 정상인 경우, 3H-티미딘 유입량이 데옥시유리딘을 첨가하지 않았을 때에 비하여 억제되며, 데옥시유리딘을 첨가하여 유입량이 20% 이상이 되면 엽산 결핍으로 판정한다. 엽산보충으로 DNA 합성이 억제가 해소되지 않는다면 비타민 B_{12} 부족으로 의심할 수 있다.

(7) 비타민 B_{12}

코발라민이라고도 불리는 비타민 B_{12}는 박테리아에 의해 합성되며 먹이사슬에 의해 수용성 중 유일하게 동물의 근육이나 내장에 축적되어, 동물성 식품이 비타민 B_{12}의 주요 급원이다. 비타민 B_{12}는 흡수된 후 세포에서 메틸코발라민(methylcobalamin) 또는 5'-데옥시아데노실코발라민(deoxyadenocobalamin)으로 전환되며, 각각 메티오닌 신테이스(methionine syntase)와 L-메틸말로닐-CoA 변위효소(L-methylmalonyl-CoA mutase)의 조효소로 작용하여 DNA합성, 메티오닌의 합성, 숙신산-CoA 합성 등 여러 생화학 반응에 관여한다. 동물성식품이 급원식품이므로, 채식주의자, 노인, 환자, 영양불량인 사람인 경우 부족의 가능성이 높아진다. 특히, 위를 절제한 사람의 경우 비타민 B_{12} 흡수에 필요한 내적 인자(Intrinsic Factor, IF) 분비가 부족하여 흡수가 잘 되지 않으며, 고령자의 위의 기능이 감퇴하여 IF 분비가 감소하므로 흡수가 잘 일어나지 않는다. 결핍 초기에는 거대적아구성 빈혈이 발생하며 헤모글로빈 수치가 감소하고, 결핍이 심해진 경우에는 말초신경, 척수 및 뇌의 탈수초화(demyelination)가 일어난다. 또 심한 신경계 이상, 노화 관련 인지기능의 저하가 발생된다.

비타민 B_{12} 결핍증과 엽산 결핍은 함께 일어날 수 있으므로 비타민 B_{12}와 엽산의 영양상태를 모두 판정한다. 비타민 B_{12}의 영양판정을 위해서는 혈청 비타민 B_{12} 수준과 실링검사(shilling Test)가 있다.

① 혈청 비타민 B_{12}

혈청 비타민 B_{12}의 농도는 섭취량과 신체 내의 저장량을 반영하며, 영양상태를 판정하기 위한 가장 정확한 지표이다. 미생물학적인 방법이나 방사성 동위원소 희석법 등을 사용하여 분석한다. 일반적으로 성인에서 혈중 비타민 B_{12} 농도는 100pg/mℓ 이하인 경우 결핍으로 판단하여 100pg/mℓ 이상이면 정상으로 판단된다[표 5-17].

② 실링검사

실링검사(shilling test)는 비타민 B_{12}의 흡수 결핍에 의한 악성빈혈을 진단하는 방법으로 사용되었다. 현재는 잘 사용되지 않는다. 코발트의 방사성 동위원소(Co_{57} 또는 Co_{58})를 함유하는 비타민 B_{12}를 0.5~2.0μg 정도 소량 경구 투여하고, 1시간 후에 1mg 정도의 다량 비타민 B_{12}를 근육주사나 피하주사로 투여한다. 정상인의 경우 2시간 이내에 많은 양의 방사성 물질이 소변으로 배설되나,

악성빈혈인 경우 24시간 수집된 요에서의 방사성 물질 배설량이 5% 이하로 거의 배설되지 않는다.

4. 혈액검사 지표

최근에는 임상실험실에서 자동생화학분석기(automated clinical chemistry analyzer)를 이용하여 수천 개의 시료를 한꺼번에 분석한다. [표 5-18]은 주요 혈청의 생화학적 성분검사의 종류에 특징, 정상 성인의 혈청에서의 범위 등이 제시되어 있다.

| 표 5-18 | 일반건강검진시의 혈액 생화학검사지표의 특징과 정상 범위

생화학검사지표	특징	정상 범위
아미노기 전이효소 활성도 ALT(SGPT) AST(SGOT)	· 간기능의 정상 여부 진단에 이용 · 간염, 간경화, 담관폐쇄, 기타 간손상, 독성물질 노출 시 상승 · 만성신장투석 시 감소	4~36U/ℓ 0~35U/ℓ
알부민, 총 단백질	· 알부민은 간에서 생산되는 혈청 단백질 · 총 단백질은 대체로 알부민과 글로불린으로 구성	알부민: 3.5~5.0g/dℓ 글로불린: 2.3~3.5g/dℓ
ALP	· 간, 뼈, 태반, 장의 질환상태 진단 · 부갑상샘 과다분비, 골수암, 간질환 시 상승	0.5~2.0μkat/ℓ
빌리루빈	· 담즙색소로 혈색소 헴의 분해로부터 비장, 간, 골수에서 생성 · 황달 진단에 사용 · 총 빌리루빈의 상승은 분비장애, 담관 이상 · 유리 빌리루빈의 상승은 용혈성 빈혈, 신생아 간기능장애에 의한 중합문제	· 총 빌리루빈: 0.3~1.0mg/dℓ (총 빌리루빈) · 결합 빌리루빈: 0.1~0.3mg/dℓ · 유리 빌리루빈: 0.2~0.8mg/dℓ · 황달: >2mg/dℓ
혈액요소질소 (BUN)	· 요소는 간에서 생성되어 신장에서 배설되는 아미노산분해의 최종산물 · 신부전, 탈수, 소화기출혈, 심부전, 요도폐쇄증 시 상승 · 간질환, 영양부족, 수분과잉, 스테로이드 복용 시 감소	10~20mg/dℓ

(다음 페이지에 계속)

생화학검사지표	특징	정상 범위
칼슘	· 항상성 유지에 필요한 혈청 내 주요 양이온 · 뼈, 부갑상샘, 신장 이상, 암 발생 시 변화	· 총 칼슘: 9.0~10.5mg/dℓ · 이온화 칼슘: 4.5~5.6mg/dℓ
이산화탄소	· 체내 산염기 균형판정에 이용 · 알칼리혈증에서 증가, 산성혈증에서 감소	23~30mEq/ℓ
염소	· 세포외액의 주요 음이온 · 산염기균형, 삼투압, 수분균형조절에 중요 · 신장질환, 갑상샘 기능 항진증, 빈혈, 심장질환 시 증가 · 저 칼륨혈증, 알칼리혈증 시 감소	100~106mEq/ℓ
콜레스테롤	· 고지혈증, 동맥경화증 위험요인	<200mg/dℓ
크레아티닌	· BUN과 함께 신장기능 조사 · 신장 네프론의 50% 이상 파괴 시 상승	0.6~1.2mg/dℓ
혈당	· 당뇨병 진단	60~115mg/dℓ
젖산 탈수소효소 (LDH)	· 골격근육, 심장, 간, 십이지장, 비장, 뇌 등에 존재하며 이들 기관 손상 시 혈중 농도 상승 · 심근경색, 간염, 암, 신장질환, 화상 시 상승 · 이소 형태 효소분포가 진단에 필수	45~90U/ℓ
인	· 칼슘 농도와 밀접한 관계 · 신부전, 부갑상샘 저하증, 갑상샘 항진증, 하제 복용 시 증가 · 부갑상샘 기능 항진증, 구루병, 골연화증, 제산제 장기복용 시 감소	3.0~4.5mg/dℓ
칼륨	· 세포내액에서 주요 양이온으로 산염기 균형, 수분균형, 신경전달과정에 중요 · 신부전증, 애디슨병, 부신질환, 화상, 외상 시 상승 · 이뇨제 복용, 수액 주입, 구토, 설사, 섭식장애 시 감소	3.5~5.0mEq/ℓ
나트륨	· 세포 외액의 주요 양이온으로 산염기균형, 수분균형에 중요 · 설사, 구토, 발한, 항이뇨 호르몬 조절 이상에 의한 탈수 시 증가 · 울혈성 심부전, 신장질환 시 감소	135~145mEq/ℓ
중성지질	· 정맥영양 환자의 지질 지표 · 간질환, 당뇨, 췌장염, 십이지장염, 갑상샘 기능 저하 시 상승 · 영양불량 시 감소	<150mg/dℓ

영양판정 실습

실습 1 헤모글로빈 수준 측정

1. 원리

헤모글로빈은 적혈구 내에 존재하는 철을 함유하는 단백질로 산소와 결합하여 운반하는 기능을 한다. 혈액 100mℓ 안에 들어 있는 적혈구 내에 존재하는 혈색소의 총합을 의미하여 단위는 g/dℓ이다. 빈혈유무를 판단하는 근거가 된다. 본 실험은 분광광도계를 이용하여 색의 변화를 측정하여 혈액 속의 헤모글로빈의 양을 측정하는 것이다. 헤모글로빈 측정용액(hemoglobin detector)은 선택적으로 헴(heme)을 안정적인 화학물질로 만들고 발색시킨 용액을 575nm에서 측정한 후 표준곡선을 이용하여 정량한다.

2. 시약 및 기자재

① 헤모글로빈 측정용액(Hemoglobin Detector)

② 헤모글로빈 표준곡선용 물질(Hemoglobin Standard, 1g/dℓ)

③ 96-well plate

④ 분광광도계

3. 측정방법

① 모든 헤모글로빈 표준곡선용액은 표와 같이 준비하고 96well plate에 넣는다. 즉, 1g/dℓ Hemoglobin Standard를 0, 10, 20, 30, 40, 50μℓ를 각 well에 넣는다. 그 농도는 0, 50, 100, 150, 200 & 250mg/dℓ hemoglobin 농도가 된다.

	헤모글로빈 표준물질 (μℓ)	헤모글로빈 측정용액 (μℓ)	최종부피 (μℓ)
1	0	200	200
2	10	190	200
3	20	180	200
4	30	170	200
5	40	160	200
6	50	150	200

- 3회 이상 반복실험으로 준비한다. 이미 희석해서 만들어진 표준곡선용액은 재사용하지 않는다.

② 전혈을 이용하여야 하며 전혈을 3차증류수로 희석한다. 희석된 전혈 20μℓ을 96well plate의 well에 넣는다. 2회 이상 반복실험으로 준비한다.

③ 180μℓ의 헤모글로빈 측정용액(detector)를 각 희석된 전혈을 넣은 well에 넣는다.

④ 15분간 상온에서 방치한다.

⑤ 분광광도계를 이용하여 흡광도 575에서 측정하고 [그림 1]의 예시처럼 표준곡선을 이용하여 아래의 식에 대입하여 샘플의 헤모글로빈을 정량한다.

4. 계산법

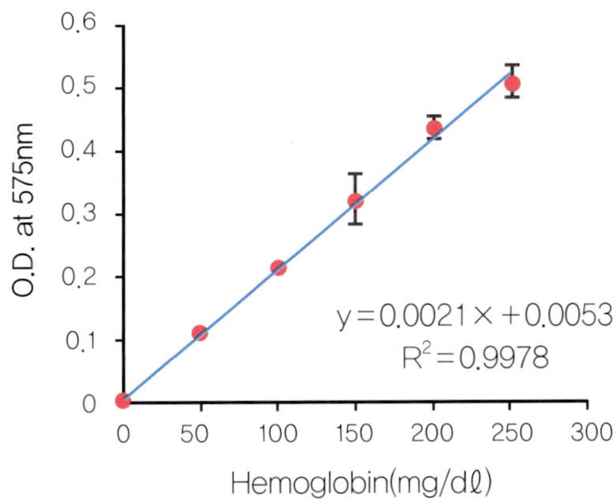

| 그림 1 | 헤모글로빈 표준곡선 예시(0~250mg/dℓ)

Sample Hemoglobin Concentration (C)=B×D×10* mg/dℓ

B = standard curve에서 산출된 샘플의 헤모글로빈 양
D = 샘플의 희석배수

참고 자료: ab234046 Hemoglobin Assay Kit (Colorimetric), Abcam plc, UK.

실습 2 총철결합능 측정(TIBC)

1. 원리

철결핍 시 수치가 증가하는 혈액지표로서 혈청 트랜스페린과 결합할 수 있는 철의 양 측정하는 것이다. 혈청 철과 불포화 트랜스페린을 더한 양이 총철결합능이다. 따라서 본 실습은 혈청 중의 총철결합능을 측정한다. 혈청에 염화제이철($Fe3^{+}$)을 가하면 유리 트랜스페린은 철과 결합하고 과잉 철은 탄산마그네슘에 의해 제거된다. 이미 트랜스페린과 결합한 $Fe3^{+}$과 이미 트랜스페린과 결합하고 있는 $Fe3^{+}$를 산성하에서 유리시키고 환원제인 아스코르빈산을 이용하여 $Fe3^{+}$로 환원시킨다. $Fe3^{+}$는 키레트제2-(5-Nitro-2-Pyridylazo)-5-(N-Propyl-N-Sulfopropylamino)-Phenol과 결합하여 갈색의 키레트화합물을 형성한다. 이것을 분광광도계를 사용하여 590nm에서 비색 측정하여 혈청 철을 구한다.

2. 시약 및 기자재

① 혈청
② 염화제2철(철용액)
③ 탄산마그네슘(흡착제)
④ 아스코르빈산(환원제)
⑤ 초산나트륨(초산 완충액)
⑥ 초산
⑦ 정색시액: 2-(5-니트로-2-피리딜아조)-5-(N-프로필-N-설포프로필 아미노)페놀, 2나트륨
⑧ 표준액(황산 제1철 암모늄)
⑨ 원심분리기
⑩ 분광광도계
⑪ 96well plat

3. 실험방법

① 샘플 혈청(serum) 0.2mℓ와 철용액 0.4mℓ를 잘 혼합한다.

② ①에 흡착제 50mg을 가하여 잘 혼합하고 파라필름으로 덮고 실온에서 5분 이상 방치한다.

③ 3000rpm에서 10분간 원심분리한다.

④ 원심분리한 후 상층액 0.1mℓ를 취하여 철측정에 사용한다.

⑤ 표와 같이 준비한다.

	시약 블랭크용	표준용	검체용
상청액*	-	-	0.1mℓ
정제수	0.1mℓ	-	-
표준액	-	0.1mℓ	-
사용완충액	2.0mℓ	2.0mℓ	2.0mℓ
잘 혼합하여 37℃에서 5분간 가온합니다.			
정색시액	0.5mℓ	0.5mℓ	0.5mℓ
잘 혼합하여 37℃에서 5분간 가온한 후, 실온에 5분 이상 방치하여, 2시간 이내에 시약블랭크를 대조로 590nm에서 흡광도를 측정합니다.			

*혈청 철을 측정하고자 할 경우에는 상청액 대신 혈청을 사용합니다.

4. 계산법

① Fe 량(μg/dℓ)=(검체의 흡광도/표준액의 흡광도)×표준액의 표시치(200μg/dℓ)

② TIBC 량(μg/dℓ)=(상청액의 흡광도/표준액의 흡광도)×표준액의 표시치(200μg/dℓ)×3#

※# 이 숫자는 검체희석비율

3=[검체(0.2mℓ)+철용액(0.4mℓ)]÷검체(0.2mℓ)

③ UIBC 량(μg/dℓ)=TIBC량−혈청철량

④ 포화율 구하는 법

포화율(%)=(혈청철량/TIBC)×100

- **정상 참고치**

Fe - 남: 80~200μg/dℓ, 여: 70~180μg/dℓ

TIBC - 남: 250~380μg/dℓ, 여: 250~450μg/dℓ

참고: 아산세트 총철결합능 측정용 시약, 아산제약주식회사, 기흥, 대한민국

키트제조회사에 따라 방법에 차이가 있을 수 있으므로 키트에 포함된 실험방법을 참조할 것.

실습 3 HDL-콜레스테롤 측정

1. 원리

분리시액 중 인텅스텐산과 마그네슘 양이온의 작용으로 지방단백질(lipoprotein) 중 특히 apo-lipoprotein B를 가지고 있는 LDL(Low Density Lipoprotein)을 침전 시킨 후 상청에 남은 HDL(High Density Lipoprotein) 중의 Cholesterol을 다음과 같이 정량한다.

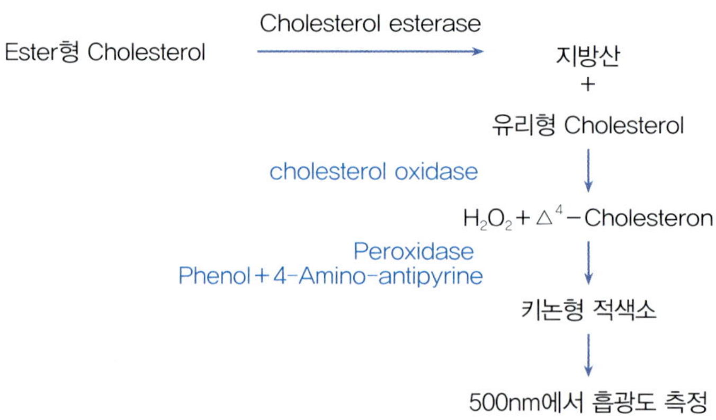

2. 시약 및 기자재

① 분리시액

인텅스텐산나트륨, 염화마그네슘

② 효소시약(콜레스테롤에스터레이스 2.05KU/dℓ, 콜레스테롤옥시데이스 1.07KU/dℓ)

③ 완충액(인산이수소칼륨)

④ 페놀

⑤ 표준액(콜레스테롤 0.05g/dℓ)

⑥ 분광광도계

⑦ 96well plate

⑧ 원심분리기

3. 실험방법

① 전혈에서 분리된 혈청(serum)을 이용한다.

② 표의 방법에 따라 검체, 표준, 시약블랭크를 만들고 96well plate에 3회 이상 반복 실험한다.

③ 표준액을 통해서 표준곡선을 작성하여 혈청의 HDL을 정량한다.

※표준액(콜레스테롤 50mg/dℓ)은 검체가 분리시액에 의해 2배 희석되었기 때문에, HDL-Cholesterol 100mg/dℓ 상당의 농도로 계산합니다.

	검체	표준	시약블랭크
혈청(mℓ)	0.2	-	-
분리시액(mℓ)	0.2	-	-
잘 혼합하여 10분간 실온에 발치 후, 3000rpm에서 10분간 원심분리합니다.			
상청(mℓ)	0.1		
표준액(mℓ)		0.1	
증류수(mℓ)			0.1*
효소시액(mℓ)	3.0	3.0	3.0
잘 혼합하여 36℃에서 5분간 방치합니다.			
60분 이내에 시약블랭크를 대조로 하여 파장 500nm에서 흡광도를 측정			

4. 계산법

HDL－Cholesterol량(mg/dℓ)= $\times 50 \times 2$

• 정상 참고치
혈청 남자 30~65mg/dℓ
여자 35~80mg/dℓ

※참고: 아산세트 HDL콜레스타제 (효소법), 아산제약주식회사, 기흥, 대한민국 키트제조회사에 따라 방법에 차이가 있을 수 있으므로 키트에 포함된 실험방법을 참조할 것.

CHAPTER
6

임 상 조 사 에 의 한 영 양 판 정

영양이 부족하거나 과잉되면 체내 영양소 저장량은 달라지고, 이는 혈액과 조직은 물론 피부나 머리카락, 입, 근육 등에 눈에 띄는 변화를 가져온다. 임상조사에 의한 영양판정은 신체에 나타나는 여러 증상(symptoms)이나 징후(signs)를 통하여 영양상태를 판정하는 것이다.

임상조사에 의한 영양판정은 영양문제를 비교적 적은 비용으로 쉽게 파악할 수 있고, 영양불량이나 질병진단에 도움이 되는 여러 단서를 얻을 수 있다는 장점이 있다. 개인은 물론 지역사회 집단의 영양상태도 파악할 수 있어 국가별·지역별 비교에도 유용하다. 또한, 입원환자의 영양상태 파악에 적합하다. 예를 들어, 암(Cancer)이나 후천성면역결핍증(AIDS) 환자에서 단백질-에너지영양불량(PEM)의 임상증상과 징후는 매우 흔하다.

임상증상의 발현과정은 복잡하고 여러 단계를 거친다. 임상조사 결과가 '불량'이라면 이미 영양불량 상태가 상당히 진행되었다는 것을 뜻하므로, 영양문제를 조기 발견하기에는 어려움이 있다. 또한, 특정 영양소 결핍이나 과잉 여부를 알기에도 그 특이성과 예민도가 낮은 편이다. 임상조사에 의한 영양판정의 정확도를 높이기 위해서는 현재 대상자의 증상·징후와 더불어 과거의 병력(medical history)이나 식사력(dietary history) 등을 파악할 필요가 있으며, 식사조사, 신체계측, 생화학조사자료와 함께 통합적으로 영양문제를 진단하고 해석하는 것이 바람직하다.

Tip !

증상과 징후

- 증상(symptoms): 판정 대상자가 보고하는 주관적인 경험 (예: 피로, 두통, 복통 등)
- 징후(signs): 잘 훈련된 조사자나 전문의료인이 검사과정에서 관찰하는 객관적인 현상 (예: 체온, 혈압, 발진, 멍 등)

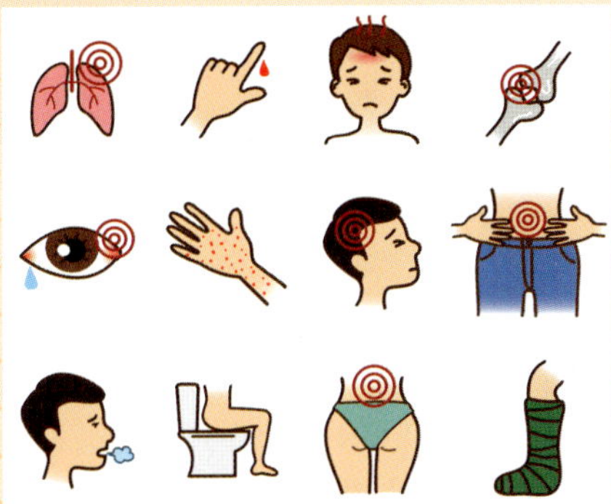

증상

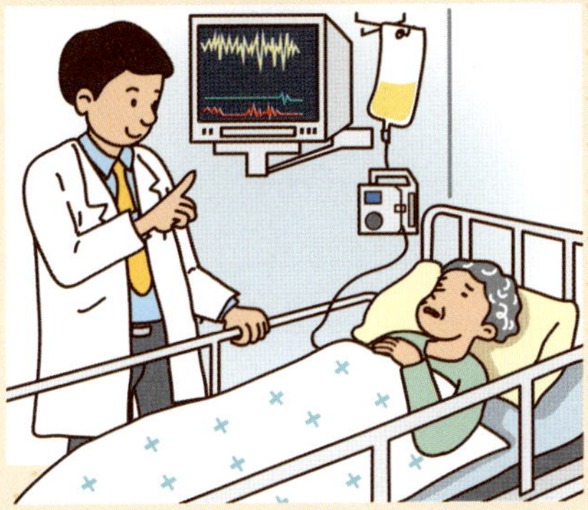

징후

1. 임상조사 자료

임상영양판정을 위해서는 우선 대상자의 임상력(병력)이나 식사력 같은 과거력에 대한 자료수집이 필요하다. 앞서 설명한 바와 같이 임상증상이나 징후는 특이성이 낮다는 제한이 있다. 대상자의 과거력을 알 수 있는 연관 자료들을 가능한 한 충분히 수집하고 통합적으로 분석할 필요가 있다.

1) 임상력

임상력(medical history)은 과거와 현재의 영양상태와 관련된 진단명과 진단과정, 수술, 약물 복용, 음주, 흡연 등에 대한 기록을 뜻한다. 병원에서는 환자와의 면담이나 의무기록(medical records) 자료를 활용할 수 있고, 지역사회 조사에서는 질문지를 제공하고 자기기입식으로 기록하거나 면담을 통해 자료를 수집할 수 있다[표 6-1].

(1) 질환상태

여러 질환들은 영양상태와 연관이 크다. 특히, 심장질환, 당뇨병, 신장질환, 암, 뇌졸중, 간질환, 담낭질환, 소화기질환, 궤양, 장염, AIDS, 수술 이력 등 영양상태와 관련된 질환 상태를 함께 조사한다.

(2) 영양상태에 영향을 주는 신체상태

식욕, 음식을 씹고 삼키는 능력, 구토, 설사, 변비, 복부팽만, 소화불량 여부, 평소 체중과 최근 체중변화 등은 영양상태에 영향을 주기 때문에 임상조사에 포함한다.

(3) 약물과 건강기능식품 섭취상황

복용 중인 약물에 대한 정보는 영양판정 대상자의 상태에 대한 단서를 제공한다. 또한 각종 건강기능식품이나 비타민이나 무기질 같은 보충제 섭취 여부도 조사한다. 이는 약물과 영양소 상호작용으로 인한 영양불량의 가능성을 파악하는 데 도움이 된다.

(4) 사회·심리요인

대상자의 나이, 교육수준, 직업, 결혼상태, 수입, 가구 형태, 가족 수, 음주, 흡연, 사회·심리적 지원 정도, 보건의료환경, 지불 능력 등을 조사한다.

Tip !

임상력 파악을 위한 고려사항

- 영양상태 관련 현재와 과거의 진단명, 진단과정 및 처치 또는 질병력
- 수술 이력
- 영양결핍 여부
- 항암치료 여부: 화학 및 방사선 요법
- 사회·심리적 측면: 음주, 흡연, 재정상태 및 사회적 지원
- 복용하는 약과 영양소의 상호작용
- 비타민·무기질 결핍과 연관된 징후나 증상

출처: Lee, RD, & Nieman, D C.(2013). Nutritional Assessment 6th ed. McGraw HillHigher Education.

| 표 6-1 | 임상력에 대한 영양소 결핍기전과 결핍이 의심되는 영양소

임상력	결핍기전	결핍이 의심되는 영양소
알코올 중독	섭취 부적절	에너지, 단백질, 비타민 B_1, 비타민 B_2, 니아신, 엽산, 비타민 B_6
과일, 채소, 곡류 기피		비타민 C, 비타민 B_1, 니아신, 엽산
육류, 유제품, 난류 기피		단백질, 비타민 B_{12}
변비, 치질, 게실증		식이섬유소
고립, 기아, 치과질환, 특이한 식습관		여러 영양소
체중감소		에너지, 기타 영양소
약물복용(제산제, 항경련제, 완화제)	흡수 부적절	약물-영양소 상호작용에 관련된 여러 영양소
흡수불량(설사, 체중감소, 지방변)		비타민 A · D · K, 에너지, 단백질, Ca, Mg, Zn
기생충		Fe, 비타민 B_{12}
악성빈혈		비타민 B_{12}
외과수술: 위절제		Fe, 비타민 B_{12}
외과수술: 소장절제		비타민 B_{12}(회장부분일 경우), 흡수불량에서 제시한 영양소들
약물복용(특히, 항경련제, 대사길항제, 경구피임약, isoniazid, 알코올)	이용률 감소	약물-영양소 상호작용에 관련된 여러 영양소
선천성 대사질환(유전)		여러 영양소들

(다음 페이지에 계속)

임상력	결핍기전	결핍이 의심되는 영양소
알코올 남용	손실 증가	Mg, Zn
출혈		Fe
복수천자, 늑막천자		단백질
당뇨병(잘 조절되지 않는 경우)		에너지
설사		단백질, Zn, 전해질
배농(draining abscesses), 상처		단백질, Zn
신증후군		단백질, Zn
복막투석이나 혈액투석 시		단백질, 수용성비타민, Zn
발열	체내 요구량 증가	에너지
갑상샘 기능 항진증		에너지
생리적 요구 (유아기, 청소년기, 임신기, 수유기)		여러 영양소들
수술, 정신외상(trauma), 화상, 감염		에너지, 단백질, 비타민 C, Zn
조직 저산소증(tissue hypoxia)		에너지(비효율적 이용)
흡연		비타민 C, 엽산

출처: Weinser RL et al.(1993). Fundamentals of Clinical Nutrition. Mosby.

2) 식사력

식사력(dietary history)은 대상자의 식습관이나 지금까지의 식생활에 대한 정보를 뜻한다. 즉, 평소 식사시간, 식사 장소, 식품 기호, 식품에 대한 알레르기, 식품 구매력, 식품을 조리할 수 있는 능력, 비타민이나 무기질 같은 보충제 섭취 여부 등이다. 대상자의 식사력을 파악하기 위해 고려할 사항들은 [표 6-2]와 같다.

| 표 6-2 | 식사력 파악을 위한 고려사항

• 체중변화 • 평소 식사패턴 • 식욕 • 포만감 • 식후 불편감 • 씹는 능력, 삼키는 능력 • 좋아하는 식품, 싫어하는 식품, 혐오식품 • 식욕변화 • 식품 알레르기 • 구토, 메스꺼움	• 배변습관(설사, 변비, 지방변), 방귀 • 생활환경 • 간식 섭취 • 비타민·무기질 보충제 복용 • 음주, 약물복용 • 식사 제한 경험 • 수술, 만성질환 • 식품구매 및 조리 능력 • 건강관리 비용 지불 능력

출처: Lee, RD, & Nieman, DC.(2013). Nutritional Assessment 6th ed.. McGraw HillHigher Education.

2. 영양상태에 따른 신체변화와 의심되는 영양불량

영양소 섭취가 부적절하여 결핍이나 과잉상태가 지속되면 신체변화 특히, 피부, 눈, 머리카락, 상피조직(구강점막, 잇몸 등)이나 체 표면 근처 기관(귀밑샘, 갑상샘 등)에 뚜렷한 임상증상이나 징후가 나타나며 이는 영양상태를 파악하는 데 매우 중요한 단서이다[표 6-3], [그림 6-1].

| 표 6-3 | 영양상태에 따른 신체변화와 의심되는 영양불량

신체 기관	임상증상 및 징후		의심되는 영양불량		빈도
	영양양호	영양불량	결핍	과잉	
머리카락	윤기 있고, 잘 끊어지지 않음. 쉽게 빠지지 않음	깃발징후(flag sign): 가루무늬 띠 모양으로 탈색됨	단백질		드뭄
		쉽게 빠짐	단백질		흔함
		숱이 적어짐	단백질, Zn 비오틴	비타민 A	가끔
		나사처럼 꼬임	비타민 C		흔함
손톱	윤기 있고, 단단함, 분홍색	가로지르는 융기	단백질		가끔
얼굴	안색이 균일함, 건강해 보이며, 붓지 않음	안색이 창백하고, 눈 아래와 볼 주위가 검음 코와 입주위가 부풀고 각질이 많으며 전체적으로 부음 귀밑선이 부음	Fe, 니아신		
피부	발진, 반점, 흠집 없고 혈색이 좋음 부드럽고 촉촉하며 붓기 없음	비늘 모양	비타민 A, Zn, 필수지방산	비타민 A	가끔
		셀로판처럼 반질함	단백질		가끔
		갈라짐	단백질		드뭄
		모낭각화증	비타민 A·C		가끔
		점상출혈	비타민 C		가끔
		자반증	비타민 C·K		흔함
		색소침착, 태양 노출 부위 벗겨짐	니아신		드뭄
		황색 색소 침착		카로틴	흔함
눈	점액은 물기가 있고 건강한 분홍색. 눈가에 무른곳이 없고 붓지 않음 핏발이 없고 눈동자가 맑음 정맥이나 조직이 튀어나온곳이 없고 피곤한 기가 없음	시신경 원반의 울혈 유두		비타민 A	드뭄
		야맹증	비타민 A		드뭄
		비토반점	비타민 A		
		안구건조증	비타민 A		

(다음 페이지에 계속)

신체 기관	임상증상 및 징후		의심되는 영양불량		빈도
	영양양호	영양불량	결핍	과잉	
입, 구강	입술이 부드럽고, 터지지 않았으며, 촉촉함	구순구각염(입술이 건조하고, 갈라지며 궤양이 나타남)	비타민 B_2, 비타민 B_6, 니아신		드묾
	혀가 분홍색이며 붓거나 혀 표면이 반반하지 않음	혀 유두가 위축되어 반반함	비타민 B_2, 니아신, 엽산, 비타민 B_{12}, 단백질, Fe		흔함
입, 구강	혀에 상처가 없고, 표면이 오돌도돌함	설염(혀가 붉고 아프며 겉 피부가 벗겨짐)	비타민 B_2, 니아신, 비타민 B_6, 엽산, 비타민 B_{12}		가끔
	잇몸이 붉은색이며 붓거나 피가 나지 않음	잇몸이 붓고, 출혈이 있으며, 출혈성 점액질 분비가 있음	비타민 C		가끔
	미각, 후각 감각 양호	미각이나 후각 감퇴	Zn		가끔
뼈, 관절	근육이 잘 발달되어 있고, 피하지방이 약간 있음	늑골 주상 형상, 골단 팽윤, 휘어진 다리	비타민 D		드묾
	통증 없이 걷거나 뛸 수 있음	연화(어린이 골막하 출혈)	비타민 C		드묾
신경	정신적으로 안정됨, 정상적인 반사를 보임	두통		비타민 A	드묾
		졸음, 기면, 구토		비타민 A 비타민 D	드묾
		치매현상	니아신, 비타민 B_{12}		드묾
		부위 감각상실	티아민		가끔
		안면근육마비	티아민, P		가끔
		말초신경증(허약, 지각 이상, 운동실조, 힘줄의 반사 감소)	비타민 B_1, 비타민 B_6, 비타민 B_{12}	비타민 B_6	가끔
		테타니	Ca, Mg		가끔
심혈 관계	정상적인 심박동, 부정맥이 없고, 혈압이 정상임	심부전	비타민 B_1 (습성각기), P		가끔
		급성심부전	비타민 C		드묾
소화 기계	식욕과 소화기능이 좋고, 규칙적인 배변	식욕감소, 소화불량, 변비, 간이나 비장 비대	단백질	비타민 A	드묾

(다음 페이지에 계속)

신체 기관	임상증상 및 징후		의심되는 영양불량		빈도
	영양양호	영양불량	결핍	과잉	
기타		귀밑샘(이하선) 비대	단백질		가끔
	부종 없음	부종	단백질, 비타민 B_1		흔함
	상처회복 문제 없음	상처회복 지연, 궤양	단백질, 비타민 C, Zn		흔함

출처 : Weinser RL et al.(1993), Fundamentals of Clinical Nutrition. Mosby.

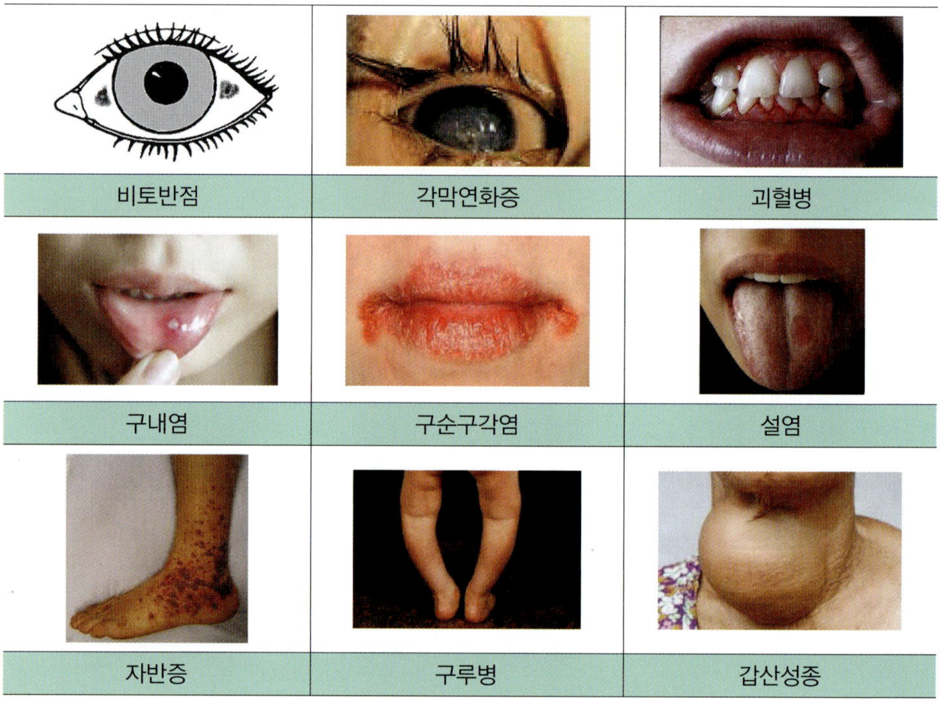

| 그림 6-1 | 영양소 결핍과 연관된 신체징후

출처: 구글 이미지.

• 다중의 임상징후를 고려해야 하는 영양판정

일반적으로 특정 영양소 결핍 징후가 많이 나타나면 특정 영양소 결핍의 가능성이 높다. 그러나 영양불량으로 나타나는 증상이나 영양불량 위험도는 대상자의 유전·환경요인에 따라 복합적으로 나타나거나 다르게 나타날 수도 있다. [표 6-4]는 영양결핍 상태라고 하더라도 여러 신체징후나 연령에 따라 영양결핍 위험도는 다를 수 있음을 제시하였다.

| 표 6-4 | 다중의 임상징후로 판정하는 영양결핍 위험도

영양결핍	임상징후	연령	영양결핍 위험도		
			낮음	중간	높은
단백질-에너지	① 경골 전방의 요입, 비대칭형 부종 ② 심한 체중부족 ③ 가벼운 체중부족 ④ 탈모	0~5세	④ 또는 징후없음	③ 또는 ③과 ④	① 또는 ②
비타민 C	① 괴혈병성 염주 ② 잇몸출혈 ③ 자반증, 점상출혈 또는 모낭 각화증(팔과 등)	0~5세	징후없음	①과 ②	① 또는 ②와 ③
		≥6세	징후없음	②또는 ③	②와 ③
비타민 D (구루병)	① 구루병성 염주 ② 두개골 연화증 ③ 휜 다리(O형) ④ 걷기 발달지연(≥18월령)	0~세	이외 조합	①과 ④를 포함하는 조합	① 또는 ②를 포함하는 조합
		2~5세	이외 조합	①과 ④	①과 ③

* 괴혈병성 염주(scorbutic rosary): 가슴에 연골과 뼈가 만나는 부분이 두꺼워져 묵주같이 큰 구슬 모양으로 변한 상태, 골 이영양증
* 구루병성 염주(rachitic rosary): 늑골에 묵주같이 큰 구슬 모양으로 연골 관절이 확대됨

출처: Gibson, R. S.(1990). Principles of nutritional assessment. Oxford University Press.

3. 주요 영양불량의 임상증상 및 징후

1) 단백질-에너지 영양불량의 임상증상 및 징후

식사로부터 단백질이나 에너지 공급이 부족하게 되었을 때 나타나는 단백질-에너지 영양불량(Protein-Energy Malnutrition, PEM)은 영양불량 정도와 양상에 따라 콰시오커(kwashiorkor)나 마라스무스(marasmus) 또는 심한 PEM 같은 임상징후를 나타낸다[표 6-5]. 콰시오커는 주로 단백질이 결핍된 상태이고, 마라스무스는 에너지와 단백질이 모두 결핍된 상태이다. 저개발국가의 기아상태인 아동에서 주로 발견되며, 일부 암이나 위장관질환, 알콜중독이나 후천성면역결핍증(AIDS) 등 소모성 질환자에서도 판정된다.

(1) 콰시오커의 임상증상 및 징후

콰시오커는 가나어로 “동생이 태어남에 따라 첫째 아이가 걸리는 병”이라는 뜻이다. 아프리카나 인도 등 저개발국가에서 어머니가 연속적인 임신을 하거나 동생을 출산하게 되면 첫아이에 대한 모유 수유가 불가능해진다. 영·유아에게 모유 대신 풀뿌리나 묽은 죽 등을 먹이는 경우 단백질 섭취량이 현저히 부족하고 상대적으로 섬유질의 섭취량은 많아진다. 게다가 독성물질(감염, 기생충감염, 곡류 곰팡이)에 쉽게 노출되는 환경에서 체내 에너지 및 단백질 필요량은 더욱 증가하는데, 이 경우 에너지 섭취는 겨우 충족되는 편이지만 단백질 필요량은 충족되지 않으면서 나타나는 증상이다.

골격근이나 체지방량은 어느 정도 유지되므로 체중은 정상에 가깝다. 심각한 혈청단백질 농도 저하는 부종이나 수종을 유발한다. 주로 발이나 다리 부종이 있고, 심하면 상반신과 얼굴에도 나타난다. 단백질 결핍은 머리카락이 잘 자라지 않거나, 건조하여 잘 부서지며, 쉽게 빠진다. 또는 머리카락이 자라는 동안 점진적으로 탈색되어 갈색, 빨강, 노랑, 흰색까지 나타나는 깃털 징후(flag sign)

가 발견된다. 성장부진, 비늘 모양의 피부, 지방간, 무감각 증상을 보인다.

(2) 마라스무스의 임상증상 및 징후

마라스무스는 그리스어로 '소모된다'는 뜻이다. 단백질과 탄수화물, 지질을 포함한 거의 모든 영양소의 극심한 결핍으로 나타난다. 영양실조로 근육과 조직이 파괴되고, 피하지방이 거의 없는 상태가 되어 뼈와 피부만 남고, 체중감소가 뚜렷하다. 뇌 성장이 감소 또는 지연되어 지적 성장이 저하된다. 혈청단백질 농도는 비교적 정상이며, 부종은 없는 편이다. 장기간의 영양실조로 신체 단백질 합성능력이 회복될 수 없을 정도로 심각해질 수 있있고, 이 경우 단백질 공급은 무의미하다. 따라서 적기의 영양판정과 부족한 영양공급이 필요하다.

(3) 심한 단백질-에너지 불량(악액질)의 임상증상 및 징후

암이나 위장관질환, 알콜중독, 후천성면역결핍증(AIDS), 및 약물과용 또는 마라스무스 상태에서 스트레스(외상, 수술, 급성질환 등)에 노출되면 심각한 수준의 PEM 또는 악액질(cachexia)상태가 된다. 대사항진으로 체내 영양 요구량은 증가하는 반면 식욕부진으로 먹지 못하거나 영양소 흡수불량으로 체지방, 골격근, 혈청 단백질 등이 모두 소모되면 체중감소가 뚜렷해진다. 피부나 모발 탈색은 동반하지 않고, 부종이 나타난다. 아동의 경우 성장부진이 가장 일반적인 징후이다. 아동의 PEM수준은 일반적으로 '나이에 대한 키 성장수준'을 또래 집단의 기준치와 비교하여 판정할 수 있고, 성인의 PEM 수준은 체질량지수(BMI)를 기준치에 비교하여 판정할 수 있다. 중요한 것은 적기에 적절한 영양공급과 영양지원(nutrition support)으로 PEM은 회복될 수 있다는 것이다.

| 표 6-5 | 콰시오커, 마라스무스 및 심한 PEM의 임상징후

항목	콰시오커 (부종성 영양실조)	마라스무스 (영양성 소모증)	심한 PEM (만성 영양실조)
체중	비교적 정상	감소	감소
	(>표준체중의 90%)	(표준체중의 80% 미만 또는 지난 6개월간 10% 이상의 근감소가 동반된 체중감소)	(<표준체중의 60%)
골격근	뚜렷한 감소 없음	감소	감소
지방조직	유지	감소	감소
부종	영양성 부종과 피부와 모발 탈색	부종 없음	영양성 부종 피부와 모발 탈색 없음
혈청 단백질	심각한 감소	비교적 정상	감소
	(알부민<3.0g/dℓ, 트랜스페린<180mg/dℓ)	(알부민>3.0g/dℓ)	(알부민<3.0g/dℓ)
면역기능	감소	감소	감소
사례*	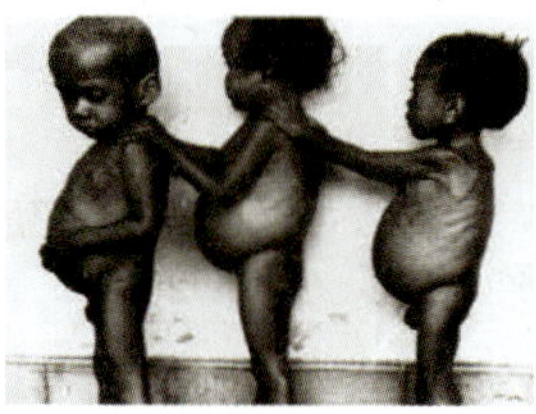	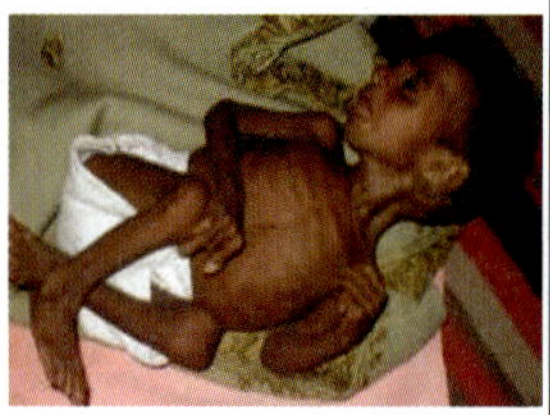	

이미지 출처: 구글 이미지

2) 비타민 영양불량의 임상증상 및 징후

비타민은 고유의 기능을 하는 필수영양소이다. 부적절한 비타민 영양상태는 여러 가지 임상증상과 징후로 나타난다[표 6-6].

| 표 6-6 | 비타민 결핍 또는 과잉으로 나타나는 임상증상 및 징후

비타민		임상증상 및 징후	
		결핍	과잉
지용성 비타민	비타민 A	야맹증, 결막 각막건조증, 각막연화증, 상피조직 퇴화, 비토반점	구토, 오심, 두통, 설사, 피부 건조, 탈모, 식욕상실, 체중감소, 자연유산, 기형아출산, 신경과민
	비타민 D	구루병, 골연화증, 골다공증	구토, 체중감소, 고칼슘혈증, 고칼슘뇨증, 연조직석회화(신장, 심장 등)
	비타민 E	용혈성 빈혈, 저체중아, 미숙아, 낭포성 섬유증	혈액응고 지연, 위장장애, 설사, 혈중중성지방 증가, 지방간, 두통, 피로감, 근육약화
	비타민 K	혈액응고장애, 신생아 출혈	과잉수준 미설정
수용성 비타민	비타민 C	괴혈병, 정상 출혈, 권태감	메스꺼움, 복통, 설사, 통풍, 두통
	비타민 B_1	건성각기: 신경장애 습성각기: 식욕부진, 소화불량	과잉수준 미설정
	비타민 B_2	구순구각염, 설염, 지루성피부염	과잉수준 미설정
	니아신	펠라그라(피부염, 설사, 치매)	모세혈관 확장, 피부 충혈, 불규칙한 심박동, 저지방혈증, 고혈당증, 두통, 시력 혼란, 소화기 장애, 간 손상
	비타민 B_6	빈혈, 체중감소, 우울증, 피부염, 구각염, 근육경련, 신경과민, 설염	무력감, 불면증, 불안정, 손발 무감각증, 운동실조
	엽산	거대적아구성 빈혈(악성빈혈), 뇌신경관손상 신생아	악성빈혈, 신장 비대
	비타민 B_{12}	거대적아구성 빈혈(악성빈혈), 신경계 손상	다혈구혈증, 여드름성 발진

3) 무기질 영양불량의 임상증상 및 징후

각각의 무기질 영양불량으로 나타나는 임상증상 및 징후는 [표 6-7]과 같다.

| 표 6-7 | 무기질 결핍 또는 과잉에 의한 임상증상 및 징후

무기질	임상증상 및 징후	
	결핍	과잉
칼슘	골연화증, 골다공증	신장결석
철분	철 결핍성 빈혈: 피부창백, 피로, 허약, 호흡곤란, 식욕부진	혈색소증: 심장, 췌장조직에 철분 축적으로 심부전, 당뇨병 유발가능
구리	면역기능 저하, 적혈구 감소, 성장장애, 내당성(glucose tolerance) 저하	윌슨병: 각막 주위에 갈색 고리 형성, 간세포 섬유화, 뇌기저핵의 진행성 변성
아연	상처회복지연, 미각 후각 저하, 식욕부진, 성장지연, 탈모증, 피부염, 면역기능 저하, 소아구성 빈혈	경련, 구토, 복통, 현기증, 혼수, 면역기능 억제, 간세포 손상
요오드	갑상샘종, 크레틴병: 갑상샘 기능 저하	갑상샘 기능 항진증
셀레늄	근육통, 심장근병, 성장 지연	복통, 오심, 구토, 현기증, 혼수, 면역기능 억제, 간세포 손상
불소	충치	치아반점

4) 섭식장애 영양불량의 임상증상 및 징후

섭식장애(eating disorders)는 생물학적 요인과 정신·사회·심리적 요인이 상호작용하여 발생하는 식행동 변화이며 영양불량이 나타난다. 생물학적 요인에는 유전적 요인과 식욕 및 포만감에 관여하는 기능 단백질이나 신경전달물질의 문제 또는 뇌 구조나 기능 이상 등이 있다. 사회적 요인은 날씬함을 강조하는 사회환경과 체중·체형에 대한 왜곡된 압력이 있으며, 심리학적 요인은 낮은 자존감, 충동 조절 장애 등이 원인으로 제기되고 있다.

(1) 신경성 식욕부진의 임상증상 및 징후

신경성 식욕부진(Anorexia Nervosa, AN) 환자는 현재 현저한 저체중 상태임에도 불구하고, 자신의 신체상을 왜곡하여 체중과 체지방이 증가하는 것을 극도로 두려워하고, 체중을 최소로 유지하고자 한다. 식후 스스로 구토를 유발하거나, 설사제, 이뇨제 등의 약물을 이용한다. 음식을 다루는 기이한 행동, 탈모, 저체중의 심각성을 자각하지 못한다. 합병증으로는 저체온, 저혈압, 부종, 무월경, 탈수, 부정맥, 우울감 등이 있으며 심하면 사망에 이를 수 있다. 최소 3회의 연속적인 무월경 상태로 판정한다. 정신과 검진과 함께 영양판정 및 영양교육이 필요하다.

(2) 신경성 폭식증의 임상증상 및 징후

신경성 폭식증(Bulimia Nervosa, BN)의 판정기준은 한 번에 많은 양의 음식을 빨리 섭취하거나 통제력이 부족한 반복되는 폭식, 체중감소를 막기 위해 구토하거나 설사제 등의 약을 사용하는 행동 등이다. 최소한 3개월 동안 1주에 평균 두 번 폭식과 부적절한 보상행동(예: 초콜릿, 아이스크림 같은 고에너지식품을 짧은 시간 내 섭취)과 체형과 체중에 대한 지나친 관심이 있는 경우로 판정한다. 그 밖에 체중 및 식욕 변화를 일으킬 수 있는 다른 질환 여부 확인을 포함하여 정신과 검진과 함께 영양판정 및 영양교육이 필요하다.

| 표 6-8 | 섭식장애 영양불량의 임상증상 및 징후

임상징후	신경성 식욕부진(거식증)	신경성 폭식증(대식증)
체중	표준체중의 85% 이하	정상 또는 과체중
신체상 왜곡	본인 체중과 체형 왜곡	본인 체중과 체형 왜곡
식행동 변화	식사거부, 제한된 식사패턴, 구토 유발, 설사제 남용	자각하지 못하는 폭식, 통제되지 않는 반복된 폭식 후 구토, 설사제 남용
체중증가에 대한 두려움	매우 강함	있음

(다음 페이지에 계속)

임상징후	신경성 식욕부진(거식증)	신경성 폭식증(대식증)
무월경	있음	-
약물남용	설사제, 이뇨제 등	설사제, 이뇨제 등
기타 임상증상 및 합병증	여드름, 건조습진(xerosis), 목 쓰림(sore throat), 부푼 타액선, 가는 모발, 변비, 설사, 부종, 치아 손실, 충치, 잇몸병, 전해질 불균형, 괴혈병, 골다공증, 펠라그라, 심장마비, 신부전, 뇌 위축(brain atrophy), 사망, 자살	

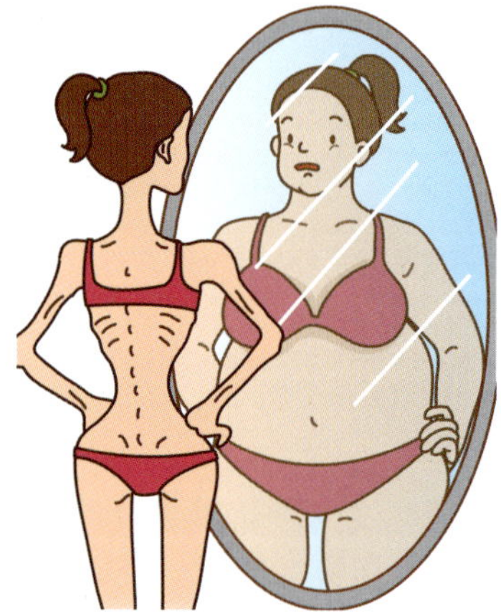
신체상 왜곡

대식

구토

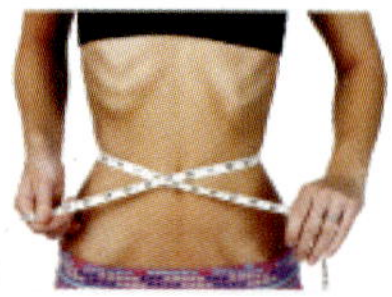
설사제 남용

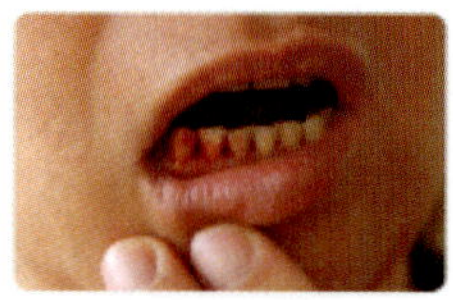
치과문제

출처:구글이미지.

4. 임상조사에 의한 영양판정

신속한 영양판정과 정확한 영양진단은 영양문제 해결과 적절한 영양관리에 매우 중요하다. 예를 들어, 입원환자의 경우 72시간 이내에 임상조사를 단계적으로 실시하여 효율적인 임상영양진단이 이루어지도록 한다. 첫 번째 단계는 환자의 영양문제 여부를 확인하는 '영양스크리닝(nutrition screening)'이다. 만일, 1단계 조사결과 영양문제가 있다고 판정되면, 두 번째 단계는 '초기영양판정'을 진행한다. 그 결과 '높은 위험도가 있다'고 판정된다면, 마지막으로 '심층영양판정'을 하는데, 보다 구체적인 자료를 수집하여 정확한 영양진단을 하고, 적절한 영양관리를 실시할 수 있다.

주관적 종합판정(Subjective Global Assessment, SGA)은 의료기관에서 실시하는 대표적인 임상조사방법이며 간략히 소개하면 아래와 같다. 구체적인 임상조사 절차와 실시방법은 7장에서 다룬다. 또한 생애주기 대상자별 주요 영양문제 판정을 위해 설계된 여러 문진표를 이용하여 영양판정을 할 수 있다(8장 참고).

- 주관적 종합판정

신체계측 조사나 생화학적 조사로 하는 영양판정은 여러 가지 측정 자료를 이용하여 평가하므로 객관적인 방법이라고 할 수 있다. 반면에, SGA는 대상자의 과거력(history: 임상력, 식사력)과 신체검사(Physical Examination, PE) 자료를 근거로 임상조사한 결과를 통합하여 조사가가 주관적으로 판정하고 해석한다는 차이가 있다. SGA는 대상자의 과거력 요소와 눈에 띄는 임상징후 요소에 대한 자료를 수집하고, 이들 자료를 종합적으로 검토하여 환자의 영양상태 수준을 평가한다[그림 6-2].

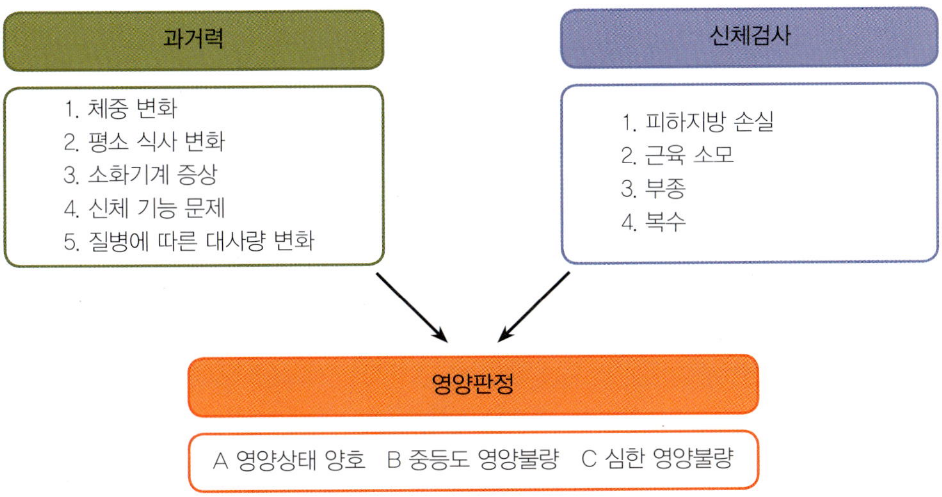

| 그림 6-2 | 주관적 종합판정의 체계

5. 임상조사에 의한 영양판정의 장점 및 제한점

임상조사로 하는 영양판정과정에서 조사자는 대상자의 신체변화와 임상징후를 정확하게 파악하고 판단할 수 있어야 한다. 따라서 조사자의 지속적인 훈련과 관리는 매우 중요하며, 또한, 임상조사로 하는 영양판정의 장점 및 제한점도 인식할 필요가 있다.

1) 임상조사에 의한 영양판정의 장점

(1) 저렴한 비용

임상조사는 특별한 분석 장비나 공간이 불필요한 편이므로 다른 영양평가 방법에 비해 상대적으로 비용이 저렴하다.

(2) 높은 효율성

영양불량이 심각한 지역사회에서 임상증상이나 징후에 의한 영양판정을 수행할 경우 비교적 단시간에 가치 있는 정보를 얻고 영양문제를 파악할 수 있다.

(3) 영양불량 또는 질병에 대한 단서 제공

대상자가 호소하는 임상증상이나 징후로부터 식사조사나 생화학적 평가로 측정할 수 없는 영양불량의 단서를 제공할 수 있다. 문진과 관찰을 통하여 다른 질병의 징후를 찾아낼 수도 있으므로 질병의 진단과 치료에 도움이 된다.

2) 임상조사에 의한 영양판정의 제한점

(1) 낮은 예민도

임상징후는 부적절한 영양섭취가 상당 기간 지속되는 상태에서 발현된다. 따라서 임상징후를 통하여 조기에 영양문제를 발견하기에는 어려움이 있다. 임상조사에 의한 영양판정은 입원환자의 경과나 2차성 영양불량을 진단하는 데에는 적합할 수 있다. 그러나 일반적으로 영양상태가 양호한 지역사회에서 임상조사의 가치는 크다고 할 수 없다.

(2) 낮은 특이성

실제로 임상징후들은 특정 영양소 섭취 문제보다는 여러 영양소에 의한 복합적인 결과이거나 또는 환경이나 유전요소 등 영양문제 이외의 요인에 의해서도 나타날 수 있다. 예를 들어, 모낭각화증은 비타민 A 결핍뿐만 아니라 습진이나 알레르기 반응의 영향을 받고, 비토반점은 기후의 영향을 받으며, 구순구각염은 비타민 B_2 결핍은 물론 니아신 결핍 시에도 나타나고, 설염은 비타민 B_2·니아신·엽산·비타민 B_{12} 결핍과 연관된다. 더욱이 영양불량 정도가 경증이거나 중등도인 경우 신체에 나타나는 임상징후들은 특이성이 더욱 감소한다.

(3) 양방향성

영양불량에 의한 임상징후는 영양결핍뿐만 아니라 영양회복 단계에서도 나타날 수 있어서 정확한 판정이 어렵다. 예를 들어, 간 비대증은 단백질-에너지 영양불량 상태에서 나타나지만 치료기간 중에도 나타난다.

(4) 복합성

영양불량은 실제로 한 가지 이상의 여러 가지 영양소 결핍이 공존하는 경우가 많은데, 임상징후 또한 다중적으로 나타나므로 정확한 판정이 어렵다. 예를 들어, 단백질과 아연 결핍 또는 비타민 B_2·니아신·비타민 C 결핍이 동시에 복합적으로 나타날 수 있다.

(5) 개별성

영양불량에 의한 임상징후는 연령, 유전, 활동수준, 환경, 식사형태, 영양불량의 진행속도, 영양불량 기간 등에 따라 개인차가 있고 다르게 나타난다.

(6) 주관성

임상조사에 의한 영양판정은 조사자의 주관적인 평가이므로 조사자의 자질과 경험에 따라 같은 임상징후임에도 불구하고 일관된 평가가 이루어지지 않을 수 있다. 조사자에 따라 부정확한 조사방법을 선택하거나 편견에 의하여 평가 오류가 발생할 수 있다. 조사자에 의한 편견(bias)은 임상징후를 규정하는 기준(criteria)을 표준화하고, 조사자 훈련을 강화하여 줄일 필요가 있다.

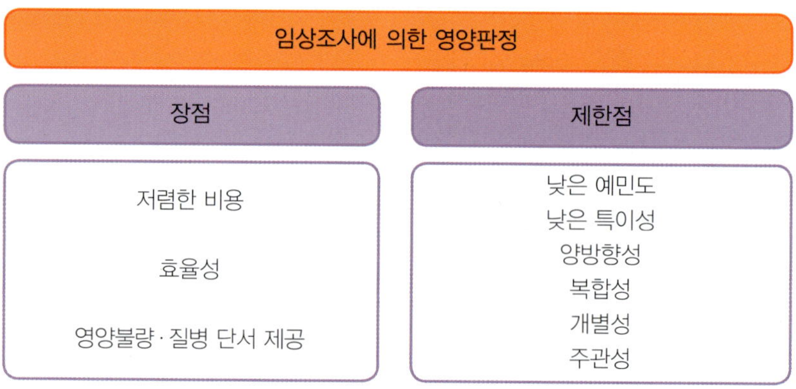

| 그림 6-3 | 임상조사에 의한 영양판정의 장점 및 제한점

실습 임상조사에 의한 영양판정 실습: 사례 연구

1. 실습목적

대상자의 임상증상과 징후를 바탕으로 영양상태를 판정하고 임상조사에 의한 영양판정의 장점과 제한점을 이해한다.

2. 사례(Case Study)

17세 여자 고등학생 A는 대학입시준비에 몰두하고 있다. A의 키 160cm이며, 평소 체중이 57kg이었는데, 지난 6개월 동안 체중이 7kg 줄었다. A는 안색이 창백하며, 식욕이 없고, 몹시 피로하다. 요즘은 양치질할 때마다 잇몸에서 피가 난다.

3. 영양위험요인 분석 및 영양판정하기

A의 신체자료와 임상증상자료를 바탕으로 영양위험요인을 설명하고, 영양판정 절차를 서술한다.

4. 토의: 임상조사에 의한 영양판정의 장점과 제한점을 중심으로 토의해 본다.

5. 결론

CHAPTER
7

입원환자영양판정활용

병원에 입원하는 환자의 20%~50%가 영양불량위험 요인을 가지고 있고, 그 중 약 75%가 입원 기간 중 영양불량이 악화된다고 한다. 영양불량은 질병 치료 지연, 감염률, 합병증 발생률, 사망률을 증가시키고 재원기간을 늘려 결과적으로 의료비용을 상승시킨다. 영양불량환자에서 발생 가능한 이러한 문제점을 해결하고, 적절한 영양지원을 시행하기 위하여 국내·외 병원에서는 영양집중지원팀(Nutrition Support Team, NST)을 조직하여 운영하고 있다. NST는 각 병원에서 활동하는 의사, 간호사, 약사, 영양사로 이루어진 다학제 팀으로 국내에는 2014년 8월 '집중영양치료(therapy by nutrition support team)'로 수가화 적용 이후 NST활동에 대한 관심이 증가되어 현재 2차 및 3차 의료기관을 중심으로 설치·운영되고 있다. 집중영양치료를 위해서는 입원환자의 정확한 영양상태 평가 및 영양불량환자의 선별·관리가 필요한데, 이를 위하여 각 병원에서는 영양검색도구(nutritional screening tool)를 사용하여 초기영양평가를 실시하고 있다.

1. 영양관리과정

최근 임상영양사가 수행하는 임상영양치료(Medical Nutrition Therapy, MNT)의 전문적이고 표준화된 업무를 위해 우리나라에서도 미국영양사협회(Academy of Nutrition and Dietetics, AND)에서 제시한 영양관리과정을 사용하여 환자를 상담하고 관리하는 의료기관이 크게 증가하고 있다. 이 과정은 환자의 영양 문제에 대한 체계적인 해결방법과 근거 중심의 영양관리 업무를 통하여 질적으로 향상된 영양치료를 제공하는 데 기여하고 있다.

영양관리과정(Nutrition Care Process, NCP)이란 '영양전문가가 영양과 관련된 문제에 대해 의사결정을 내리고 비판적 사고를 하는 데 사용되는 체계적인 문제해결 방법으로 질 높은 영양관리를 안전하고 효율적으로 제공한다.'로 정의된다. 영양관리과정은 모든 대상에 대한 영양관리의 내용을 표준화하는 것이 아니라 전문적인 영양서비스를 제공하는 과정을 표준화한 것이다. 영양관리과정은 식품영양전문가들에게 경험중심 실무(experience-based practice)를 넘어 근거중심 실무에 도달하도록 만들어졌으며, 식품영양전문가에게 과학적이고 총체적으로 영양치료과정을 다룰 수 있도록 하였으며 이는 환자의 건강회복과 영양치료의 목표에 도달할 수 있도록 도움을 준다. 영양관리과정은 ① 영양판정, ② 영양진단, ③ 영양중재, ④ 영양모니터링 및 평가로 상호 연관된 4단계로 이루어진다.

1) 영양판정

영양관리과정의 첫 번째 단계인 영양판정(nutrition assessment)은 영양관련 문제를 파악하기 위한 자료를 수집하고 분석하는 체계적인 과정이다. 영양판정은 초기 자료수집에 그치지 않고 계속적인 재평가와 환자·고객·집단의 상태를 분석하는 역동적인 과정이다. 영양판정은 식품 및 영양소와 관련된 식사력 영역, 생화학적 자료/의학적 검사와 처치 영역, 신체계측 영역, 영양관련 신체검사 자료 영역, 환자의 과거력 등으로 크게 5개 영역으로 구성되며, 영양판정은 영양관리과정(NCP)의 다음 단계인 영양진단을 위한 근거를 제공한다.

2) 영양진단

영양진단(nutrition diagnosis)은 영양관리과정의 두 번째 단계로 현재 지닌 문제점이나 위험요인, 잠재적인 영양문제를 규명하고 식별하며 영양전문가가 독립적으로 중재할 수 있는 영양문제를 규명하는 단계이다. 환자의 식사섭취량이 부족한 원인과 문제점을 파악하기 위해 영양진단문은 대상자와의 면담을 통해 파악한 병원식사섭취량의 저조한 원인을 병인(etiology)으로 하여 그에 따른 문제(problem)와 징후 · 증상(signs and symptoms)을 기술하는 PES 문장 형식으로 [표 7-2]와 같이 서술한다.

| 표 7-1 | 자주 사용하는 영양진단용어 (당뇨병)

섭취영역	임상영역
□ 에너지 섭취 부족	□ 위장관 기능 변화
□ 에너지 섭취 과다	□ 영양관련 검사 결과 변화(구체적 명기)
□ 경구 섭취 부족	□ 음식-약물 상호작용
□ 경구 섭취 과다	□ 비의도적 체중감소
□ 단백질 섭취 부족	□ 과체중 · 비만
□ 단백질 섭취 과다	**행동 · 환경영역**
□ 지방 섭취 과다	□ 식품 및 영양 관련 지식 부족
□ 부적절한 지방 섭취(구체적 명기)	□ 식사 · 생활양식 변화에 대한 준비 부족
□ 당질 섭취 부족	□ 자기 모니터링 부족
□ 당질 섭취 과다	□ 영양 관련 권장사항에 대한 순응도 부족
□ 부적절한 당질종류의 섭취(구체적 명기)	□ 바람직하지 못한 식품 선택
□ 불규칙한 당질 섭취	□ 신체활동 부족
□ 섬유소 섭취 부족	□ 자기 관리 의욕 부족 또는 능력 부족
□ 무기질 섭취 과다	□ 식품 · 식사준비능력 장애
□ 알코올 섭취 과다	□ 기타

| 표 7-2 | 당뇨병 임상영양치료 영양진단문의 예

P(문제)	E(원인)	S(징후·증상)
당질섭취 과다	식품영양지식 부족	탄수화물 섭취 330g(73% of total energy)
		국수, 떡, 빵, 고구마, 과일, 음료수 과다 섭취
	당질식품 선호하는 식습관	식후 혈당 250mg/dℓ, 당화혈색소 8.2%
당질 섭취 부족	잘못된 신념과 태도	탄수화물이 혈당을 올린다고 생각하여 무조건 제한하려고 함
	식품영양지식 부족	밥은 안 먹고 어육류와 야채 위주의 식사를 함
에너지 섭취 과다	식품영양지식 부족	BMI 27.1
경구 섭취 과다	식사·생활양식 변화에 대한 준비 부족	체중증가 5kg/6개월
		섭취량 2,500~2,700㎉/일 (권장량 2,000㎉/일)
불규칙한 당질 섭취	불규칙한 식사와 생활패턴	주 3회 이상의 잦은 저혈당과 고혈당 발생
	식사 관련 의지 부족	HbA1C 10.2% 주 2~4회 고당질 야식 섭취함
부적절한 당질 종류의 섭취	식사 관련 지식 부족	당뇨병 최근 진단받음, 당뇨병 교육 경험 없음
		하루 1끼 이상 식사 대신 단순당 함량이 많은 식품 섭취
		갈증으로 1일 음료수 1ℓ 이상 마심
지방 섭취 과다	잦은 회식 모임	주 2~3회 삼겹살+소주 1병/회
		콜레스테롤 263mg/dℓ
		체중 증가 4kg/3개월
섬유소 섭취 부족	식사준비 어려움	1일 야채 섭취 3교환 이내
		변비(+)
나트륨 섭취 과다	식품영양 지식 부족	고염식품 섭취 매끼 1~2회
	나트륨 고함량식품 선호하는 식습관	국·찌개 국물 과다 섭취
영양 관련 검사 결과 변화(고혈당)	최근 당뇨약 복용 안 함	당화혈색소 7.5→8.7%
	겨울철 운동 안 함	
신체활동 부족	회사일 바쁨	체중 증가 2kg/1개월
식사·생활양식 변화에 대한 준비 부족	식사 관련 의지 부족	식사준비의 중요성에 대한 지식은 있으나 스스로 준비하는 것을 거부
자기 모니터링 부족	식사·생활양식 변화에 대한 준비 부족	식사기록 안 해옴, 자가혈당측정 안 함

3) 영양중재

영양중재(nutrition intervention)는 영양관리과정의 세 번째 단계로 영양 관련된 행동이나 위험요인, 환경적 요인, 건강상태 측면의 변화를 목표로 계획된 행동을 말한다. 영양중재는 계획과 실행, 두 개의 밀접한 연관을 가진 요소로 구성된다. 영양중재는 영양진단과 병인에 따라 영양중재 방법을 선택한다. 영양섭취, 영양관련 지식이나 행동, 환경조건을 변화시키거나 지원 가능한 관리 및 서비스에 접근할 수 있는 영양중재 전략을 선택한다. 영양중재의 목표는 모니터링 과정과 측정 결과의 근거를 제공하는 것이며, 영양중재 전략은 식품영양소 제공, 영양교육, 영양상담, 영양관리를 위한 다분야 협의 등 4개의 영역으로 나뉜다.

| 표 7-3 | 영양중재 4영역 및 각 중재 예시

영역	예시
식품·영양소 제공	식품·영양소를 제공하는 개별화된 방법으로 식사와 간식, 장관이나 정맥영양 지원 및 보충제 등이 포함됨
영양교육	환자의 건강증진 또는 유지를 위해 스스로 식품을 선택하고 식습관을 교정·관리하는 데 도움이 되는 지식을 가르치거나 기술을 교육·훈련시키는 정형화된 과정
영양상담	상담자와 환자 간의 상호협동적인 관계를 통해 우선순위와 목표, 그리고 개별적인 실천계획을 설정하도록 도와 환자가 자기관리에 대한 책임감을 갖도록 하고, 환자 개인의 건강상태를 치유하거나 개선하도록 도와주는 과정
영양관리를 위한 다분야 협의	영양관련 문제의 치유나 관리를 도울 수 있는 다른 분야의 전문가나 기관, 대행기관에 영양관리를 위해 의뢰하거나 협의하는 과정

(다음 페이지에 계속)

<table>
<tr><th colspan="5">근거중심 권고사항의 예상결과와 목표</th></tr>
<tr><th>구분</th><th>판정요인</th><th colspan="2">예상되는 결과</th><th>임상영양치료 목표</th></tr>
<tr><td rowspan="4">식품·영양소 제공</td><td>식품섭취
(탄수화물에 초점)</td><td colspan="2">· 임상영양치료 시행, 약물, 고정인슐린 사용 시 일정한 당질 섭취 시행
· 1형 당뇨병, 식사인슐린 사용 시 당질섭취에 따른 인슐린 주사량 조정</td><td>다양한 방법을 이용한 영양중재
· 에너지와 지방 섭취량 감소
· 당질 계산
· 간단한 식사 계획
· 건강한 식품 선택
· 개별적인 식사 계획 전략
· 교환 목록 이해
· 인슐린·당질비 사용
· 행동 전략</td></tr>
<tr><td rowspan="3">단백질 섭취량</td><td>신기능 정상</td><td>변경사항 없음</td><td rowspan="3">· 미세알부민뇨증의 진행속도 지연
· 저알부민혈증 예방</td></tr>
<tr><td>당뇨병성 신기능 장애</td><td>≤1g protein/kg/d</td></tr>
<tr><td>만성콩팥병 3~5단계</td><td>0.8g protein/kg/d</td></tr>
<tr><td rowspan="9">영양교육</td><td>혈당조절</td><td colspan="2">목표 범위 내의 혈당 유지</td><td>· 6.5% 이하의 당화혈색소 혹은 저혈당 없이 정상범위 유지 (4~6%)
· 공복혈당 80~120mg/dℓ
· 식후 혈당 180mg/dℓ 미만</td></tr>
<tr><td>대사조절</td><td colspan="2">총콜레스테롤↓
중성지방↓ 혹은 유지
Non-HDL-콜레스테롤↓
(중성지방>200mg/dℓ일 때)
LDL-콜레스테롤↓
HDL-콜레스테롤↑ 혹은 유지
목표범위의 혈압 유지</td><td>· LDL 콜레스테롤<100mg/dℓ
· 혈압<140/80mmHg</td></tr>
<tr><td>신장기능</td><td colspan="2">미세알부민 정상범위
(<30μg/mg 크레아틴)</td><td>미세알부민 정상범위
(<30μg/mg 크레아틴)</td></tr>
<tr><td>일정한 당질 섭취</td><td colspan="2">식사와 간식에서 일정한 탄수화물 섭취(특히 임상영양치료시행, 약물, 고정인슐린 사용자)</td><td>혈당조절 향상
고혈당·저혈당 횟수 감소</td></tr>
<tr><td>1형 당뇨병, 식사인슐린 사용</td><td colspan="2">탄수화물섭취에 따른 인슐린 주사량 조정</td><td>혈당조절 향상
고혈당·저혈당 횟수 감소</td></tr>
<tr><td>심장질환 예방효과의 영양중재</td><td colspan="2">포화지방, 트랜스지방, 식이 콜레스테롤 감소, 혈압개선</td><td>심혈관 질환 위험 감소</td></tr>
<tr><td rowspan="2">신체활동</td><td colspan="2">1형 당뇨병: 정기적인 식체활동 권장</td><td>심혈관 질환 위험 감소와 웰빙 유지</td></tr>
<tr><td colspan="2">2형 당뇨병: 주 3회 근력운동과 매주 90~150분의 중간 강도의 유산소운동(예: 에어로빅)</td><td>혈당조절 개선, 인슐린민감도 향상, 심장질환 발생위험 감소, 삶의 질 향상</td></tr>
<tr><td>체중관리</td><td colspan="2">체중감소 또는 적절한 체중 유지</td><td>적절한 체중 유지 또는 5~10% 감량</td></tr>
</table>

(다음 페이지에 계속)

근거중심 권고사항의 예상결과와 목표			
구분	판정요인	예상되는 결과	임상영양치료 목표
영양상담	개인의 의지, 변화하려는 의지, 변화를 만들 수 있는 능력	개인의 목표에 도달할 수 있는 변화단계에 도달하도록 지지	다양한 방법을 이용한 영양중재 · 에너지와 지방 섭취량 감소 · 당질 계산 · 간단한 식사 계획 · 건강한 식품 선택 · 개별적인 식사 계획 전략 · 교환 목록 이해
	혈당 모니터링(임상영양치료 단족, 경구약 병행 대상)	· 최소 3~8회(빈도 · 시간은 혈당관리목표와 치료에 따라 다름) · A1C 상승, 원인불명의 고혈당, 저혈당 시 지속적 모니터링 필요 · 눈금 읽는 방법, 결과 해석하는 방법 이해 (*저혈당, 고혈당을 경험한 환자: 지속적인 모니터링 필요)	· 당뇨병관리를 위해 SMBG 사용 · 인슐린 주입량, 음식섭취량, 활동량 조절 · 지속적인 혈당 모니터링으로 얻는 자료를 활용하여 혈당변화 줄임
영양관리를 위한 다분야 협의	치료의 조정	다른 학문분야와 한 팀이 되어 치료를 조정	전반적인 당뇨병 관리를 위한 임상영양치료 통합

출처: ADA Diabetes mellitus Toolkit, 2011

4) 영양모니터링 및 평가

영양모니터링 및 평가(nutrition monitoring and evaluation)는 영양관리과정의 네 번째 단계로 영양관리의 진행된 정도를 평가하고 목적을 달성하였는지 알아보는 것으로 단지 어떤 일이 일어났는지 '관찰'하는 과정을 넘어 영양진단과 중재전략과 관련된 적절한 결과지표를 측정하고 기록하는 활동이다). 영양관리과정은 임상영양사가 일관된 접근방법으로 영양관리를 시행하고, 비판적인 사고방식을 향상시키며, 영양사의 전문성을 부각시키고 영양사의 영양관리가 어떻게 환자의 예후를 증진시킬 수 있는지를 설명하는 데 도움을 줌으로써 지속적으로 질 향상을 돕는다.

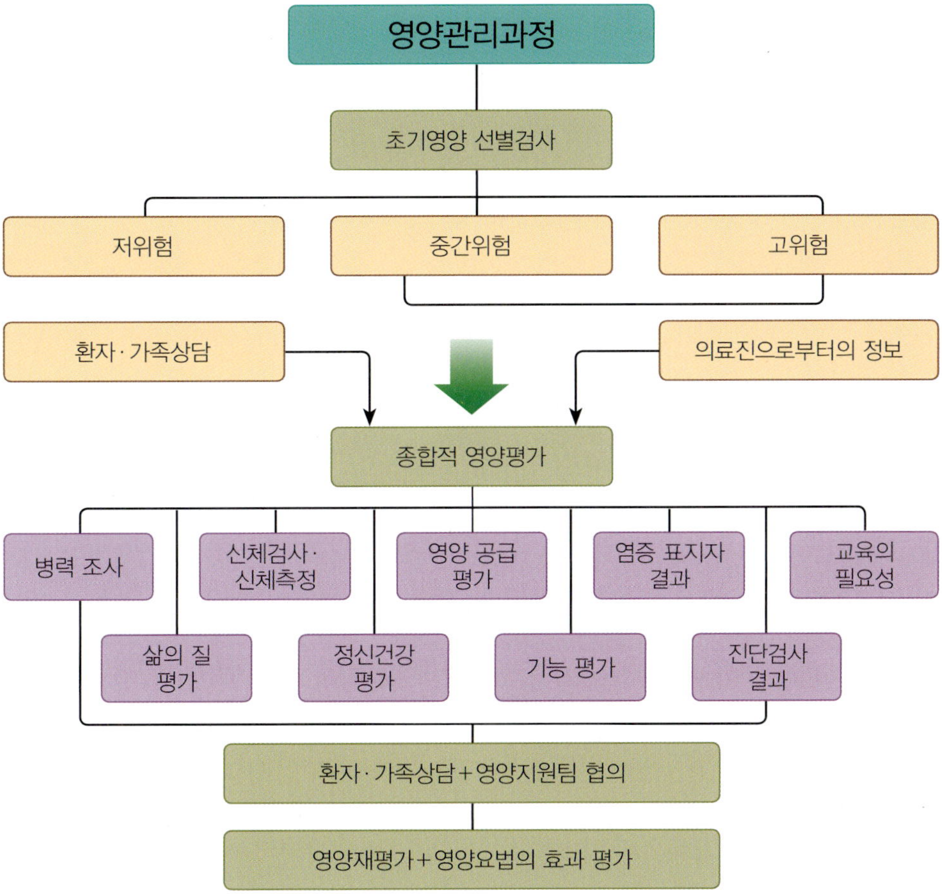

| 그림 7-1 | **입원환자의 통합적 영양관리과정**

2. 입원환자 영양검색

입원환자의 영양불량 여부는 환자의 향후 임상적 결과에 영향을 미치는 주요 요인으로 알려져 있다. 영양불량으로 선별된 환자들이 영양상태가 양호한 환자들에 비해 처방을 받게 되는 횟수와 감염 횟수가 유의적으로 증가한 것이 보고되고 있다.

입원 초기에 영양불량 위험환자를 찾아내어 적기에 영양판정을 시행하는 것은 이런 영양불량을 최소화시킬 수 있는 과정으로 매우 중요하다. 일반적으로 병원에 입원한 환자에서 주로 문제가 되는 것은 영양결핍이며, 영양불량이란, 말은 통상적으로 영양결핍이란 의미로 사용되고 있다. 영양불량 비율은 대상 환자군에 따라 다르나 입원환자들이 초기 영양불량 비율은 약 20~60%를 차지하는 것으로 보고되고 있다. 입원환자 영양불량은 재원일수, 재입원율 및 환자의 병원비용 부담 증가, 그리고 사망률 및 합병증 발생의 증가와 밀접한 관련성이 있어 정확한 평가와 대처가 중요하다.

환자의 영양판정을 위해서 병력조사, 환자면담을 통한 식사력 조사 및 임상적 증세관찰, 신체계측조사, 생화학검사 등의 자료가 수집되어야 한다. 수집된 자료를 기초로 하여 영양불량이거나 영양불량의 위험도가 높은 환자에게 적절한 치료를 위해서 환자의 영양상태를 판정하고 구체적인 영양요구량을 추정하며 적절한 임상영양치료계획을 세우고 실시한 후 그 결과를 평가한다.

환자의 영양판정은 영양검색(nutrition screening), 초기 영양판정(initial nutrition assessment), 심층영양판정(indePTH nutrition assessment)의 3단계로 진행한다.

1) 영양검색

입원환자의 영양불량 위험도가 높을수록 합병증과 감염에 대한 위험이 증가하고, 이로 인해 재원기간과 사망률, 의료비 지출이 증가하게 된다. 따라서 영양불량 상태의 환자에게 적절한 영양지원을 시행하는 것은 환자의 영양상태 개선뿐만 아니라 질병의 회복에도 중요한 일이라 할 수 있으며, 이에 따라 환자의 정확한 영양상태 판정을 위한 전 단계인 영양검색의 중요성이 강조되고 있다.

영양검색은 영양불량 환자나 영양불량 위험도가 높은 환자를 선별하는 과정을 말하는 것으로, 지정된 영양위험요인의 기준에 따라 각 환자의 영양상태를 판정하고 영양불량의 위험 정도를 결정하는 작업이다. 그러므로 영양검색은 영양관리계획을 필요로 하는 환자들의 우선 순위를 정할 때 이용되는 효과적인 방법이며, 영양검색을 통해 입원 초기에 환자들의 영양상태를 정확하게 판정하여 적정한 영양공급을 시행하는 것은 매우 중요하다.

미국의 의료기관인증합동위원회(the Joint Commission on Accreditation of Healthcare Organizations, JCAHO)는 입원한 환자들을 대상으로 초기 영양검색을 실시하여 영양불량 위험도가 있는 환자를 선별하고 임상영양사가 이들에 대한 포괄적인 영양판정을 하며 적절한 영양치료계획을 수립한 후 이를 시행할 것을 규정하고 있다. 그리고 JCAHO에서는 입원환자의 영양적 위험을 입원 초기부터 관리하기 위해 입원 후 24시간 이내에 영양평가를 실시할 것을 권고하고 있다.

우리나라의 의료기관인증 조사기준에서도 입원환자의 초기영양평가 수행여부를 포함하고 있으며, 입원 24시간 이내에 영양검색(nutrition screening)을 수행하는 것을 평가 기준으로 하고 있다. 입원환자의 초기 영양평가를 위한 영양검색은 영양위험요인의 기준을 환자의 정보와 비교하여 영양적 문제를 가진 환자를 분류해 내는 것을 목적으로 하며, 단시간에 많은 환자를 대상으로 이를 수행할 수 있는 도구이다. 영양선별검사는 환자 중에서 영양불량상태인 환자를 찾아내고 영양불량의 위험이 있으면서 영양지원 효과가 있을 환자를 미리 발견하는 것을 목적으로 한다.

Tip !

Subjective Global Assessment(SGA)

영양상태 평가는 영양사가 Subjective Global Assessment (SGA)를 이용하였으며 의무기록과 면담법을 통해 시행하였다. SGA에는 체중변화, 경구섭취량의 변화, 소화기 증상, 활동 정도, 대사적 스트레스 정도, 신체 증상 등이 포함되어 있고, 환자의 영양상태는 영양사가 총괄적으로 판단하여 A(well-nourished), B(moderately malnourished), C(severely malnourished) 3군으로 판정한다.

영양불량의 판정 도구로서 사용한 SGA는 주관적 평가도구로서의 제한점을 가지고 있음에도 객관적 자료만을 이용하는 평가보다 신체의 영양상태를 잘 반영하므로 여러 선행연구의 표준도구로 대표되고 있다. 영양불량도를 섬세하게 숫자화할 수 없고, 평가자의 주관에 따라 결과값이 달라질 수 있다는 단점을 보완하기 위해서는, 표준화된 영양판정 도구의 개발 및 영양평가자의 숙련도가 뒷받침되어야 할 것이다.

| 표 7-4 | **대표적인 환자 영양검색도구**

- Patient-Generated Subjective Global Assessment(PG-SGA)-암환자
- Mini-Nutritional Assessment(MNA)-노인환자
- Malnutrition Screening Tool(MST)
- Malnutrition Universal Screening Tool(MUST)-성인환자
- Nutritional Risk Screening 2002(NRS 2002)-입원환자

최근 많이 사용되고 있는 입원환자의 영양불량 위험을 진단하기 위한 대표적인 영양검색 도구로는 가장 오래된 Subjective Global Assessment(SGA), Patient-Generated Subjective Global Assessment(PG-SGA), Malnutrition Universal Screening Tool(MUST), Short Nutritional Assessment Questionnaire(SNAQ), 유럽정맥경장영양학회에서 추천하는 Nutritional Risk Screening 2002(NRS 2002), 비교적 간단하면서도 암환자에게서 효용성이 증명된 Malnutrition Screening Tool(MST), 노인환자들을 대상으로 개발된 Mini Nutritional Assessment-Short Form(MNASF) 등이 있다. SGA를 변형한 PG-SGA는 영양과 관련된 증상과 단기간의 체중 변화, 병력에 대한 내용 등이 반영되어 있고, 평가항목들을 구체적

으로 점수화시켜 영양불량을 판단하는 도구로서 SGA보다 타당도와 신뢰도가 높다. PG-SGA는 환자에 대한 직접면담방식으로 영양문제를 평가하기 때문에 제한된 인력과 시간범위 내에서 수행해야 한다는 어려움이 있어 진단에 필요한 시간 및 비용적 측면에서 현실적인 제한이 된다는 단점이 있다. 따라서 검색도구보다는 영양판정도구로서 성격이 강하다. 하지만 이들 모두 일부 환자군에서만 타당성이 검증되어 모든 환자에게 유용한 표준 영양검색 도구라 말하기 어려우며 특히, 국내 환자의 특성에 맞게 개발된 영양검색도구는 거의 없는 실정이다. 그러므로 각 기관의 환자군에 적합하면서 검증된 영양검색 프로그램을 개발, 적용하는 것이 매우 중요하다.

영양위험상태의 환자 식별

선별검사(screening)

입원 후 24시간 이내에 초기 선별 검사를 실시한다.

초기 선별검사

초기 선별검사	예	아니오
체질량지수(BMI)<20.5kg/m^{2}인가?	☐	☐
지난 1주 동안 음식 섭취가 감소하였는가?	☐	☐
지난 3개월 동안 체중이 감소하였는가?	☐	☐
주요 질병이 있는가? (예: 만성질환)	☐	☐
- '예'를 1개 이상 선택한 경우라면 최종 선별검사를 실시한다.	☐	☐

'예'가 1개 이상인 경우	➡	최종 선별검사 실시
모두 '아니오'인 경우	➡	초기 선별검사를 매주 반복
주요 침습적 절차 전	➡	예방적인 영양 요법 고려

최종 선별검사

점수	영양상태등급	점수	질병 중증도(예)
0 낮음	정상영양상태	0 낮음	대사 장애가 없고 영양 요구량이 정상임
1 경증	3개월 동안 체중이 >5% 감소한 경우 또는 이전 주의음식 섭취가 정상 요구량의 50~75%인 경우	1 경증	고관절 골절, 만성 질환으로 특히 급성 합병증을 동반하는 경우: 간경변증, COPD, 만성 혈액 투석, 당뇨병, 암
2 중등증	2개월동안 체중이 >5% 감소한 경우 또는 BMI 18.5~20.5+ 전신상태 장애가 있는 경우 또는 이전 주의음식 섭취가 정상 요구량의 25~60%인 경우	2 중등증	복부의 대수술, 중증 염증성 질환, 뇌졸중, 중증 폐렴, 혈액암, 장폐색
3 중증	1개월 동안 체중이 >5% 감소한 경우(3개월 동안 >15%) 또는 BMI<18.5+ 전신상태 장애가 있는 경우 또는 이전 주의 음식 섭취가 정상 요구량의 0~25%인 경우	3 중증	중환자실 환자(APACHE>10), 두부 손상, 골수 이식, 주요 졸중(apoplexia), 중증 감염(패혈증), 화상>50%, 중증 급성 췌장염

☐ 점수 + ☐ 점수 = 총점 ☐

연령이 ≥70세이면: + 1 = 연령 보정 총점 ☐

NRS2002 평가 및 조치

0점=위험 없음	스크리닝을 매주 반복한다. 수술 계획이 있는 경우:수술 전 영양요법을 고려한다.
1~2점=위험 증가	스크리닝을 매주 반복한다. 수술 계획이 있는 경우: 수술 전 영양 요법을 고려한다.
≥3점=고위험	위험 수준≥3인 환자는 영양 요법을 요한다.

| 그림 7-2 | Nutrition risk screening 2002(NRS)를 통한 영양선별 검사 및 영양평가

2014년 국내 상급종합병원과 전국 분포 종합병원을 대상으로 시행한 임상영양현황 설문조사 결과에 따르면 전체 99개 병원(상급종합병원 35개, 종합병원 64개) 중 77개(77.8%)의 병원에서 초기영양검색을 시행하고 있고, 특히 상급종합병원의 경우 97%에 해당되는 것으로 나타났다. 전체 병원 중 81.8%의 병원에 전산화 시스템이 구축되어 있었고, 대부분의 병원(상급종합병원 91.4%, 종합병원 96.8%)은 각 병원 상황에 맞게 자체 개발된 영양검색도구를 이용하고 있었다. 또한, 영양검색도구에 사용되는 지표를 확인한 결과, 병원 유형에 관계없이 혈중 알부민(albumin)이 가장 많은 비중을 차지하였고, 그 외에 총 림프구수(Total Lymphocyte Count, TLC), 표준체중백분율, 나이, BMI, 체중변화, 진단명, 식사력, 섭취량 변화 순서인 것으로 조사되었다 서울대학교병원은 1,782개의 병상 규모를 가진 의료기관으로 병원 실정에 맞게 자체 개발된 SNUH-NSI 도구를 사용하여 전체 입원환자를 대상으로 입원 후 24시간 이내에 영양검색을 실시하고 있다. 여러 국내 병원에서 사용하고 있는 영양검색도구 및 그 외 여러 병원의 영양검색프로그램은 [표 7-6]과 같다.

| 표 7-5 | 서울대학교 영양스크리닝 도구 [Seoul National University Hospital–Nutrition Screening Index(SNUH–NSI)]

Variable	R1	R2	R3
Appetite	Bad	-	Normal/good
Change of weight	Yes	-	No
Difficulty in digesting	-	Yes	No
Diet type	Fluid diet	Soft blended diet or NPO	Normal regular diet
Serum-albumin (g/dℓ)	<2.8	2.8~3.3	≥3.3
Serum-cholesterol (mg/dℓ)	-	<130	≥130
Total lymphocyte count(cells/mm^3)	<800	800~1,500	≥1,500
Hemoglobin(g/dℓ)	-	Male<13.0 Female<12.0	Male ≥13.0 Female ≥12.0
C-reactive protein (mg/dℓ)	-	>1	≤1
Body mass index (Kg/m^2)		<18 or ≥25	18~25
Age (y)	-	>75	≤75
Staus of malnutrition	• P1; High risk group of malnutrition; (more than 2 of R1) or (1 of R1 and more than 2 of R2) • P2; Medium risk group of malnutrition; (1 of R1) or (more than 2 of R2) • P3; Low risk group of malnutrition; the others		

R=risk factor; NPO=nothing by mouth.

| 표 7-6 | 국내 의료기관의 영양검색 도구 예시

국내병원	자체영양검색도구	Contents
(a) Yonsei University Gangnam Sev-erance Hospital	Nutritional Risk Screening Tool(NRST)	NRST=albumin×1+age×2.5+Hct%×1.5+TLC×2* (*Coding: albumin<3.5 g/dℓ: 1, ≥3.5 g/dℓ: 0; age>65y: 1, ≤65y: 0; Hct<37%: 1, ≥37%: 0; TLC<1,800 cells/mm^3: 1, ≥1,800 cells/mm^3: 0)
(b) National Cancer Center	Malnutrition Screening Tool for Cancer pa-tients(MSTC)	MSTC scoring=−0.116+(1.777×intake change)+(1.304×ECOG)+(1.568×wt change)+(−0.187×MBI), P=exp(MSTC)/{1+exp(MSTC)}
(c) Seoul National University Bundang Hopital	Nutrition Screening Index(NSI)	NSI=age×1+BMI×1.5+albumin×2+TLC×1.5* (*Coding:age>65y: 1, ≤65y: 2; BMI<18.5kg/m^2: 1, ≥18.5kg/m^2: 2; albumin<3.5g/dℓ: 1, ≥3.5g/dℓ: 2; TLC <900cells/mm^3: 1, ≥900cells/mm^3:2)

Hct = hematocrit; TLC = total lymphocyte count; BMI = body mass index; ECOG = Eastern Cooperatice Oncology Group; wt = weight; exp = exponential function.

영양선별 검사에서는 간단한 영양섭취 과거력이나 신체계측, 기초혈액검사를 이용하여 영양지원 여부를 결정하거나 영양평가 여부를 결정한다. 따라서 의료기관에서 영양검색은 영양판정의 전단계로 사용되며 영양관리계획을 요하는 환자들의 우선순위를 정할 때 이용되는 비용 효과적인 방법이다. 일반적으로 환자가 입원한 후 24시간(휴일 및 주말 제외) 이내에 영양위험도가 있는 환자를 선별하기 위해 초기 영양검색의 기준으로 사용하는 영양검색 지표들은 주로 객관적인 지표와 주관적인 지표로 구분된다. 많이 사용되는 객관적인 지표는 %표준체중, BMI, 의도하지 않은 체중 감소율, 혈청 알부민, 헤모글로빈, 진단명, 섭취형태 등이며, 주관적인 지표는 식사 시 문제점(연하곤란, 저작곤란), 식욕저하 또는 섭취량 감소, 소화기계 이상증상(오심, 구토, 설사), 근육 및 체지방 소모, 부종이나 복수 등이 있다. 영양검색 지표는 각 의료기관의 상황에 따라 적합한 것을 선택할 수 있으나 비교적 간단하면서 비용 효율성과 타당성 및 신뢰성을 갖추며 재원일수, 합병증 발생 등과 같은 임상적인 결과들과 어느 정도의 관련성을 보이는지에 대한 확인을 거쳐 사용하는 것이 바람직하다고 알려져 있다.

Tip !

영양검색 시 조사항목(WHO 기준)

① **현재 상태 및 과거력**

② **체중:** 현재 체중과 평소 체중(최근 3개월 또는 6개월 전의 체중) 간의 변화와 이상 체중과의 차이를 조사한다.

③ **체질량 지수(body mass index, BMI) = 체중(kg)/신장(m^2)**

- 심각한 체중미달: 18.5kg/m^2 미만
- 체중 미달: 18.5~19.9kg/m^2
- 정상 체중: 20~24.9kg/m^2
- 비만 전 단계: 25~29.9kg/m^2
- 비만: 30kg/m^2 이상

④ **병력 및 영양섭취에 영향을 줄 수 있는 투약력:** 각종 병력은 환자의 영양 상태에 영향을 주고 영양 필요량을 증가시킬 수 있다. 투약력이 있는지 파악해야 한다.

⑤ **영양 겨핍과 관련하여 환자가 호소하는 증상:** 식욕 저하, 섭식 장애, 오심·구토, 설사, 변비, 점막염 여부에 대해 문진이 필요하다.

⑥ **경구섭취 장애 정도:** 음식을 씹거나 삼키는 데 문제가 있는지 파악해야 하며, 구토, 복통, 복부 팽만 등 소화기 질환과 관련된 증상이 있는지 파악해야 한다.

⑦ **최근 영양섭취 정도:** 최근의 영양섭취 감소 정도와 이를 해결하기 위한 영양지원의 과거력이 있는지를 파악하고 최근 섭취한 식사의 종류를 파악하여 비타민, 미네랄 등의 섭취 상태를 확인한다.

⑧ 환자의 영양불량 상태가 더욱 악화될 소지가 있는지 파악한다.

3. 입원환자 영양판정

영양검색 후 주기적인 환자의 영양판정은 영양학적 위험성 및 영양상태를 정확하게 파악함으로써 영양지원의 기초자료로 활용된다. 환자의 영양판정은영양검색 결과 비정상 소견을 보이는 경우를 대상으로 시행하며 일정한 시간 간격(격주, 매월, 6개월마다)을 두고 반복한다. 이때, 영양평가도구로는 SGA, PG-SGA, MNA 등이 사용된다. 영양건강상태를 체계적으로 진단하기 위해서는 병력, 약물복용경험, 검진, 신체계측, 혈액검사, 환자의 임상진단을 확인하여 영양불량이 될 위험요인이 있는지, 염증상태인지를 평가한다.

PG-SGA는 암환자의 영양상태를 평가하기 위해 1996년 Ottery에 의해 개발되었고, 2002년 Bauer 등에 의해 점수화할 수 있는 버전으로 수정되어 총 7문항으로 구성되어 있다. 환자의 최근 1개월 혹은 6개월 동안 몸무게의 변화, 최근 1달 동안 섭취량의 변화 및 섭취하는 음식의 종류, 지난 2주간 섭취에 영향을 주는 문제 (오심, 변비, 빠른 포만감 등, 입안 궤양, 삼킴 문제 등, 환자의 활동성과 기능적 상태에 대한 4가지 문항은 환자로부터 직접 인터뷰를 통해 조사한다. 영양요구량에 영향을 줄 만한 동반질환 유무, 대사 요구, 신체검진을 통한 체지방 혹은 근육량 감소에 대한 3가지 문항은 의료진 또는 영양사에 의해 조사된다. PG-SGA 점수는 높을수록 영양 장애가 심함을 나타내고 연속변수로서의 의미를 가질 수도 있으나, 통상 0~1점은 정상적으로 특별한 중재가 불필요함을 의미하고 (정상), 2~3점은 특별한 중재는 필요 없으나 환자 및 보호자 교육을 통해 영양상태를 유지하도록 하는 단계(경증), 4~8점은 식이섭취와 관련된 증상에 대한 의료진의 중재가 요구되는 단계(중등증), 그리고 9점 이상은 적극적인 증상관리와 함께 영양보조요법을 요구하는 단계로 (중증) 분류하여 평가한다.

1) 영양평가 시 고려해야 할 요소들

(1) 병력(medical history)

환자의 병력을 조사할 때는 의무기록을 검토하거나 개인면담을 통하여 할 수 있으며 의무기록을 검토할 때 얻어야 할 정보는 환자의 인적사항, 키, 체중, 체중의 변화, 혈압, 수분섭취 및 배설량, 주된 증상, 진단명, 병력, 치료계획, 가족력, 합병증, 식사처방, 약물복용, 생화학검사 결과 등이다.

(2) 임상조사(검진, physical examination)

영양불량으로 인하여 피부, 머리카락, 점막 등 상피조직이나 기관에 나타나는 변화를 관찰하는 것이다. 즉, 영양상태의 과부족에 기인한 자·타각증상을 판정한다. 미세영양소 결핍 또한 확인이 필요한데 피부염이 있는 경우 아연·비타민 A·니아신 결핍을, 야맹증이나 눈부심의 경우 비타민 A 결핍을, 입이나 혀가 타는 느낌이 든다고 호소할 경우 비타민 B_{12}와 엽산 결핍을, 쉽게 멍이 드는 경우 비타민 C와 K의 결핍을, 그리고 이상 감각(paresthesia)이 있을 경우 비타민 B_1·엽산·비타민 A·아연이 결핍되어 있을 가능성을 염두에 두어야 한다.

(3) 식사조사(식습관자료)

영양상태 판정을 위해 식품섭취조사는 실제로 섭취하는 식품의 종류와 양을 조사하여 영양상태와 관련된 식습관을 관찰할 수 있고 신체계측에 의한 판정 및 생화학검사 결과의 내용을 뒷받침할 수 있다. 환자의 식사력 조사는 주로 면담을 통해서 이루어지면서 면담 시 얻어야 할 정보는 아래의 TIP과 같다.

Tip !

식사력 조사 시 얻어지는 정보

- 식욕 및 최근의 입맛변화
- 식품의 기호도
- 식사 시 문제점이나 영양섭취와 관련된 문제점(알레르기 식품의 유무, 저작 및 연하능력, 구토, 설사, 변비의 유무 등)
- 평소 체중, 체중변화와 그 이유
- 병원식의 섭취량이나 병원식 이외의 식품섭취현황
- 식습관 조사, 음주나 흡연에 관한 정보, 외식의 빈도, 민간요법 시행여부, 건강보조식품 이용여부, 영양보충제 사용여부
- 약물복용에 관한 정보
- 활동량이나 운동에 관한 정보

(4) 신체계측 조사

환자의 영양상태 판정 시 흔히 쓰이는 신체계측조사를 위하여 신장, 체중, 체중의 변화, 신체부위의 길이 및 두께, 체지방량 등이 있다. 신장과 체중은 가장 기본적인 체위조사로 이는 체지방량과 체단백량을 간접적으로 시사한다. 환자의 체중을 측정할 때에는 체중에 영향을 미칠 수 있는 부종, 탈수, 절단 등을 고려하여 판정한다.

(5) 생화학검사

생화학검사결과를 해석할 때에는 영양상태 이외에도 검사결과에 영향을 미치는 요인을 잘 파악하고 참고치를 사용한다. 예를 들면, 과거에는 혈액검사소견으로 알부민이나 프리알부민(prealbumin)과 같은 혈청 단백질을 중요한 영양불량지표로 사용하였다. 그러나 이들 지표는 영양불량 이외에 염증요인으로도 쉽게 저하되고, 염증이 지속되는 한 영양공급만으로 정상화되지 않기 때문에 민감도와 특이도가 낮아 더 이상 영양불량평가지표로 권장되지 않는다. 또한, 트랜스페린과 레티놀결합단백질(retinol-binding protein)도 영양상태 평가에 별 도움이 되지 못한다. 체내 염증상태를 판정하기 위해서는 CRP, 백혈구, 혈당 등을 염증표지자로 검사하고, 질소균형상태나 기초대사량 변화 등도 염증의 유무 판정에 이용된다.

Scored Patient-Generated Subjective Golbal Assessment (PG-SGA)

현위치:
환자번호:
주민등록번호:
성명:

History

1. 체중 (표 1 참조)
   나는 현재 체중과 최근의 체중 변화
   나는 현재 체중이 ______kg이다.
   나의 키는 ______cm이다.

한달 전 나의 체중은 ______kg이었다.
6개월 전 나의 체중은 ______kg이었다.

지난 2주간의 나의 체중은 :
□ 감소했다.(1) □ 변화없다.(0) □ 증가했다.(0)

2. 섭취량: 평소와 비교하여 지난 한달 동안 섭취량은?
□ 변화 없다. (0)
□ 평소보다 많이 먹는다. (0)
□ 평소보다 적게 먹는다. (1)
  □ 정상식사 형태로 적게 먹는다. (1)
  □ 약간 죽 형태의 식사를 먹는다. (2)
  □ 유동식 형태의 식사를 먹는다. (3)
  □ 영양 보충액만 마신다. (3)
  □ 어느 것이든지 약간만 먹는다. (4)
  □ 경관유동식 또는 정맥영양을 한다. (0)

3. 현재 나타나는 증상: 지난 2주 동안 식사 후 다음과 같은 증상이 있었는가? (해당하는 것을 모두 표시)
  □ 먹는 데 아무 문제없다. (0)
  □ 식욕이 없다. (3)
  □ 오심(1) □ 구토(3) □ 변비(1) □ 설사(3)
  □ 입안의 통증(2) □ 입안의 건조증(1)
  □ 맛을 느낄 수 없다. (1) □ 냄새가 맡기 싫다. (1)
  □ 삼키는 데 문제가 있다. (2)
  □ 빨리 포만감이 온다. (1)
  □ 통증이 있다. (3) 어디에? ________________
  □ 기타**(1) ______________________
  **예) 우울, 경제문제, 치아부실 등

4. 활동성과 기능: 지난 한 달 동안 나의 활동은?
  □ 제한 없이 정상적이다. (0)
  □ 힘들지만, 스스로 할 수는 있다. (1)
  □ 대부분의 활동에 제약을 받지만 누워 지내는 시간은 하루에 반보다는 적다. (2)
  □ 거의 활동을 할 수 없으며, 대부분의 시간을 눕거나 앉아서 보낸다. (3)

1~4번의 점수의 합계 [   ] A

※감사합니다. 남은 부분은 의료진에 의해서 완성이 됩니다.

5. 질병과 관련된 영양 필요량(표 2 참조)
   진단명(구체적으로) ______________________________
   원발성 질환의 단계는? Ⅰ Ⅱ Ⅲ Ⅳ 기타 ________________
   연령 __________
   5번의 점수 [   ] B
6. 대사적 요구량? (표 3 참조)
   □ no stress □ low stress □ moderate stress □ high stress
   6번의 점수 [   ] C
7. 신체관찰 (표 4 참조)
   7번의 점수 [   ] D

전반적인 평가 (표 5 참조)
□ 영양 상태 양호함(SGA-A)
□ 경-중등도 영양불량(SGA-B)
□ 심한 영양불량(SGA-C)

총점 A+B+C+D= [   ]
(※아래의 권장사항 참조)

담당영양사: ____________ 날짜: ____________

권장사항
0~1점 현재로서는 영양관리나 중재 필요 없으나 치료 기간 중에는 정기적인 재평가 요함
2~3점 환자와 가족의 영양 상담이 필요함
4~8점 의료진과의 협력 하에 영양사의 영양관리 및 중재가 필요함
≥9점 증상을 개선시키기 위하여 영양사의 집중적인 영양 관리 및 중재가 필요함

(다음 페이지에 계속)

Able & worksheets for PG-SGA Scoring

표 1 Scoring Weight(wt) Loss

체중 변화에 대한 아급성과 급성의 점수를 합산함. 아급성: 최근 1개월 동안의 체중변화에 대하여 점수를 책정하고, 1개월 동안의 체중변화에 대한 정보가 부족하다면 6개월 동안의 체중변화를 이용함. 급성: 최근 2주 동안에 체중이 감소하였다면 아급성 점수에 '1'을 더하고, 체중의 변화가 없거나 증가하였다면 더하지 않는다.

최근 1개월간의 체중감소	점수	최근 6개월간의 체중감소
≥ 10%	4	≥ 20%
5~9.9%	3	10~19.9%
3~4.9%	2	6~9.9%
2~2.9%	1	2~5.9%
0~1.9%	0	0~1.9%

Box1의 점수 = Subacute + Acute = [ ] A

표 2 Scoring Criteria for disease&/or condition

해당하는 것이 있으면, 1점씩 더한다.

Category	점수
Cancer	1
AIDS	1
Pulmonary or cardiac cachexia	1
Presence of decubitus, open would, or fistula	1
Presence of trauma	1
Age greater than 65 years	1

Box2의 점수 = [ ] B

표 3 Worksheet Scoring Metabolic Stress

대사적 스트레스 점수는 단백질과 에너지 필요량을 증가시키는 요인으로 매기며, 각 요인에 대한 점수는 합산한다.

Stress	None(0)	Low(1)	Moderate(2)	High(3)
Fever	No fever	>37 & <37	≥38 & <39	≥39
Fever duration	No fever	<72 hrs	72hrs	>72hrs
Streoids	No steroids	Low dose (<10mg prednisone equivalents/d)	moderate dose (≥10 & <30mg prednisone equivalents/d)	high dose(≥30mg prednisone equivalents/d)

Box3의 점수 = [ ] C

표 4 Worksheet, 신체조사

신체조사 부분은 체구성 중 3가지 부분에 대한 주관적인 평가를 포함한다(지방, 근육, 수분 상태). 본 조사는 주관적인 것으로, 각 조사는 결핍의 정도로 점수화한다. 카테고리의 정의: 0 = mild deficit, 2+ = moderate deficit, 3+ = severe deficit, 근육 결핍의 정도가 지방의 결핍보다 우선한다. 이를 카테고리의 결핍의 점수를 합산하지는 않고, 임상적으로 결핍의 정도(또는 초과하는 수분의 유무)를 평가하는 것이다.

Fat stores:	
Orbital fat pads	0 1+ 2+ 3+
Triceps skin fold	0 1+ 2+ 3+
Fat overlying lower ribs	0 1+ 2+ 3+
Global fat deficit rating	0 1+ 2+ 3+

Muscle status:	
관자놀이가 움푹(측두의 손실)	0 1+ 2+ 3+
쇄골이 두드러짐(흉부와 삼각근의 손실)	0 1+ 2+ 3+
어깨가 각이 짐(삼각근 손실)	0 1+ 2+ 3+
엄지와 검지 사이의 근육이 납작해짐	0 1+ 2+ 3+
어깨뼈가 두드러짐	0 1+ 2+ 3+
대퇴부의 근육 손실됨	0 1+ 2+ 3+
종아리의 근육 손실됨	0 1+ 2+ 3+
Global muscle status rating	0 1+ 2+ 3+

Fluid status:	
Ankle edema	0 1+ 2+ 3+
Sacral edema	0 1+ 2+ 3+
ascites	0 1+ 2+ 3+
Global fluid status rating	0 1+ 2+ 3+

신체조사의 점수는 총 신체결핍의 주관적 점수의 합산으로 결정된다. 근육 결핍의 존재는 지방손실이나 수분과다보다 우위에 있다.

points		
points	No deficit	Score = 0points
	Mild deficit	Score = 1points
	Moderate deficit	Score = 2points
	Severe deficit	Score = 3points

Worksheet4의 점수 = [ ] D

| 그림 7-3 | PG-SGA 영양판정지

| 표 7-7 | PG-SGA 판정 시 결과

Category	Stage A Well-nourished	Stage B Moderately malnourished or suspected malnutrition	Stage C Severely malnourished
Weight	· 체중감소 없음 · 최근 체수분 체중증가	· 한달간 5% 이내의 체중감소 · 또는 6개월 간 10% 이내 · 체중의 불안정 또는 체중 증가	a. 한 달간 체중감소: >5% (또는 6개월 간: >10%) b. 체중의 불안정 또는 체중 증가
Nutrient Intake	· 섭취 결핍 없음 또는 최근 확연한 섭취 증가	· 확연한 섭취 감소	· 심각한 섭취 부족
Nutrition Impact Symptom	· 증상 없음 또는 최근 적정 수준 정도로 확연한 섭취 개선	· 증상의 존재 (PG-SGA:Box3)	· 증상의 존재 (PG-SGA:Box3)
Function-ing	· 결핍 없음 또는 최근 확연한 개선	· 중증도의 기능 결핍 또는 최근의 퇴화	· 심각한 기능 결핍 또는 최근의 확연한 퇴화
Physical Exam	· 결핍 없음 또는 만성적인 결핍이나 최근 임상적으로 개선	· Mild-moderate 수준의 피하지방/근육량/근긴장의 감소	· 명백한 영양불량의 표식 (심각한 피하 조직의 손실, 부종 등)

〈요약〉

① 영양불량은 질병 치료 지연, 감염률, 합병증 발생률, 사망률, 재원기간, 의료비용의 상승과 밀접한 상관관계를 보인다. 영양불량환자에서 발생 가능한 이러한 문제점을 해결하고, 적절한 영양지원을 시행하기 위하여 국내·외 병원에서는 영양집중지원팀(Nutrition Support Team, NST)을 조직하여 운영하여 영양관리과정을 적용하고 있다. 영양관리과정은 모든 대상에 대한 영양관리의 내용을 표준화하는 것이 아니라 전문적인 영양서비스를 제공하는 과정을 표준화한 것이다. 영양관리과정은 ① 영양판정, ② 영양진단, ③ 영양중재, ④ 영양모니터링 및 평가로 상호 연관된 4단계로 이루어진다.

② 환자의 영양문제를 진단하고, 영양관리가 필요한 환자들을 우선적으로 선별하여 개인에게 맞는 적절한 영양치료 적용을 목표로 하는 영양검색 및

영양검색도구의 중요성이 증가하고있다. 현재 외국에서 개발되어 세계적으로 많이 사용되고 있는 표준화된 영양검색도구로는 NRS-2002, MUST, MNA, SNAQ,MST 등이 있다. 이들은 많은 연구를 통해서 타당성을 인정받았지만, 외국인 환자를 대상으로 개발되었기 때문에 우리나라 입원환자에게 적용하기에 적합하지 않을 가능성이 많고, 인력과 시간이 한정된 국내 병원 실정상 각각의 도구를 그대로 도입하여 사용하기에는 어려움이 있다. 이러한 이유로 국내 많은 병원에서는 각 병원의 실정에 맞게 영양검색도구를 개발하여 사용하고 있다.

CHAPTER
8

생애주기대상별영양판정활용

인간의 발달, 성장, 유지 그리고 노화가 진행되는 과정에서 적절한 시기에 영양상태를 판정하여 영양문제를 해결하고, 양호한 영양상태를 유지하는 것은 개인은 물론 지역사회 나아가 국민 전체의 만성질환 예방이나 건강관리를 위해 매우 중요하다. 지금까지 성인을 대상으로 한 영양판정을 다루었기 때문에, 본 장에서는 영·유아, 아동, 청소년, 임신부, 고령자 등 생애주기 차원에서 발생하는 주요 영양문제를 중심으로 영양판정 요소와 판정기준 등을 알아보고자 한다.

1. 영·유아 영양판정

영·유아기는 출생 후 만 6세 미만의 시기로서 성장과 발육이 가장 빠른 시기이다. 영·유아기의 부적절한 영양공급은 영양불량으로 이어져 성장과 발육을 지연시킨다. 만일, 정상적인 성장에서 벗어난다면 이는 모든 신체질환의 첫 번째 신호가 될 수 있다. 따라서 정기적이고 정확한 성장의 평가는 대단히 중요하다.

1) 영·유아 식사섭취조사에 의한 영양판정

영·유아 식사조사는 보호자의 기록이나 면접을 통하여 모유와 인공영양상태, 이유·보충식 섭취량 자료 등을 수집하여 판정할 수 있다[그림 8-1].

- 수유방법: 모유영양, 인공영양(조제유 종류), 혼합영양 여부
- 수유횟수와 양: 모유영양은 수유횟수와 1회 수유시간, 인공영양은 수유횟수와 1회 섭취량
- 활동정도
- 식욕: 평소 식욕, 식욕변화, 기호도, 불내증
- 영양보충제: 비타민이나 무기질 등의 복용여부, 보충용 제품 종류와 섭취량
- 고형음식섭취 시작 시기, 종류, 빈도, 조리장소
- 섭취 관련 소화기 문제: 씹기와 삼킴곤란, 구토, 설사, 변비, 복통 등
- 식품알레르기
- 가족력 및 가족 식습관: 특정식품 선호 또는 거부
- 사회·경제 배경: 보호자, 조리기구, 인종, 종교 등
- 영아의 조제분유(분말양)나 모유수유 섭취량은 영양솔루션 DB(DataBase)를 이용하여 영양상태를 판정할 수 있다(https://www.khidi.or.kr/nss/nss#).

식품섭취조사표 [영아용]

성명: ____________(남, 여) 생년월일: ____________ ID: ____________

날짜: ____________ 면담자: ____________ 분석도구: □ 영양솔루션 □ CAN-pro 3.0 □ 기타

★주의사항

- 하루동안 먹은 모든 것을 기록해 주세요.
- 어제 먹은 내용이 평상시 식사패턴과 크게 다르다면 다른 날을 선택해 주세요.

※영아는 밤중 수유를 합니까? □ 예 □ 가끔 □ 아니오

※영아는 식구들과 함께 식사합니까? □ 자주 □ 가끔 □ 아니오

※영아는 정해진 자리에서 식사합니까? □ 예(□ 아기용 식탁 □ 상) □ 아니오

※다음 중 이유식에 도입한 식품군은? 선택한 식품군에서 주로 요리에 사용하는 식품을 구체적으로 적어 주세요.

식품군	도입여부	이유식에 도입한 식품(모두 표시)	이유식 조리 시 자주 사용하는 식품
곡류군	○, ×	□ 쌀 □ 잡곡 □ 감자 □ 고구마	
채소군	○, ×	□ 당근 □ 호박 □ 시금치 □ 버섯	
과일군	○, ×	□ 사과 □ 배 □ 바나나 □ 귤	
어육류군	○, ×	□ 고기 □ 생선 □ 달걀 □ 두부	
우유군	○, ×	□ 치즈 □ 우유 □ 요구르트	
유지류	○, ×	□ 식용유 □ 버터 □ 마요네즈	

※식품 중 알레르기나 이상반응을 보이는 식품이 있습니까? □ 예 □ 아니오

('예'라고 답한 경우) 있다면 어떤 식품입니까? ________________

수유구분	시간	소요시간	(조제유) 상표	조제유(제품명)	섭취량(mℓ)	비고
모유/조제	(시 분)					
모유/조제	(시 분)					
모유/조제	(시 분)					
모유/조제	(시 분)					
모유/조제	(시 분)					
모유/조제	(시 분)					
모유/조제	(시 분)					
모유/조제	(시 분)					
모유/조제	(시 분)					
모유/조제	(시 분)					

이유(시간)	음식명	재료명	목측량(섭취량)	음식 상태	비고
(시 분)				□ 미음 □ 죽 □ 진밥 □ 밥 □ 주스	
(시 분)				□ 미음 □ 죽 □ 진밥 □ 밥 □ 주스	
(시 분)				□ 미음 □ 죽 □ 진밥 □ 밥 □ 주스	
(시 분)				□ 미음 □ 죽 □ 진밥 □ 밥 □ 주스	

| 그림 8-1 | **영아용 식품섭취조사표 예시**

출처: 보건복지부 · 한국건강증진개발원(2019). 2019 지역사회 통합건강증진사업.

- 유아 영양섭취 판정은 한국인 영양소 섭취기준을 바탕으로 실제 에너지 섭취량이 에너지 필요추정량(EER)의 75% 미만인 경우를 영양부족으로 판정한다[표 8-1].

| 표 8-1 | 한국인 영양소 섭취기준에 의한 유아의 영양섭취 판정기준

대상 분류	연령	임신 구분	열량 (㎉)	단백질 (g)	칼슘 (mg)	철분 (mg)	비타민 A (μg RAE)	티아민 (mg)	리보플라빈 (mg)	니아신 (mg)	비타민 C (mg)
			EER 75%[1)]	EAR[2)]							
유아	1~2세	–	750	12	390	4	200	0.5	0.5	4	30
	3~5세	–	1,050	15	470	5	230	0.5	0.58	5	30

1) 필요추정량(EER): 필요추정량의 75% 미만일 때 영양부족으로 판단

2) 평균필요량(EAR): 대상 집단을 구성하는 건강한 사람들의 절반에 해당하는 사람들의 일일 필요량을 충족시키는 값

출처: 보건복지부·한국건강증진개발원(2019). 2019 지역사회 통합건강증진사업.

- 우리나라는 국가차원에서 영·유아기 영양판정을 포함한 건강 및 구강검진과 예방접종을 월령별로 총 7차에 걸쳐 실시하고 있다(국민건강보험법 제52조 및 동법 시행령 제25조). 국가 영·유아대상 건강검진 항목은 [표 8-2]와 같다.

| 표 8-2 | 영·유아 성장단계별 건강검진 항목

검진항목 \ 검진시기		1차	2차	3차	4차	5차	6차	7차
		4~6개월	9~12개월	18~24개월	30~36개월	42~48개월	54~60개월	66~71개월
문진 및 진찰		○	○	○	○	○	○	○
신체계측		○	○	○	○	○	○	○
발달평가 및 상담			○	○	○	○	○	○
건강교육	안전사고 예방	○	○	○	○	○	○	○
	영양교육	○	○	○	○	○	○	○
	영아돌연사 증후군 예방	○						
	구강교육		○					
	대소변가리기			○				
	전자미디어노출				○			
	정서 및 사회성					○		
	개인위생						○	
	취학 전 준비							○
구강검진				○		○	○	

출처: 질병관리본부(http://www.cdc.go.kr).

- 국가 영·유아대상 건강검진에 이용한 영·유아 건강검진 문진표는 영·유아기 각 월령에 특화된 문진(시각·청각 등)과 진찰, 신체계측(키·몸무게·머리둘레·체질량), 발달평가 및 상담, 건강교육(영양교육 포함), 구강검진 실태 등을 포함한다. 단, 이와 같은 문진결과는 정확한 영양진단으로 이어질 수 있도록 향후 판정 기준 마련과 후속 연구가 필요하다.

[영·유아 건강검진 문진표(4~6개월용)]

수검자 성명		주민등록번호		보호자 연락처	
보호자 성명		수검자와의 관계		E-mail(메일)주소	

영·유아 건강검진은 **영·유아의 정상적인 성장과 발달을 확인**하는 것이 목적이며, 특정 질환의 발견을 위한 것이 아닙니다.
이 사실을 이해하셨습니까? □ 예 □ 아니오

1. 아이의 생년월일: ___년 월 일　　2. 출생 시 체중: ▒.▒kg(소수 첫째 자리까지)
3. 아이가 미숙아로 태어났습니까? □ 예(☞분만예정일은? ___년 월 일) □ 아니오
4. 지금까지 실시한 예방접종에 표시해여 주십시오(해당란에 횟수를 표시하십시오)

	비씨지	B형 간염	디피티	소아마비(폴리오)	폐구균	B형 헤모필루스균
시행한 횟수						

시각

		예 ① 아니오 ②
1	아이가 눈을 잘 맞춥니까?	① ②
2	눈동자의 위치가 이상합니까?(안쪽으로 몰리거나 초점 없이 밖으로 향합니까?)	① ②
3	검은 눈동자(동공)가 혼탁합니까?	① ②
4	가족 중에 눈과 관련된 유전질환을 가진 사람이 있습니까?	① ②

영아돌연사증후군 예방교육

		예 ① 아니오 ②
1	아이를 엎드려 재웁니까?	① ②
2	아이의 침대나 요가 푹신합니까?	① ②
3	아이가 부모와 같은 잠자리(침대, 요 등)에서 함께 잡니까?	
4	아이가 깨어 있을 때 배를 바닥에 대고 머리를 든 상태에서 놀 수 있도록 도와줍니까?	① ②
5	함께 거주하는 가족이나 아이가 자주 접촉하는 사람 중에 흡연자가 있습니까?	
6	집안에서(베란다 포함) 담배를 피우는 사람이 있습니까?	① ②
7	아이가 탄 승용차 안에서 담배를 피우는 사람이 있습니까?	

청각

		예 ① 아니오 ②
1	큰 소리에 잠에서 깨거나 놀라거나 표정 변화 등으로 반응합니까?	① ②
2	익숙한 목소리를 들으면 조용해지거나 동작을 멈추고 듣는 것처럼 보입니까?	① ②
3	다양한 소리(끽끽거림, 높은 비명소리) 등을 낼 수 있습니까?	① ②
4	출생 후 신생아 집중치료실(중환아실)에 5일 이상 입원한 적이 있습니까?	① ②
5	신생아기에 청각선별검사(청력검사)를 받았습니까?	① ②
6	위의 5번 문항이 '예'인 경우 청력검사 결과가 양호(양측 통과 또는 이상 없음)라고 하였습니까? (5번 문항이 '아니오'인 경우 답하지 마세요)	① ②

안전사고 예방 교육

		예 ① 아니오 ②
1	아이를 승용차에 태울 때 카시트를 어디에 설치합니까? ① 앞좌석 ②뒷좌석(카시트나 승용차가 없는 경우 ③)	① ② ③
2	아이가 자동차 뒤를 바라보도록 카시트를 설치합니까?(카시트나 승용차가 없는 경우 ③)	① ② ③
3	어른 침대나 소파 위에 아이를 잠시라도 혼자 남겨 둔 적이 있습니까?	① ②
4	목욕통, 욕조나 화장실 안에 아이를 잠시라도 혼자 둔 적이 있습니까?	① ②
5	아이를 안은 채 뜨거운 음료를 마신 적이 있습니까?	① ②

영양교육

1 공통	아이에게 어떤 것을 주로 먹입니까? ① 모유만(☞문항 2~4, 10) ② 분유만(☞문항 5~10) ③ 모유와 분유 혼합(☞문항 2~10)	① ② ③			
2 모유	모유수유를 언제까지 지속할 계획입니까? ① 6~11개월 ② 12~23개월 ③ 24개월 이상 ④ 잘 모르겠다	① ② ③ ④	5 분유	분유는 하루에 얼마나 먹습니까? ① 500mℓ 미만 ② 500~999mℓ ③ 1,000mℓ 이상	① ② ③
3 모유	모유수유를 지속하는 데 어떤 문제가 있습니까? ① 모유량 ② 모유수유 횟수 ③ 수유 방법 ④ 밤중 수유 ⑤ 기타 ⑥ 문제 없음	① ② ③ ④ ⑤ ⑥	6 분유	분유를 탈 때 끓여서 식힌 물을 사용합니까? ① 예 ② 아니오	① ②
			7 분유	미리 타 둔 분유를 어떻게 데웁니까? ① 중탕 ② 전자레인지 ③기타	① ② ③
4 모유	다음 중 아이 엄마가 섭취하는 것이 있습니까? ① 카페인 음료 ② 술 ③ 담배 ④ 약물 ⑤ 해당없음	① ② ③ ④ ⑤	8 분유	현재 먹이고 있는 분유는 어떻게 선택했습니까? ① 보호자의 선택 ②의사의 권고	① ②
			9 분유	먹다 남은 분유는 어떻게 합니까? ① 보관했다 다시 준다 ② 버린다	① ②
10 공통	이유기 보충식(이유식)을 언제 시작할 예정입까? ① 4개월 전부터 이미 시작했다 ② 4~6개월 ③ 6개월 이후 ④ 잘 모르겠다	① ② ③ ④			

출처: 국민건강보험(https://hi.nhis.or.kr/file/a/001/po5a/infant_42.pdf)

[영·유아 건강검진 문진표(9~12개월용)]

영양교육

1	이유기 보충식(이유식)을 하루에 몇 번 합니까? ① 1회 ② 2회 ③ 3회 ④ 4회 이상	① ② ③ ④
2	이유기 보충식(이유식)으로 어떤 음식을 줍니까? (해당되는 곳에 모두 표시하십시오) ① 곡류 ② 채소 ③ 과일 ④ 달걀 ⑤ 생선 ⑥ 고기	① ② ③ ④ ⑤ ⑥
3	현재 아이에게 먹이는 것은 무엇입니까? (해당되는 곳에 모두 표시하십시오.) ① 모유 ② 일반 분유 ③ 특수 분유 ④ 생우유 ⑤ 발효 유제품(치즈/플레인 요구르트 등)	① ② ③ ④ ⑤
4	다음 중에서 아이에게 먹여 본 음식이 있습니까? (해당되는 곳에 모두 표시하십시오.) ① 선식 ② 꿀 ③ 소금이나 설탕 ④ 해당 없음	① ② ③ ④

[영·유아 건강검진 문진표(18~24개월용)]

영양교육

1	아이가 정해진 장소에서 일정한 시간에 규칙적인 식사를 합니까? ① 예 ② 아니오	① ②
2	아이가 분유병을 사용하고 있습니까? ① 예 ② 아니오	① ②
3	아이 음식을 조리할 때 간을 어떻게 합니까? ① 어른 음식과 같게 간을 한다 ② 어른 음식보다 덜 짜게 준비한다 ③ 간을 하지 않는다	① ② ③
4	아이가 과일주스나 당분이 첨가된 음료(예: 탄산 음료, 스포츠 음료, 어린이용 음료 등)를 하루에 얼마나 마십니까? ① 200mℓ(큰 컵 한 잔) 미만 ② 200~499mℓ ③ 500mℓ 이상	① ② ③
5	하루 동안 아이에게 어떤 음식을 줍니까? (해당되는 곳에 모두 표시하십시오) ① 곡류 ② 채소 ③ 과일 ④ 고기/생선/달걀/콩 ⑤ 우유 및 유제품 ⑥ 기타	① ② ③ ④ ⑤ ⑥
6	음식을 먹을 때 아이의 반응은 어떠합니까? ① 주는 대로 골고루 먹는다 ② 좋아하는 한두 가지만 먹는다 ③ 편식은 없으나 적게 먹는다 ④ 씹는 음식을 싫어한다 ⑤ 음식에 관심이 없다	① ② ③ ④ ⑤
7	아이와 함께 하는 식사시간이 즐겁습니까? ① 예 ② 아니오	① ②
8	아이에게 식사 이외의 건강기능식품을 제공합니까? (예: 비타민, 무기질, 정장제, 홍삼 등) ① 예 ② 아니오	① ②

[영 · 유아 건강검진 문진표(30~36개월용)]

영양교육

1	아이의 식욕은 어떻습니까? ① 좋다 ② 보통이다 ③ 나쁘다	① ② ③
2	아이가 하루에 몇 끼의 식사를 합니까? ① 1회 ② 2회 ③ 3회 ④ 4회 이상	① ② ③ ④
3	아이가 하루에 몇 번의 간식을 먹습니까? ① 1회 ② 2회 ③ 3회 이상	① ② ③
4	아이가 일주일 동안에 가족과 함께 식사를 하는 날이 며칠이나 됩니까? ① 1~2일 ② 3~4일 ③ 5일 이상	① ② ③
5	아이가 생우유를 하루에 얼마나 마십니까? ① 마시지 않는다 ② 200mℓ 미만 ③ 200~499mℓ ④ 500~999mℓ ⑤ 1,000mℓ 이상	① ② ③ ④ ⑤
6	아이가 단 음식을 많이 먹습니까? (예: 사탕, 과자, 케이크, 과일주스, 당분이 첨가된 음료 등) ① 예 ② 아니오	① ②
7	아이에게 알레르기가 걱정되어 특정한 식품을 제한한 적이 있습니까? ① 예 ② 아니오	① ②
8	아이가 하루에 1시간 이상 땀이 날 정도의 신체 활동(놀기, 운동 등)을 합니까? ① 예 ② 아니오	① ②

[영 · 유아 건강검진 문진표(42~48개월용)]

영양교육

1	아이가 하루에 몇 끼의 식사를 합니까? ① 1회 ② 2회 ③ 3회 ④ 4회 이상	① ② ③ ④
2	아이가 하루에 몇 번의 간식을 먹습니까? ① 1회 ② 2회 ③ 3회 이상	① ② ③
3	아이가 생우유를 하루에 얼마나 마십니까? ① 마시지 않는다 ② 200mℓ 미만 ③ 200~499mℓ ④ 500~999mℓ ⑤ 1,000mℓ 이상	① ② ③ ④ ⑤
4	아이가 과일주스나 당분이 첨가된 음료(예: 탄산 음료, 스포츠 음료, 어린이용 음료 등)를 하루에 얼마나 마십니까? ① 200mℓ(큰 컵 한 잔) 미만 ② 200~499mℓ ③ 500mℓ 이상	① ② ③
5	평소 아이와 가족들이 먹는 음식을 싱겁게 하시는 편입니까? ① 예 ② 아니오	① ②
6	평소 아이의 식사하는 태도는 어떻습니까? (해당되는 곳에 모두 표시하십시오) ① 식사 시간이 너무 길다(30분 이상) ② 새로운 음식 먹기를 거부한다 ③ 음식을 골고루 먹지 않는다 ④ 먹이기가 힘들다 ⑤ 해당 사항 없음	① ② ③ ④ ⑤
7	아이가 TV나 모니터(컴퓨터, 게임기, 스마트폰 등)를 보는 시간이 하루에 2시간 이상입니까? ① 예 ② 아니오	① ②
8	아이가 하루에 1시간 이상 땀이 날 정도의 신체 활동(놀기, 운동 등)을 합니까? ① 예 ② 아니오	① ②

[영·유아 건강검진 문진표(54~60개월용)]

영양교육

1	아이의 외모(체격)에 대해 어떻게 생각하십니까? ① 뚱뚱한 편이다 ② 보통이다 ③ 마른 편이다	① ② ③ ④
2	식사 속도가 다른 가족과 비슷합니까? ① 빠르다 ② 비슷하다 ③ 느리다	① ② ③
3	식사와 간식을 규칙적으로 먹습니까? ① 예 ② 아니오	① ② ③ ④ ⑤
4	아이의 1회 식사량은 또래에 비해 어떻습니까? ① 적다 ② 비슷하다 ③ 많다	① ② ③
5	아이가 편식을 합니까? ① 예 ② 아니오	① ②
6	기름진 음식이나 달거나 짠 음식을 많이 먹습니까? (예: 패스트푸드, 인스턴트 식품 등) ① 예 ② 아니오	① ② ③ ④ ⑤
7	물 대신 음료수를 선호합니까? ① 예 ② 아니오	① ②
8	아이가 TV나 모니터(컴퓨터, 게임기, 스마트폰 등)를 보는 시간이 하루에 2시간 이상입니까? ① 예 ② 아니오	① ②
9	아이가 하루에 1시간 이상 땀이 날 정도의 신체 활동(놀기, 운동 등)을 합니까? ① 예 ② 아니오	① ②

[영·유아 건강검진 문진표(66~71개월용)]

영양교육

1	아이가 아침 식사는 꼭 하는 편입니까? ① 그렇다 ② 매일은 아니지만 대체적으로 그렇다 ③아니다	① ② ③
2	일주일 동안 가족이 함께 하는 저녁 식사는 몇 번 입니까? ① 1~2회 ② 3~4회 ③ 5회 이상	① ② ③
3	아이가 칼슘이 함유된 유제품(우유, 플레인 요구르트, 치즈 등 포함)을 자주 먹습니까? ① 예 ② 아니오	① ②
4	간식은 주로 언제 먹습니까? ① 간식을 먹지 않는다 ② 식사 사이 ③ 자기 전이나 늦은 시간 ④ 시간이 정해져 있지 않다	① ② ③ ④
5	간식으로 주로 어떤 음식을 먹습니까? (해당되는 곳에 모두 표시하십시오) ① 당분이 첨가된 음료 (예: 과일 주스, 탄산음료, 스포츠음료 등) ② 기름진 음식 혹은 달거나 짠 음식(예: 패스트푸드, 인스턴트 식품 등) ③ 해당 없음	① ② ③
6	아이가 하루에 1시간 이상 땀이 날 정도의 신체활동(놀기, 운동 등)을 합니까? ① 예 ② 아니오	① ②

출처: 국민건강보험(https://hi.nhis.or.kr/file/a/001/po5a/infant_42.pdf).

2) 영·유아 신체계측조사에 의한 영양판정

영·유아의 영양상태는 체중, 누운키(length), 머리둘레 등의 신체계측치를 수집하고, 이를 또래 집단의 표준치와 비교하여 판정할 수 있다. 영·유아의 신체계측치는 성장·발육상태뿐만 아니라 비만 상태, 월령 대비 신체계측치들 간의 불균형 및 급격한 변화 등의 문제를 발견하는 데 활용한다. 예를 들면, 체중, 신장, 머리둘레 수치가 또래보다 현저히 낮다면 모체의 자궁 내 손상이나 유전 이상 가능성을 의심할 수 있다. 머리둘레와 키는 비교적 정상이지만 체중이 현저히 적다면 불충분한 에너지 섭취나 비정상적인 에너지 소모가 있음을 암시한다. 반대로 지나치게 빠른 성장으로 판정되면 비만 등의 질환 가능성을 의심할 수 있다. 영·유아기 영양판정 항목과 판정기준은 아래와 같으며 구체적인 신체계측 방법은 4장을 참고한다. 참고로 국민건강보험의 영·유아기 발달단계별 신체계측항목은 [표 8-3]과 같다.

| 표 8-3 | 영·유아 검진시기와 신체계측 항목

차	검진시기(개월)	키	몸무게	머리둘레	체질량지수	청각	시각	시력	구강
1	4~6	○	○	○		○	○		
2	9~12	○	○	○		○	○		
3	18~24	○	○	○		○	○		○
4	30~36	○	○	○	○	○	○	○	
5	42~48	○	○	○	○	○	○	○	○
6	54~60	○	○	○	○	○	○	○	
7	66~71	○	○	○	○	○	○	○	○

출처: 국민건강보험(https://hi.nhis.or.kr/aa/ggpaa001/ggpaa004_m02.do).

| 표 8-4 | 2017 소아·청소년 성장도표

남				연령	여			
체중	키	머리둘레	체질량지수		체중	키	머리둘레	체질량지수
3.3	49.9	64.5		출생 시	3.2	49.1	33.9	
4.5	54.7	97.3		1개월	4.2	53.7	36.5	
5.6	58.4	93.1		2개월	5.1	57.1	38.3	
6.4	61.4	40.5		3개월	5.8	59.8	39.5	
7.0	63.9	41.6		4개월	6.4	62.1	40.6	
7.5	65.9	42.6		5개월	6.9	64.0	41.5	
7.9	67.6	43.3		6개월	7.3	65.7	42.2	
8.3	69.2	44.0		7개월	7.6	67.3	42.8	
8.6	70.6	44.5		8개월	7.9	68.7	43..4	
8.9	72.0	45.0		9개월	8.2	70.1	43.8	
9.2	73.3	45.4		10개월	8.5	71.5	44.2	
9.4	74.5	45.8		11개월	8.7	72.8	44.6	
9.6	75.7	46.1		12개월	8.9	74.0	44.9	
9.9	76.9	46.3		13개월	9.2	75.2	45.2	
10.1	78.0	46.6		14개월	9.4	76.4	45.4	
10.3	79.1	46.8		15개월	9.6	77.5	45.7	
10.5	80.2	47.0		16개월	9.8	78.6	45.9	
10.7	81.2	47.2		17개월	10.0	79.7	46.1	
10.9	82.3	47.4		18개월	10.2	80.7	46.2	
11.1	83.2	47.5		19개월	10.4	81.7	46.4	
11.3	84.2	477		20개월	10.6	82.7	46.6	
11.5	85.1	47.8		21개월	10.9	83.7	46.7	
11.8	86.0	48.0		22개월	11.1	84.6	46.9	
12.0	86.9	48.1		23개월	11.3	85.5	47.0	
12.2	87.1	48.3	16.0	24개월	11.5	85.7	47.2	15.7
13.1	91.2	48.8	15.8	2.5세	12.5	89.9	47.8	15.6
14.7	96.5	49.8	15.9	3세	14.2	95.4	48.8	15.8
15.6	99.2	50.1	15.9	3.5세	15.1	98.1	49.2	15.7
16.8	103.1	50.5	15.9	4세	16.3	101.9	49.6	15.7
17.7	105.8	50.8	15.9	4.5세	17.1	104.6	49.9	15.7
19.0	109.6	51.1	15.9	5세	18.4	108.4	50.2	15.7
19.9	112.2	51.3	15.9	5.5세	19.3	111.0	50.5	15.7
21.3	115.9	51.7	16.0	6세	20.7	114.7	50.9	15.8
22.5	118.5		16.2	6.5세	21.7	117.3		15.9
24.2	122.1		16.4	7세	23.4	120.8		16.1
27.5	127.9		16.9	8세	26.6	126.7		16.6
31.3	133.4		17.6	9세	30.2	132.6		17.2
35.5	138.8		18.4	10세	34.4	139.1		17.8
40.2	144.7		19.1	11세	39.1	145.8		18.5
45.4	151.4		19.8	12세	43.7	151.7		19.1

출처: 2017 소아·청소년 성장도표, 질병관리본부, 대한소아과학회(http://www.cdc.go.kr/CDC/cms/conte n t/mobile/91/121891_ view.html).

(1) 신장

신장(length or height)은 뼈 성장을 측정하는 지표이다. 2세 미만 유아는 누운 키(length)를 측정하고 2세 이상은 선 키(height)를 측정한다. 측정치는 또래집단의 참고치인 2017 소아·청소년 성장도표[표 8-4]와 비교하여 판정한다. 만일, 키가 또래집단 표준치보다 현저히 작다면 만성 영양부족을 의미할 수 있지만, 운동이나 유전 등의 요인도 작용할 수 있으므로 체지방량이나 체단백질량과 같은 체성분도 함께 고려하여 판정한다.

Tip !

소아·청소년 성장도표를 이용한 성장발육부진 선별기준 변화

분류	나이	2007성장도표		2017성장도표	
		지표	기준(백분위수)	지표	기준(백분위수)
저신장	0~23월령	월령별 신장	<3	좌동	
	2~18세	나이별 신장	<3	좌동	
소두증	0~6세	나이별 머리둘레	<3	좌동	
소모(허약)	0~23월령	-	-	신장별 체중	<5
	2~18세	-	-	나이별 BMI	<5
저체중	0~23월령	나이별 체중	<5	좌동	
	2~18세	나이별 체중	<5	좌동	
과체중	0~23월령	나이별 체중	≥95	신장별 체중	≥95
	2~18세	나이별 BMI	≥85 and <95	좌동	
비만	2~18세	나이별 BMI	≥95	나이별 BMI	≥95
		또는 BMI	≥25		

출처: 질병관리본부(2018). 주간 건강과 질병, 11(25), pp. 813-820.

(2) 체중

체중(weight)은 영·유아의 영양상태를 판정하는 가장 기본적인 지표이다. 일반적으로 영·유아 체중은 출생 후 3~4개월에 출생 시보다 2배, 12개월에 3배로 빠르게 증가한다. 체중을 이용한 영·유아의 영양상태는 2017 소아·청소년성장도표[표 8-4]에 나타난 또래집단의 체중증가 정도와 비교하여 판정할 수 있다.

(3) 머리둘레

출생 시 평균 머리둘레(head circumference)는 34cm이고, 가슴둘레보다 1cm 더 크다. 생후 첫 1년 동안 머리둘레는 월 1cm씩 증가하고, 생후 첫 6개월 동안 가장 빨리 성장한다. 12개월이 되면 46cm 정도가 되고, 4세가 되면 머리둘레 성장은 거의 마무리된다. 머리둘레는 키 성장과 밀접한 관계가 있다. 성장지연이나 만성적인 단백질-에너지 결핍을 판정할 수 있는 지표이다. 머리둘레 성장정도는 2017 소아·청소년 성장도표[표 8-4]를 이용하여 6세 이하까지는 나이별 머리둘레가 3백분위수 미만일 때 비정상으로 판정한다.

(4) 신장별 체중

영·유아기 신장별 체중(weight for height)은 발육상태 및 영양불량을 판정할 수 있다. 만일 키 성장에 비해 체중이 적을 경우 영양불량으로 판정할 수 있으며, 나이에 비해 키가 작은 경우는 만성적인 영양부족 상태를 의미한다. 그러나 영·유아 발육상태에 미치는 영향인자는 다양하고 개별적이기 때문에 영·유아의 PEM은 '나이별 체중'보다는 '신장별 체중'으로 판정하는 것이 더 유용하다. 2007 소아·청소년 성장도표와 달리 개정된 2017 소아·청소년 성장도표[표 8-4]에 따르면, '0~2세 영·유아'의 신장별 체중이 5백분위수 미만일 때 '허약'에 해당하며, 95백분위수 이상이면 '과체중'에 해당한다.

2. 아동 성조숙증 영양판정

2006년부터 2010년까지 5년간의 성조숙증 진료인원은 4.4배, 총진료비는 약 7.8배 증가하여 성조숙증이 급격히 증가하는 추세이다[그림 8-2]. 성조숙증은 여아가 남아보다 5~10배 더 많으며, 2차 성징의 조기 발현과 함께 빠른 골 성숙으로 인하여 성인 키가 작고, 청소년기 조기 임신, 성적 학대, 알코올이나 약물 중독, 행동 장애 등의 사회·심리 문제를 가져올 위험성이 높다. 또한, 성조숙증 아동은 성인이 되었을 때, 고혈압, 비만, 2형 당뇨병, 심혈관계질환 위험도가 증가하고, 유방암 발생위험도도 높아지는 것으로 보고되었다.

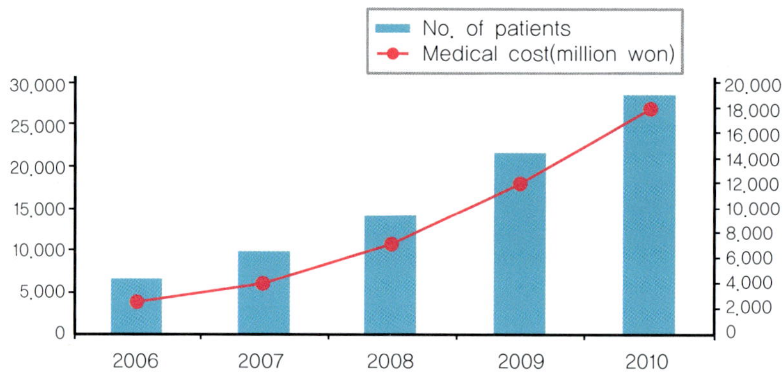

출처: 건강보험심사평가원 보도자료(2011. 5. 13.).

| 그림 8-2 | **성조숙증 환자와 진료비 증가 추이(2006년~2019년)**

1) 성조숙증 정의

사춘기는 여아의 경우 10세 경 유방이 발달하는 것으로, 남아는 12세경 고환이 커지면서 시작된다. 일반적으로 성조숙증(precocious puberty)은 2차 성징이 여아 8세 미만, 남아 9세 미만에 나타나는 것을 뜻한다.

2) 성조숙증 분류

(1) 진성 성조숙증

진성 성조숙증(중추성 성조숙증)은 시상하부-뇌하수체-성선 축의 활성화로 성호르몬 분비 및 성 성숙이 일어나는 경우이다. 여아에서 유방 발달, 남아에서 고환 발달로 시작하여 정상 사춘기와 동일하게 진행된다. 여아가 남아보다 5~10배 정도 더 많다고 알려져 있다. 진성 성조숙증 여아의 90~95%, 남아의 50% 정도는 특별한 기질적 원인을 찾을 수 없는데 이러한 경우를 특발성 성조숙증이라고 한다. 뇌종양, 선천성 뇌기형, 수두증, 뇌염 및 뇌농양, 갑상샘 저하증, 난소 및 고환이나 부신의 질환, 성호르몬이나 스테로이드가 함유된 약물 등이 성조숙증을 일으킬 수 있다. 특히, 종양은 성선자극호르몬방출호르몬(Gonadotropin-Releasing Hormone, GnRH) 분비를 억제하는 신경로에 장애를 초래하여 GnRH분비가 증가하여 성조숙증을 일으킬 수 있다.

(2) 가성 성조숙증

시상하부-뇌하수체-생식선 축의 활성화 없이 2차 성징을 보이는 병적인 성조숙증을 뜻한다. 진성 성조숙증과 달리 원인에 따라 발병과 임상증상이 다양하다. 가장 흔한 증상은 조기 유방 발육증으로 한쪽 또는 양쪽 유방발육이 있으면서 다른 2차 성징은 보이지 않는 것이다.

3) 성조숙증 원인

성조숙증의 원인은 아직 뚜렷하게 규명되지 않았다. 다만 가능한 원인으로 식습관(육류나 고지방, 고에너지 식품 섭취), 소아비만, 성적 자극에 대한 노출 기회 증가, 환경오염 및 환경호르몬 증가와 내분비계 교란, 자녀성장에 대한 부모의 관심증가로 의료시설 이용빈도 증가 등이 제기되고 있다. 여성호르몬과 유사한 식물성 에스트로겐이 많이 함유된 특정 식품(콩과 식물)이 성조숙증에 영향을 주는지는 아직 명확하지 않다. 예방 차원에서 특정 식품을 섭취하는 데 대한 과도한 염려나 조절은 바람직한 대처방법이라고 보기 어렵다.

4) 성조숙증 판정

성조숙증 판정을 위한 조사항목과 기준은 [표 8-5]와 같다. 뇌 자기공명영상(Magnetic Resonance Imaging, MRI) 검사나 복부, 골반, 고환 초음파 검사가 필요한 경우도 있다. 처음 검사 때 치료가 필요한 단계가 아니라고 판정되더라도 수개월 만에 치료가 필요한 단계로 진행할 수 있어서 정기적인 검사가 필요하다.

| 표 8-5 | 성조숙증 판정 항목 및 기준

식사조사	• 식사기록법, 식습관 조사 후 성·나이별 2015 한국인 영양소 섭취기준 대비 영양상태 판정
신체계측	• 키와 체중 계측하여 참고치와 비교 판정 • 성적 성숙도, 2차 성징 출현정도, 유즙 분비 여부 조사 • 신체조성, 근육발달 정도, 비만도 조사 • 왼손목 X선 촬영; 골연령 측정 후 실제 연령과 비교(1~2년 이상 빠름) • 중추성 성조숙증 남아나 여아도 6세 이전에 2차성징이 시작된 경우라면 중추신경계 종양 등을 확인하기 위해 뇌 자기공명영상(MRI) 촬영
생화학 검사	• 이른 아침에 호르몬농도 측정: estradiol, 황체형성호르몬(LH), testosterone, 혈중 난포자극호르몬(FSH), • 중추성 성조숙증(여아) 진단기준 - 기저 estradiol 농도 ≥10pg/mℓ - 기저 LH 농도 ≥0.6mIU/mℓ (평균 1.6mIU/mℓ) - 성선자극호르몬방출호르몬(GnRH)검사: 확진용 검사 GnRH를 투여 후 기저치에 비해 LH 농도가 2~3배 증가 또는 LH 최고농도, 남아: 9.6mIU/mℓ, 여아: 6.9mIU/mℓ 이상일 때 • 의료보험 적용기준: GnRH 자극검사 시 LH 최대치 ≥5.0mIU/L
임상조사	• 문진: 발병시기, 진행속도, 주산기장애, 성선스테로이드 노출유무, 가족력, 성장속도 등의 병력자료수집 • 성성숙도 Tanner stage로 평가 - 여아 유방 발달 2~3단계/5단계 이상 - 남아 고환크기 4mℓ 이상

출처: 이영준·이기형(2015). 성조숙증의 개요와 치료. J Korean Med Assoc. December, 58(12), pp. 1138-1144.

3. 아동·청소년 비만 영양판정

전 세계적으로 아동·청소년기 비만율은 꾸준히 증가하여 지난 40년간 10배가 증가하였다. 비만은 흡연과 함께 세계보건기구(WHO)가 21세기 신종 전염병으로 지목한 바 있으며, 적극적인 대응과 개입이 필요한 국제적이고, 우선적인 건강문제이다.

아동·청소년기 비만은 심장 및 혈관계 이상 등 다양한 합병증뿐만 아니라 성인비만으로 이행, 여러 만성질환 및 사망률의 증가를 유발하는 위험인자로 알려져 있다. 성인과 달리 아동·청소년기 비만은 열등감, 대인관계 장애, 우울, 부정적인 자기 신체상 등의 사회·심리 문제를 초래할 수 있으며, 성장발달 과정 중이므로 또래 집단 표준치에 대하여 상대적으로 판정한다는 특징이 있다.

우리나라 아동·청소년 비만율도 지난 10년 사이 약 2배 정도 증가하였다. 통계자료원에 따라 다소 차이가 있지만, 2007 표준성장도표 기준(≥95백분위수 또는 ≥BMI 25kg/m^2)으로 비만을 정의했을 때, 국민건강영양조사(2001년~2013) 자료를 이용한 우리나라 아동·청소년 비만 유병률은 10%(6~11세 6.1%, 12~18세 12.7%)로 나타났다[그림 8-3]. 진단기준이 국가마다 달라 직접 비교는 어렵지만, 우리나라의 아동·청소년기 비만 유병률은 미국(2011~2012, 6~11세 17.7%, 12~19세 20.5%)보다는 낮은 수준이었고, 중국(2010년, 7~18세 남자 11.0%, 여자 5.2%)과는 유사한 수준이었다.

특히, 현재 우리나라 20~30대 젊은 성인기 고도비만율이 빠르게 증가한 것으로 나타나 아동·청소년 비만 관리의 중요성은 증대되고 있다. 최근 2017년 표준성장도표 개정으로 아동·청소년 전 연령대에서 비만 진단기준은 강화되었다.

성장기 비만 중재는 운동량 증가 및 건강한 식생활에 대한 교육을 중심으로 가족이 함께 참여하여 이루어지는 것이 바람직하다. 성장기에 키와 체중의 변동 양상은 개인에 따라서 매우 다르기 때문에 면밀한 추적 관찰과 중재가 필요하다.

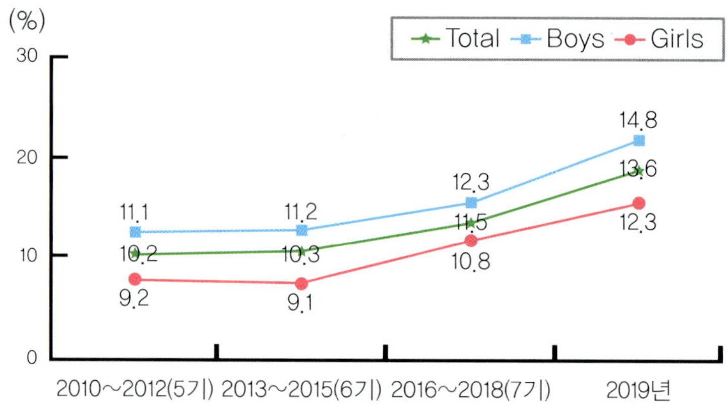

| 그림 8-3 | **국민건강영양조사(2001~2013)에 의한 아동·청소년(6~18세)비만 유병률**

출처: 질병관리본부(2015). 주간 건강과 질병 8(44), pp. 1050-1052.

우리나라 아동·청소년 비만율도 지난 10년 사이 꾸준히 증가하는 추세이다. 통계자료원에 따라 다소 차이가 있지만, 2017 표준성장도표 기준(≥95백분위수)을 비만으로 정의했을 때, 국민건강영양조사(2010년~2019) 자료에 나타난 우리나라 아동·청소년 전체의 비만 유병률은 13.6%였고, 6~11세(11.2%)보다 12~18세(15.7%)가, 여자(12.3%)보다 남자(14.8%)가 더 높게 나타났다 [그림 8-3]. 우리나라 아동·청소년 비만율은 2019년 미국 질병관리본부: 6~11세(18.4%), 12~19세(20.6%)보다는 낮은 수준이었고, 중국(2015년: 7~17세 13.2%, 7~12세 20.3%, 13~17세 9.6%)과는 유사한 수준이었다.

소아비만의 위험성

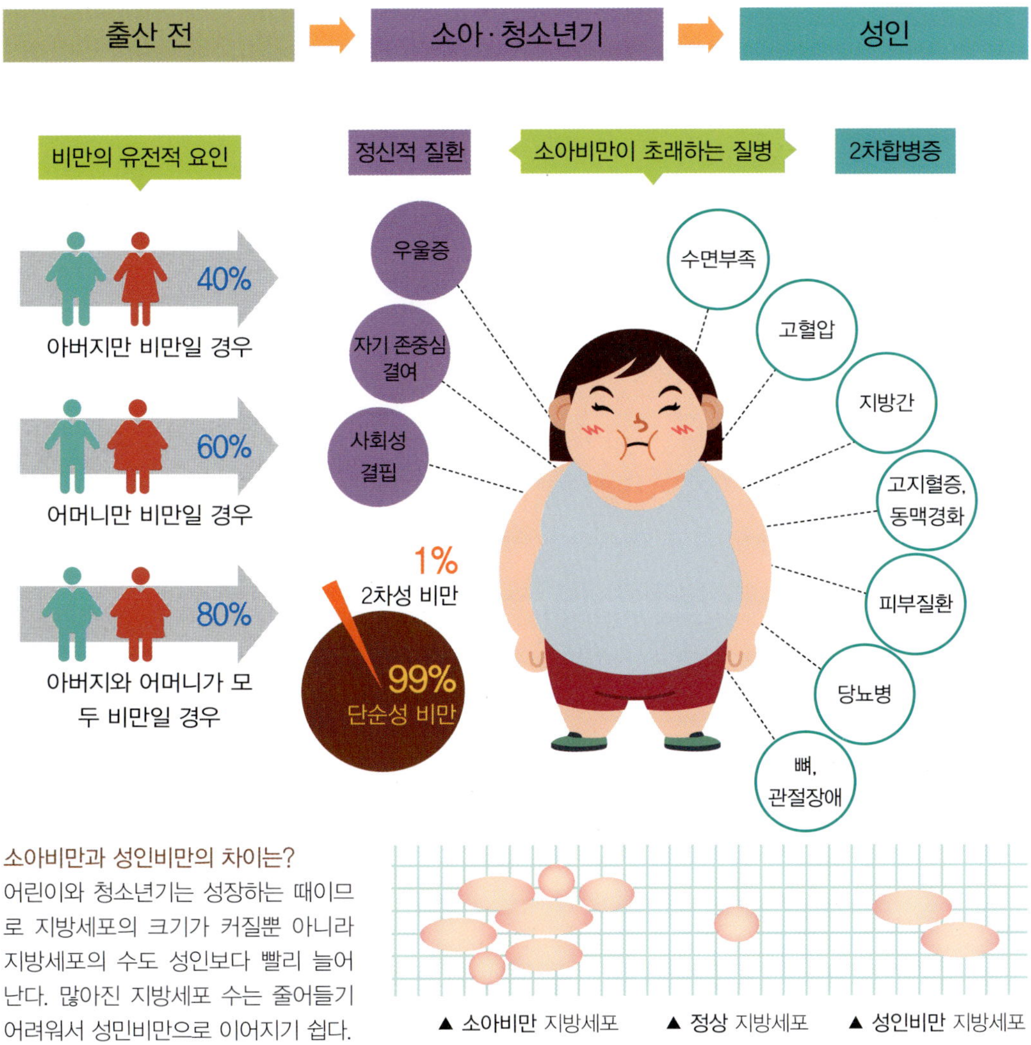

| 그림 8-4 | 아동·청소년 비만의 위험성

출처: 보건복지부·대한비만학회·식품의약품안전처, http://info.tongplus.com

1) 아동·청소년 비만 정의

비만은 신체에 공급된 에너지가 사용한 에너지를 초과하여 체내에 저장형태로 과잉 축적된 상태이다. 에너지 대사의 불균형은 생활환경과 생활습관, 식사와 신체활동, 에너지 대사에 관여하는 신경물질, 호르몬 등의 생리학적 요인들이 유전적 소인과 함께 종합적으로 작용한다[그림 8-4].

2) 아동·청소년 비만 분류

아동·청소년 비만은 단순성 비만과 증후성 비만(병적 비만)으로 분류된다. 대부분은 단순성 비만이지만, 저신장 또는 성장속도 감소, 발달 지연, 사춘기 지연, 단기간의 급격한 체중증가, 특히 특징적인 외모과 동반 기형 등이 있는 경우 증후성 비만 가능성이 있다. 영·유아 검진에서 저신장 등의 증상이 동반되는 비만은 전문 진료가 필요할 수 있다.

3) 신체계측에 의한 아동·청소년 비만 판정

아동·청소년기 비만의 대표적인 판정 방법은 체질량지수(BMI) 또는 상대체중을 이용하는 것이다. 개인별 성장·발달의 차이를 감안하여 상대적으로 비만 수준을 판정한다. 구체적인 신체계측방법은 4장을 참고한다. 단, 진단 기준은 2017 소아·청소년 성장도표가 개정되면서 우리나라 아동·청소년의 정보를 적용한 최신 비만 진단 및 치료지침을 참고한다.

(1) 체질량지수를 이용한 비만도 판정

2세 이상 대상자는 신장과 체중을 실측하여 BMI를 구한 후, 2017 한국소아·청소년 표준성장도표(부록 2의 그림 5 참조)에서 대상자의 성·연령별 BMI 백분위수를 찾아 85~95백분위수 미만이면 과체중, 95백분위수 이상이면 비만으로 판정한다. 과거 소아·청소년 비만의 진단기준 가운데 BMI 25 이상의 기준은 최근 삭제되었다(이대영 외, 2019, Korean J Pediatr, 62(1): 3-21). 한편, 2세 미만 대상자는 2017 한국 소아·청소년 표준성장도표에서 신장별 체중 백분위수를 기준으로 95백분위수 이상인 경우 과체중으로 판정한다.

(2) 상대체중을 이용한 비만도 판정

비만도는 상대체중을 기준으로 한 판정 방법이다. 즉, 비만도(%)는 (측정체중-표준체중) ÷ 표준체중 × 100으로 구하되, 이때 표준체중은 대상자의 성·연령별 한국 소아·청소년표준성장도표에서 찾는다. 비만도가 20% 이상~30% 미만이면 경도비만, 30% 이상~50% 미만이면 중등도, 50% 이상은 고도비만으로서, 이와 같은 단계별 기준은 선제적 비만 판정 및 관리에 활용할 수 있다. 지금까지 수집된 우리나라 6~18세 아동·청소년의 비만 현황과 관련 요인을 알 수 있는 자료들을 통계자료원별로 비교하면 [표 8-6], [표 8-7]과 같다.

(3) 체성분에 의한 아동·청소년 비만 판정

BMI 등의 신체계측 지표들은 실제 정확한 체지방을 반영하지는 못하므로, 진정한 비만의 정의인 체지방 증가 상태를 알기 위해 체성분을 측정한다. 여러 체성분 측정방법 중 DEXA(Dual Energy X-ray Absorptiometry)가 가장 좋으나 일선 현장에서 사용하기에는 제한이 많아 실용적이지 않다. 생체전기저항측정법(BIA)은 위험성이 적고, 쉽고, 저렴한 비용 등의 장점 때문에 많이 사용된다. 그러나 체성분 측정 후 정확한 해석을 위하여 각 측정법과 장비별 장·단점과 제한점, 그리고 각각의 참고치에 대한 이해가 필요하다. 아동·청소년기의 가장 큰 특징은 신체적 급성장과 2차성징의 발달이다. 이 시기에는 체성분의 급격한 변화가 동반되고, 체성분은 BMI가 제공하지 못하는 각각의 체성분 정보를 제공하여 질병 위험성 예측 등 활용도가 있으므로 질환 예방 차원에서 의의가 크다.

문진에서 확인된 비만 위험군을 대상으로 체성분을 측정하면 조기에 비만 중재를 할 수 있다. 게다가 중재에 대한 순응도를 높이는 효과도 기대할 수 있다. 최근 식성 까다로운 소아의 성장과 체성분에 대한 장기적 결과와 성장기에 체성분 요소별(예: 제지방) 적정 성장의 중요성은 더욱 증가하고 있다. 따라서 키와 체중, BMI, 체성분 등을 성장과정 중에 지속적으로 판정하는 것은 질병 발생 위험을 모니터하고 예방할 수 있는 매우 중요하고 가장 효과적인 방법이다.

| 표 8-6 | 우리나라 아동·청소년기 비만에 대한 통계자료원 비교

<table>
<tr><th colspan="2">구분</th><th>학생건강검사</th><th>청소년건강행태
온라인조사</th><th>국민건강영양조사</th></tr>
<tr><td colspan="2">조사목적</td><td>차세대 인적자원의
건강한 육성 및
건강체계 구축</td><td>건강행태 통계 산출 및
건강증진사업
기초자료로 활용</td><td>국민건강수준 행태에
대한 국가단위의
신뢰성 있는 통계 산출</td></tr>
<tr><td colspan="2">조사대상</td><td>표본추출된
초·중·고등학교 재학생</td><td>표본추출된
중·고등학교 재학생</td><td>표본추출된
만 1세 이상 가구원</td></tr>
<tr><td colspan="2">6~18세 표본규모</td><td>2019년
1,023개교 104,281명</td><td>2019년
800개교 57,303명</td><td>2019년
1,062명</td></tr>
<tr><td colspan="2">조사주기</td><td>2006년부터 매년 수행
(최신현황: 2019년)</td><td>2005년부터 매년 수행
(최신현황: 2019년)</td><td>1998년부터 매년 수행
(최신현황: 2019년)</td></tr>
<tr><td colspan="2">조사근거</td><td>학교보건법
(제7조)</td><td>-</td><td>국민건강증진법
(제16조)</td></tr>
<tr><td rowspan="2">조사방법</td><td>비만도
부분</td><td>학교별
키, 몸무게 실측</td><td rowspan="2">익명성
자기기입식 설문
온라인 조사</td><td>전문가에 의한 검진조사
(실측조사)</td></tr>
<tr><td>건강습관
부분</td><td>학부모 또는 학생
자기기입 문진표 작성</td><td>전문가에 의한
건강설문조사, 영양조사</td></tr>
<tr><td colspan="2">발간처</td><td>교육부
한국교육환경보호원</td><td>교육부
보건복지부
질병관리청</td><td>보건복지부
질병관리청</td></tr>
<tr><td colspan="2">원시자료 공개 여부</td><td>미공개</td><td>공개</td><td>공개</td></tr>
<tr><td colspan="2">공식 홈페이지</td><td>schoolhealth.kr
schoolkeepa.or.kr</td><td>kdca.go.kr/yhs</td><td>knhanes.cdc.go.kr</td></tr>
</table>

출처: 교육부·한국교육환경보호원(2020). 2019 전국 초·중·고등학생 건강검사 결과분석.
교육부·보건복지부·질병관리본부(2019). 2019 제15차 청소년 건강행태조사 통계.
보건복지부·질병관리청(2020). 2019 국민건강통계 국민영양조사 제8기.

| 표 8-7 | 통계자료원별 아동·청소년기 비만 판정기준

구분		학생건강검사[a]	청소년건강행태 온라인조사[b]	국민건강 영양조사[c]
체질량지수(BMI) 기분 비만도	저체중	소아·청소년 표준성장도표[1] 기준 성별, 연령별 BMI 5백분위수 미만	×	×
	정상	소아·청소년 표준성장도표[1] 기준 성별, 연령별 BMI 5~85백분위수 미만	좌동	좌동
	과체중	소아·청소년 표준성장도표[1] 기준 성별, 연령별 BMI 85 이상~95백분위수 미만	좌동	좌동
	비만	소아·청소년 표준성장도표[1] 기준 성별, 연령별 BMI 95백분위수 이상	좌동	좌동
	고도 비만	해당없음	해당없음	해당없음
상대 체중 기준 비만도[2]	저체중	×	×	×
	정상	몸무게가 키에 대한 표준체중보다 20% 미만인 경우	×	×
	경도 비만	몸무게가 키에 대한 표준체중보다 20% 이상 30% 미만 무거운 경우	×	×
	중등도 비만	몸무게가 키에 대한 표준체중보다 30% 이상 50% 미만 무거운 경우	×	×
	고도 비만	몸무게가 키에 대한 표준체중보다 50% 무거운 경우	×	×

1) 질병관리본부·대한소아과학회(2017). 2017 소아·청소년 표준성장도표
2) 비만도(%)=(측정체중−표준체중)÷표준체중×100, 표준체중은 한국 소아·청소년 표준성장도표에 따름
a) 2019년 전국 초·중·고등학생 건강검사 결과분석
b) 2014년 청소년온라인건강행태조사 5. 비만 및 체중조절영역 지표명 및 정의
c) 보건복지부·질병관리청(2020). 2019 국민건강통계.

출처: 한국건강증진개발원(2018). 국민건강증진을 위한 비만통계자료집 2013-2017.

1. 학생 건강검사

1) 초 · 중 · 고 비만율 현황(좌: 남학생, 우: 여학생)

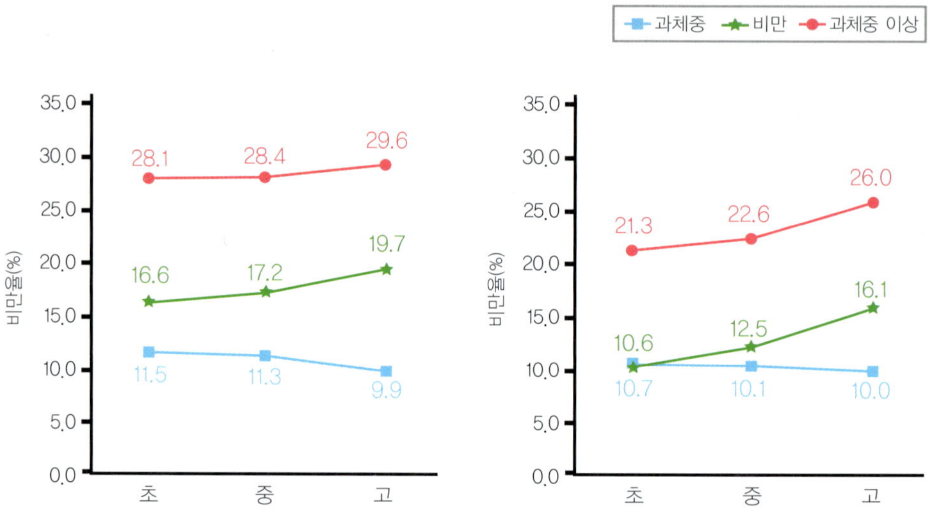

* 과체중 이상 = (과체중 + 비만)

2) 초 · 중 · 고 성별 비만율 현황

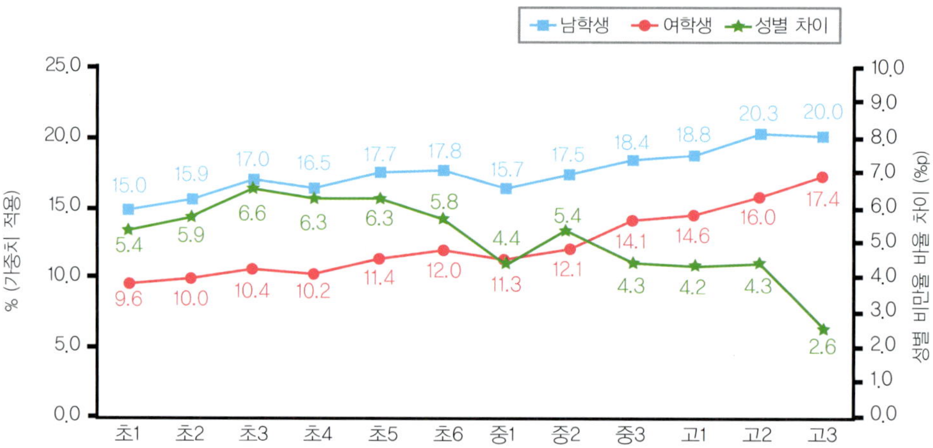

다음페이지에 계속

2. 청소년 건강행태 온라인조사(2015~2019)

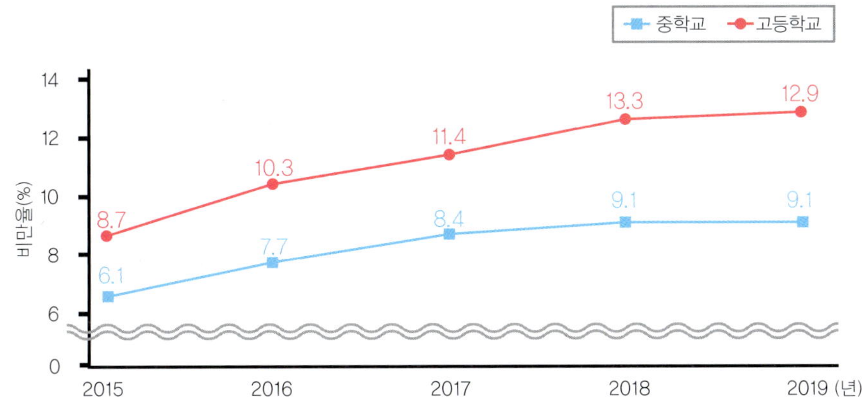

3. 국민건강영양조사(2010~2019)

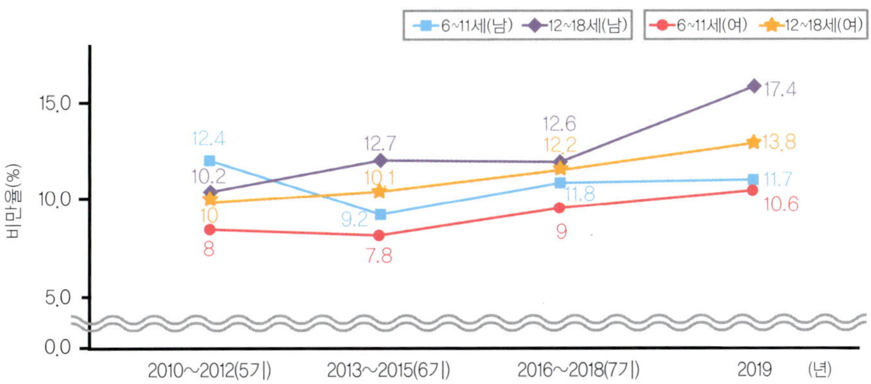

| 그림 8-5 | 통계자료원별 아동·청소년 비만 유병률 현황

출처: 한국건강증진개발원(2018). 국민건강증진을 위한 비만통계자료집 2013-2017.

4) 식사조사에 의한 아동·청소년 비만 판정

아동·청소년의 성장과 발달 그리고 정상적인 사춘기 진행을 위하여 적절한 열량과 균형 잡힌 식사는 중요하다. 가당음료, 포화지방산과 트랜스지방산 등은 부정적인 식사요인이고 반면에 식이섬유소가 풍부한 전곡류와 채소, 불포화지방산의 섭취는 권장된다. 따라서 아동·청소년의 비만 판정을 위해서는 식사 및 식습관은 물론 관련 요인에 대한 자료도 함께 수집하는 것이 필요하다.

2017년 전국 초·중·고등학생 건강검사에서는 비만 관련 식습관 요인으로서 라면, 음료수, 패스트푸드 섭취율이나 우유, 유제품, 과일, 채소, 아침식사결식률 등을 선정하고 조사하였다. 또한, 2014년 청소년건강행태 온라인조사에서는 단맛음료, 고카페인음료 등을 추가하여 보다 많은 항목을 구체적으로 조사하였다[표 8-8].

| 표 8-8 | 아동·청소년 비만 관련 식습관 요인

지표	1. 학생건강검사	2. 청소년건강행태온라인조사
식사습관 관련요인	1-1. 주 1회 이상 라면 섭취율 1-2. 주 1회 이상 음료수 섭취율 1-3. 주 1회 이상 패스트푸드 섭취율 1-4. 우유, 유제품 매일 섭취율 1-5. 과일 매일 섭취율 1-6. 채소 매일 섭취율 1-7. 아침식사 결식률	2-1. 주 5일 이상 아침식사 결식률 2-2. 1일 1회 이상 과일 섭취율 2-3. 1일 3회 이상 채소 섭취율 2-4. 1일 1회 이상 우유 섭취율 2-5. 주 3회 이상 패스트푸드 섭취율 2-6. 주 3회 이상 라면 섭취율 2-7. 주 3회 이상 과자 섭취율 2-8. 주 3회 이상 탄산음료 섭취율 2-9. 주 3회 이상 단맛음료 섭취율 2-10. 주 3회 이상 고카페인음료 섭취율

출처: 한국건강증진개발원(2018). 국민건강증진을 위한 비만통계자료집 2013-2017.

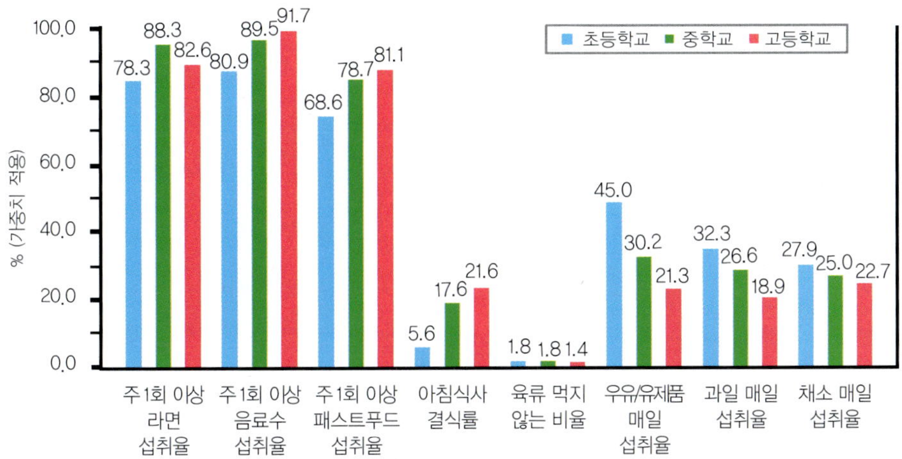

| 그림 8-6 | **아동청소년 비만관련 식사섭취 현황**

출처: 교육부, 한국교육환경보호원(2020), 2019 전국 초 중 고등학생 건강검사 결과분석

5) 생화학검사에 의한 아동·청소년 비만 판정

아동·청소년이 비만인 경우 고지혈증, 고혈압, 당뇨병, 대사증후군 등이 나타날 수 있다. 아동·청소년은 성인과 달리 대사증후군의 기준을 하나로 정하기가 쉽지 않다. 대사증후군 각 요소의 정상치가 인종, 연령, 성별에 따라 차이가 있고, 사춘기 시기에는 인슐린 저항성이 정상적으로 발생하기 때문이다. 또한, 아동에서 성인까지 장기적인 전향적 대사증후군 연구가 드물어서 진단기준의 적정 여부를 평가하기 어렵다.

아직까지는 공인된 소아·청소년기 대사증후군의 진단기준이 없지만, 성인의 National Cholesterol Education Program Adult Treatment Panel III(NCEP-ATP III) 기준을 변형한 기준과 국제당뇨병기구(International Diabetes Federation) 기준이 주로 이용된다.

10세 미만에서는 대사증후군을 진단하지 않는다. 하지만 가족력이 있는 경우에는 추적하는 것이 필요하다. 미국당뇨병학회(American Diabetes Association)

에서 2018년에 제시한 당뇨병 위험성 선별검사기준은 [표 8-9]와 같다.

과체중 아동·청소년은 당뇨병 선별검사를 실시한다. 즉, BMI 85백분위수, 신장별 체중 85백분위수, 상대체중비가 120% 이상이거나 다음 중 하나 이상의 위험요인이 있으면 선별검사 대상이다. 어머니의 당뇨병력 또는 임신성 당뇨병력, 당뇨병 가족력(부모, 조부모, 삼촌, 고모, 이모 포함), 인종/민족(Native American, African American, Latino, Asian American, Pacific Islander), 인슐린 저항성 징후나 연관상태(흑색극세포증, 고혈압, 이상지질혈증, 다낭성난소증후군, 저체중 출생아) 등이 위험요인에 속한다.

Tip !

아동·청소년 비만과 대사증후군의 위험요인

- 자궁내 영양결핍으로 출생한 저체중 출생아
- 모체 당뇨병, 모체 비만 또는 임신 중 급격한 체중증가
- 생후 6개월간 급격한 체중증가
- 체지방 반동 연령이 낮을수록, 사춘기 시작 연령이 낮을수록 비만 위험이 증가한다.
- 가족력(당뇨병, 이상지질혈증, 고혈압 등)이 있는 경우

| 표 8-9 | 아동·청소년 대사증후군 진단기준

	International Diabetes Federation			Modified NCEP-ATPIII
	6~9.9(yr)[a]	10~15.9(yr)	≥16(yr)	
비만(WC)	≥90백분위수	≥90백분위수	≥90cm(Asian ♂) ≥80cm(Asian ♀)	≥90백분위수 (성, 연령, 인종별)
TG(mg/dℓ)	-	≥150	≥150 or 고중성지방혈증 치료	≥110
HDL-C(mg/dℓ)	-	<40	<40(♂) or <50(♀)	<40
BP(mmHg)	-	SBP≥130 or DBP ≥85	SBP≥130 or DBP ≥85 or 고혈압 치료	≥90백분위수 (성, 연령, 키별)
FPG(mg/dℓ)	-	≥100[b] or 2형당뇨병	≥100[b] or 2형당뇨병	≥110
판정기준	복부비만 + 4요인 중 2요인 이상			5요인 중 3요인 이상

NCEP-ATP, National Cholesterol Education Program Adult Treatment Panel; WC, waist circumference; TG, triglycerides; HDL-C, high-density lipoprotein-cholesterol; BP, blood pressure; SBP, systolic blood pressure; DBP, diastoilic blood pressure; FPG, fasting plasma glucose

a) 대사증후군은 진단할 수 없지만 가족력(대사증후군, 2형당뇨병, 이상지질혈증, 심혈관계질환, 고혈압, 비만)이 있는 경우 측정 요함

b) 임상적 목적이며 대사증후군 진단목적이 아님, 만일 공복혈당이 100~125 mg/dℓ 이지만 당뇨병이 없다면 경구당부하검사 시행할 것

출처: 대한의사협회(2018). J Korean Med Assoc. 61(10):599-606.

6) 임상조사에 의한 아동·청소년 비만 관련 요소 판정

비만은 체형이나 외모 변화 등의 임상증상 및 징후를 통해 파악할 수 있지만, 아동·청소년비만은 신체 활동, 사회·경제요인, 주관적 건강 인지, 정신건강상태 등과도 관련이 있으므로 임상조사 시 고려할 수 있다.

(1) 신체활동 지표

전국 학생 건강검사와 청소년 건강행태 온라인조사에서도 아동·청소년 비만

관련인자로서 신체활동 특성을 조사하였다. 조사항목은 지난 일주일 동안, 숨이 약간 차는 정도의 신체활동을 60분 이상 실시한 횟수, 격렬한 신체활동을 20분 이상 한 횟수, 근력강화 운동을 한 횟수, 10분 이상 걷기를 한 횟수에 대하여 2일 이하, 3~4일, 5일 이상 등이었다[표 8-10].

| 표 8-10 | 신체활동 관련 요인 조사항목

	학생건강검사	청소년건강행태온라인조사
신체활동관련 요인	주 3일 이상 격렬한 신체활동 주 5일 이상 격렬한 신체활동	주 3일 이상 격렬한 신체활동 실천율 하루 60분 주 5일 이상 신체활동 실천율 주 3일 이상 근력강화 실천율 주중 학습목적 앉아서 보낸 시간 주중 학습목적 이외 앉아서 보낸 시간 주말 학습목적 앉아서 보낸 시간 주말 학습목적 이외 앉아서 보낸 시간
기타건강습관 관련요인	하루 6시간 이내 수면율	연간 영양 및 식사습관 교육 경험률 주중 평균 수면시간

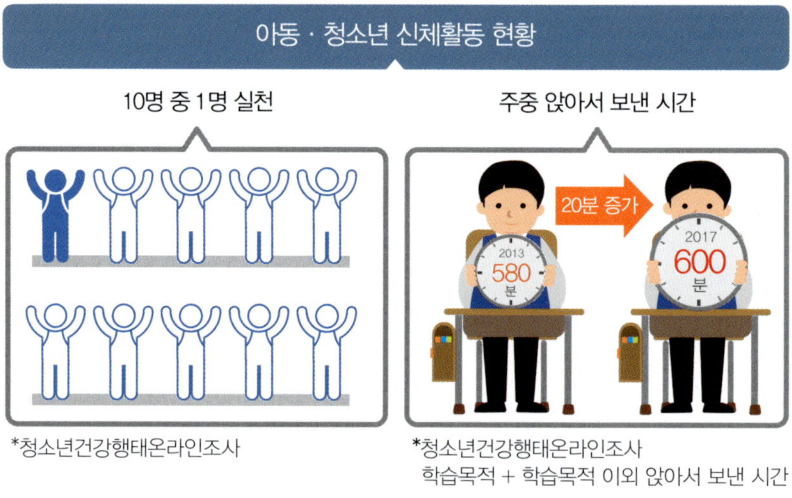

출처: 한국건강증진개발원(2018). 국민건강증진을 위한 비만통계자료집 2013-2017.

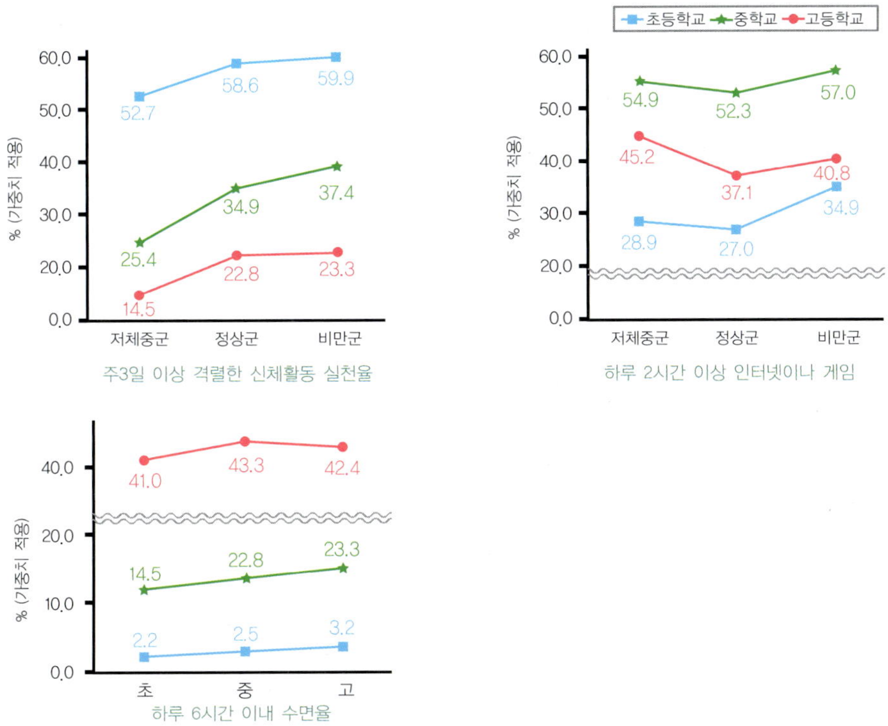

| 그림 8-7 | **학생건강검사**

(2) 사회 · 경제지표

① 보호자 교육수준

보호자의 교육수준이 높을수록 음식선택과 운동에 대한 관심을 가지게 되는 등 건강에 대한 관심이 증가하고, 청소년의 건강 행동을 유도할 수 있는 것으로 보고되었다. 보호자 교육 수준은 아동 · 청소년 비만 관련 요소로서 고려할 수 있다.

② 사회경제수준

주관적으로 인지하는 경제상태와 가구 풍요도, 사회경제적 수준이 낮을수록 운동시설들의 접근성은 떨어지는 반면 TV 시청 등의 비활동성 여가 시간이 증가하여 과체중 및 비만과 연관이 있는 것으로 나타났다. 아동·청소년 비만 관련 요소로서 임상조사 시 고려할 수 있다.

③ 정신건강지표

- 식사태도 검사

아동·청소년에게 비만이 있는 경우 부정적인 신체상, 우울감, 자존감 저하등의 정신문제는 폭식행동 및 폭식행동이나 충동 조절의 어려움, 날씬함에 대한 병적인 추구 등의 위험인자로 알려져 있다. Garner와 Garfinkel 이 개발한 초기 EAT 도구는 40문항이었으나 Garner 등이 26문항으로 단축하여 EAT-26으로 축약하였고, 이민규 등이 한국어로 번역한 Korean version of the eating attitude test-26, KEAT-26은 각 문항에 대해 6개 Likert 척도로 구성(점수 평가는 0~3점)된다[표 8-11].

신경성 식욕부진증의 증상을 측정할 수 있으며, 신경성 식욕부진증에서 흔히 나타나는 행동과 태도에 대하여 총 세부분으로 구성된다. 즉, 살찌는 음식을 피하고 날씬해지는 데 집착하는 '다이어트(dieting) 요인', 음식에 대한 생각과 신경성 식욕부진증을 나타내는 '대식증과 음식 집착(bulimia and food preoccupation) 요인', 그리고 식사에 대한 자기통제와 체중증가에 대하여 타인으로부터 지각된 압력과 관련된 '구강통제(oral control) 요인'이다. 신경성 식욕부진증 사례, 특히, 체중감소가 없지만 섭식에 대해 지나친 관심을 보이는 환자 선별에 유용하다. KEAT-26은 임상뿐 아니라 역학연구에서도 신뢰성 있고 타당한 도구로 사용될 수 있는 것으로 보고되었다.

2019년도 전국 학생 건강검사 조사결과 저체중군에서 자신의 체형이 친구들에 비해 약간/매우 살찐 편이다라고 잘못 인지하고 있는 학생비율이 초·중·고에서 각각 2.5%, 3.2%, 3.0%에 해당하였다. 또한 비만군에서 자신의 체형이 친구들에 비해 약간/매우 살찐 편이다라고 잘못 인지하고 있는 학생비율이 초·중·고에서 각각 3.4%, 2.7%, 2.8% 였다.

| 표 8-11 | 식사태도(Korean version of the Eating Attitude Test-26, KEAT-26)

식사태도 검사(KEAT-26)							
이름		연령	세	성별	남/여	작성일	년 월 일

아래 식사와 관련된 각각의 질문을 주의 깊게 읽으신 후 자신의 상태를 가장 잘 나타낸다고 생각되는 응답을 해당란에 √표시 해 주십시오.

5	4	3	2	1	0
항상 그렇다	매우 자주 그렇다	자주 그렇다	가끔 그렇다	거의 드물다	전혀 아니다

	질문사항	항상 그렇다	매우 자주 그렇다	자주 그렇다	가끔 그렇다	거의 드물다	전혀 아니다
1	살찌는 것이 두렵다.	5	4	3	2	1	0
2	배가 고파도 식사를 하지 않는다.	5	4	3	2	1	0
3	나는 음식에 집착하고 있다.	5	4	3	2	1	0
4	억제할 수 없이 폭식한 적이 있다.	5	4	3	2	1	0
5	음식을 작은 조각으로 나누어 먹는다.	5	4	3	2	1	0
6	자신이 먹고 있는 음식의 영양소와 열량을 알고 먹는다.	5	4	3	2	1	0
7	빵이나 감자 같은 탄수화물이 많은 음식은 특히 피한다.	5	4	3	2	1	0
8	내가 많은 음식을 먹으면 다른 사람들이 좋아하는 것 같다.	5	4	3	2	1	0
9	먹고 난 다음 토한다.	5	4	3	2	1	0
10	먹고 난 다음 심한 죄책감을 느낀다.	5	4	3	2	1	0
11	좀 더 날씬해져야겠다는 생각을 떨쳐버릴 수가 없다.	5	4	3	2	1	0
12	운동을 할 때 운동으로 인해 없어질 열량에 대해 계산하거나 생각한다.	5	4	3	2	1	0
13	남들이 내가 너무 말랐다고 생각한다.	5	4	3	2	1	0
14	내가 살이 쪘다는 생각을 떨쳐버릴 수가 없다.	5	4	3	2	1	0
15	식사시간이 다른 사람보다 더 길다.	5	4	3	2	1	0

	질문사항	항상 그렇다	매우 자주 그렇다	자주 그렇다	가끔 그렇다	거의 드물다	전혀 아니다
16	설탕이 든 음식은 피한다.	5	4	3	2	1	0
17	체중조절을 위해 다이어트용 음식을 먹는다.	5	4	3	2	1	0
18	음식이 나의 인생을 지배한다는 생각이 든다.	5	4	3	2	1	0
19	음식에 대한 자신의 조절능력을 과시한다.	5	4	3	2	1	0
20	다른 사람들이 나에게 음식을 먹도록 강요하는 것 같다.	5	4	3	2	1	0
21	음식에 대해 많은 시간과 정력을 투자한다.	5	4	3	2	1	0
22	단 음식을 먹고 나면 마음이 편치 않다.	5	4	3	2	1	0
23	체중을 줄이기 위해 운동이나 다른 것을 하고 있다.	5	4	3	2	1	0
24	위가 비어 있는 느낌이 있다.	5	4	3	2	1	0
*25	새로운 기름진 음식 먹는 것을 즐긴다.	5	4	3	2	1	0
26	식사 후 토하고 싶은 충동을 느낀다.	5	4	3	2	1	0

*Reversal Scoring Item 1,2,3=0, 4=1, 5=2, 6=3

평가자 기록란: 총점 ____________ 평가____________

〈판정지침〉

성별	섭식 문제 경향	심한 섭식문제 있음	절단점
남자	15~18점	≥23점	19점
여자	18~21점	≥28점	22점

출처 1: Garner, D. M. & Farfinkel, P. E.(1979). The Eating Attitudes Test: An index of the symptoms of anorexia nerversa. Psychological Medicine, 9, 273-279.

출처 2: 이민규·박세현·손창호·정영조·홍성국·이병관·장필림·윤애리(1998). 한국판 식사태도검사-26 표준화 연구 I : 신뢰도 및 요인분석. 정신신체의학, 6, pp. 155-175.

식사조사	신체계측조사
영양소 섭취상태 (24회상법/식사기록법) 아침식사 결식률 라면, 음료수, 패스트푸드 섭취율 우유, 유제품, 과일, 채소섭취율 단맛음료 섭취율 고카페인음료 섭취율	성별 연령별 표준성장도표 비만도: 성별연령별 체질량지수 백분위수 비만도: 상대체중 허리둘레 체성분
생화학조사	**임상조사**
공복 혈당 혈중 총지질 농도 HDL-콜레스테롤 농도 LDL-콜레스테롤 농도	혈압 신체활동 사회경제지표 정신건강지표 수면율

| 그림 8-8 | **아동·청소년 비만 관련 영양위험요소와 판정지표**

4. 식품알레르기 영양판정

국내 식품알레르기(food allergy)의 유병률 자료는 많지 않지만, 최근 10년(2008~2018)동안 A대학병원에 내원한 총 2,733명의 환자에서 4,680건의 식품알레르기 증례가 보고된 바 있다. 전체 환자 중에는 남자(54.3%)가 더 많았으나, 아동·청소년과 성인으로 구분하여 분석한 결과, 아동·청소년은 남자(60.3%)가, 성인은 여자(59.2%)가 더 많았다. 특히, 전체 조사대상자 가운데 식품알레르기를 최초로 경험한 나이를 조사한 결과 만 2세 미만이 과반수 정도로 나타나 주의가 필요하다는 것을 알 수 있었다.

1) 식품알레르기 정의

식품 알레르기는 식품 단백질에 대한 항원, 특이 면역학 반응으로 생긴 이상 반응을 뜻한다.

2) 식품알레르기 분류

(1) IgE 매개성 식품알레르기

- 특정 식품 섭취 후 특이 IgE 항체 때문에 발생하는 제1형 즉시형 과민반응 증상이다.
- 식품 섭취 후 수분에서 2시간까지의 반응을 뜻한다. 증상은 특정 식품을 섭취할 때마다 나타나며, 경미한 증상부터 아나필락시스와 같은 심각한 증상까지 범위가 매우 넓다.
- 주요증상: 두드러기, 혈관부종, 발진, 입안 가려움증, 입술 부종에서 소화기, 호흡기, 심혈관 관련, 신경 관련 증상까지 매우 다양한 증상이 나타날 수 있다. 식품 섭취 후 증상이 즉각적으로 나타나는 즉시형 반응만 있는 경우와 즉시형 반응 후에 지연형 반응이 함께 나타나는 경우가 있다.

(2) IgE 비매개성 식품알레르기

- 특이 IgE 항체 관련 반응과 세포면역 관련 반응이 혼합되어 나타나는 아토피 피부염이나 호산구성 식도염이 해당된다.
- 순수한 T 세포 면역 반응만 관련되는 식품 단백질 유발성 장염 증후군(Food Protein-Induced Enterocolitis Syndrome, FPIES), 알레르기 직결장염(Allergic Proctocolitis, AP)이 해당된다.
- 영아나 어린 아동에서 주로 나타나며, 주로 복통, 구토, 설사, 혈변, 성장 부진 등 소화기 관련 증상이 주로 나타난다.

3) 식품알레르기 판정

(1) IgE 매개성 식품알레르기 판정

① 식사조사에 의한 식품알레르기 판정

알레르기를 유발하는 원인식품을 파악하기 위해서는 의심되는 특정 식품을 섭취한 후 관찰하는 것이 기본적인 방법이다. 이중맹검법으로 의심되는 식품을 2주 간격으로 섭취하거나, 또는 제거한 후 관찰하기를 3회 반복하는데, 어렵지만 가장 확실한 진단방법이다. 그러나 검사 도중 아나필락시스 위험이 있으므로 전문의 지도하에 실시하여야 한다. 섭취 후 모든 반응은 식사일기로 기록한다. 그러나 식품에 함유된 특정 성분에 의한 알레르기 반응은 정확한 원인을 발견하기 어렵다. 다만, 다빈도로 발생하는 알레르기 유발 식품 목록을 참고할 수 있다. 2018년 식품의약품안전처 보고에 따르면, 전 연령층(n=4680)에서 가장 높은 빈도를 차지한 식품알레르기 원인식품군은 해산물(18.4%)이었고, 그 다음으로 달걀(17.2%), 우유(16.7%), 곡물(11.1%), 과일(10.3%), 견과류(7.6%), 육류(7.1%), 콩류(땅콩, 대두 등 포함)(5.5%), 채소(2.8%), 종자류(1.3%), 가공식품(0.9%), 식용곤충(0.4%) 순이었다. 아동·청소년기와 성인기에 경험하는 식품알레르기 주요 원인식품군은 분명히 다른 것으로 나타났다[그림 8-9]. 국가별 아동·청소년(18세 이하) 식품알레르기 원인식품에 따르면 북미지역은 갑각류가 아시아지역은 밀에 대한 알레르기가 비교적 흔한 것으로 나타났다[그림 8-10].

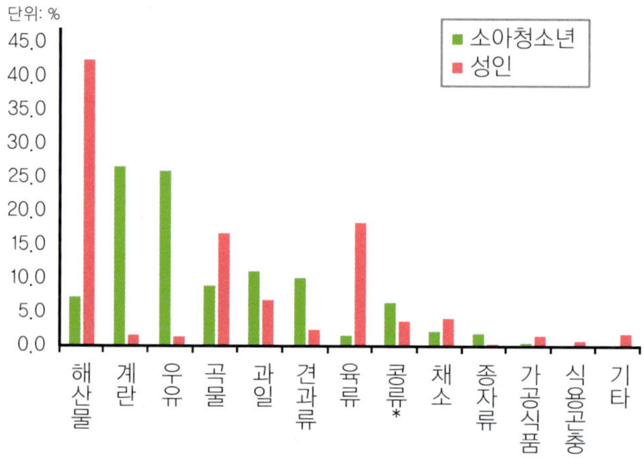

| 그림 8-9 | 식품알레르기 주요 원인 식품군(아동·청소년, n=2994/성인, n=1417)

*콩류: 땅콩, 대두 등 포함.

출처: 식품의약품안전처(2018). 식품 알레르기 유발물질 조사 및 재평가.

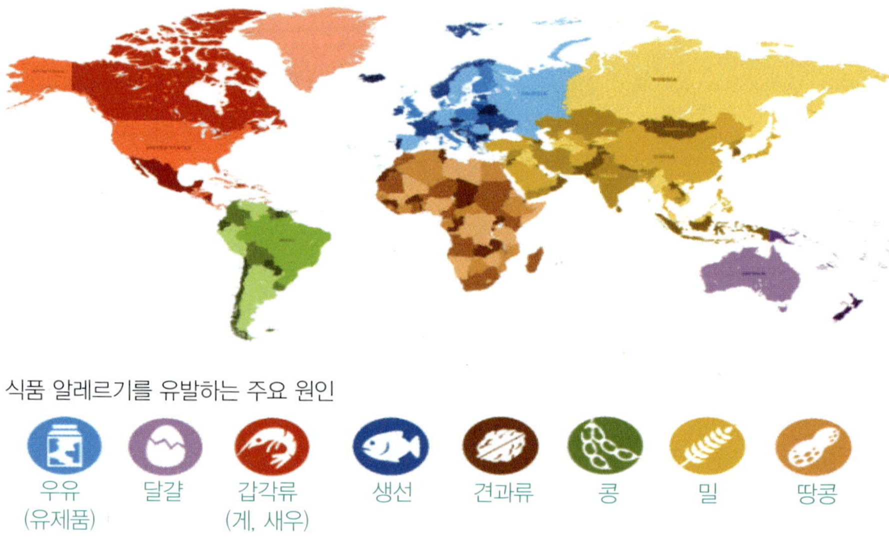

| 그림 8-10 | 국가별 소아·청소년(18세 이하) 식품알레르기 원인식품

출처: 세계알레르기협회(2015). 식품의약품안전처(2018). 식품알레르기 유발물질 조사 및 재평가.

② 생화학검사에 의한 식품알레르기 판정

• 피부시험과 혈청검사

환자의 병력에 근거해서 원인 항원을 선택하고 많은 식품 항원을 모두 검사할 필요는 없다. 또한, 식품 알레르기 진단을 위해 관례적으로 피부단자시험, 혈청 특이 IgE 측정, 첩포시험을 모두 시행하는 것은 권하고 있지 않다.

• 경구유발시험

이중 맹검 위약 대조 경구유발시험이 가장 정확한 방법이지만 시간과 비용이 많이 들고, 조제 과정이 복잡하여 실질적으로 시행하기 힘들다. 따라서, 개방성 경구유발시험이나 단일 맹검 경구유발시험을 일반적으로 시행한다.

• 성분항원검사

성분항원검사(component-resolved diagnosis)는 조항원(crude extract)에 포함된 여러 성분 항원들에 대한 특이 면역글로불린 E(specific immunoglobulin E, sIgE)를 각각 검출하여 환자의 감작패턴을 파악하는 진단법으로, 다른 항원과의 교차 반응 여부, 특정 임상증상과의 관련성 등을 확인하는 데 유용할 것으로 보고 있다. 예를 들면, 밀가루에 의한 식품 의존성 아나필락시스 의심 환자에서 ω5-gliadin 검출검사를 하는 것이다.

③ 임상조사에 의한 식품알레르기 판정

• 식품알레르기 증상

식품알레르기 증상 피부, 신경, 호흡기, 소화기, 심혈관, 비뇨생식기 등 여러 신체기관에 다양하게 나타나며 심각한 전신 반응인 아나필락시스를 동반할 수도 있다[그림 8-11]. 병력 청취를 통해 원인식품을 추정하는 것이 판정의 첫걸음이다. 식품 섭취 후 수 분에서 수 시간 이내에 아나필락시스 혹은 알레르기 증상을 경험하거나, 특정 음식섭취 후 알레르기 증상이 1회 이상 반복되는 경우,

호산구성 식도염으로 진단받은 알레르기 환자에서 식품 알레르기를 의심할 수 있다.

- 즉시형 반응

즉시형 반응은 수 분에서 수 시간 이내에 증상이 발생하지만, 지연형 반응은 수시간에서 수일에 걸쳐 나타난다. 의심이 되는 원인식품 종류, 섭취량 및 조리 상태 그리고 증상 발현까지의 시간, 횟수, 임상 양상과 중증도, 발생 조건 등에 관한 병력을 자세히 조사하는 것이 중요하다.

- 성인에 대한 판정

성인은 특히 운동, 술, 아스피린과 비스테로이드성 항염증제(Non-Steroidal Anti-Inflammatory Drugs, NSAIDs) 같은 보조인자(complementary factor) 사용도 함께 고려해야 한다. 그러나, 병력이나 신체진찰만으로 식품알레르기를 진단하기에는 근거가 불충분하며, 오진이나 불필요한 식이제한을 유도할 수 있으므로 알레르기 검사를 통해 확진해야 한다.

(2) IgE 비매개성 식품 이상 반응

IgE 비매개성 식품 이상 반응의 진단은 쉽지 않으며, IgE 매개성 식품알레르기와 구분하기 어려운 경우가 종종 있다. 호산구성 위장관 질환이 의심되는 경우 피부검사, 특이 IgE 측정 및 첩포검사(patch test)가 원인식품을 확인하는 데 도움이 될 수 있다. 알레르기성 또는 전신성 접촉성 피부염은 의심 식품으로 검사하여 양성이면 확진할 수 있다.

Tip !

아나필락시스 임상진단

- **다음 항목 중 한 개에 해당하면 아나필락시스(anaphylaxis)가 강력히 의심된다.**
  1) 피부, 점막(전신두드러기, 가려움증, 홍조, 입술-혀-목젖의 부종)에 갑자기(수 분~수 시간) 발생한 증상과 함께 적어도 아래 항목 중 1가지 이상 있을 때
     - 호흡기 증상(호흡곤란, 천명, 기도 수축, 협착음, 최고 호기 유속 감소, 저산소증)
     - 혈압감소 또는 저혈압으로 인한 말초장기 기능장애 관련 증상(저혈압, 실신, 실금)
  2) 의심되는 알레르겐에 노출된 뒤 빠르게 아래 항목 중 2가지 이상의 증상이 있을 때
     - 피부-점막 조직의 증상 발현
     - 호흡기 증상
     - 혈압 감소 또는 이와 관련된 증상
     - 지속적인 위장관 증상(복통, 구토)
  3) 알고 있던 알레르겐에 노출된 후 혈압 저하
     - 소아: 수축기 혈압이 낮거나 기저치의 30 % 이상 감소할 때
     - 성인: 수축기 혈압이 90mmHg 이하 또는 기저 혈압이 30% 이상 감소할 때

- **아나필락시스의 원인과 위험인자**
  - 아나필락시스의 원인 인자는 연령별로 다르며, 아동은 식품이, 성인은 동물의 독(예: 뱀, 벌)이나 약물이 흔한 원인임
  - 아나필락시스를 일으키는 식품도 연령별로 각각 다른 양상을 보임
  - 어린 소아: 우유, 달걀, 밀 / 청소년기: 땅콩, 견과류 / 성인: 밀, 해산물, 셀러리 등
  - 같은 원인에 노출되더라도 아나필락시스에 이르게 하는 위험 인자들이 있고, 이런 위험 인자들은 성인이 아동보다 더 흔함
    - 생활 습관: 과도한 신체 활동, 알콜 섭취, 과도한 스트레스
    - 약물: COX 1/2 억제제, ACE 억제제, 베타 항진제
    - 동반 질환 상태: 기저 트립타제 수치가 높은 경우, mastocytosis, 기관지 천식
    - 환자 개인 요인: 성별, 고연령, 현감염, 발열 상태, 생리 전
    - 소아에서는 꽃가루 알레르기나 천식의 질환력

출처: 식품의약품안전처(2018). 식품 알레르기 유발물질 조사 및 재평가.

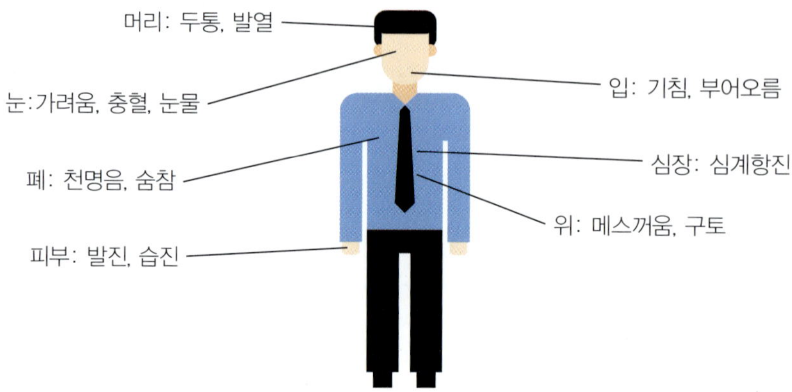

| 그림 8-11 | 알레르기 증상

4) 식품알레르기 관리

식품알레르기의 가장 기본적인 치료방법은 원인식품 섭취를 철저히 차단하는 것이다. 그러나 알레르기 반응은 식품 섭취 후 갑자기, 우발적으로 나타날 수 있다. 또한, 알레르기 원인식품이 단일제품일 때는 육안으로 확인할 수 있어서 회피하기가 쉽지만, 식품의 구성성분이거나 다양하고 복잡한 요리가 제공될 경우 그 내용물을 외관으로 구별할 수 없어 회피에 어려움이 있다. 주의할 것은 원인 식품으로 규명되기에 앞서 예방 차원에서 특정 식품 섭취를 제한할 필요는 없다.

국소 두드러기와 같은 가벼운 증상은 항히스타민제 사용만으로 충분하지만, 심한 전신 두드러기와 혈관부종, 복통, 구토 및 설사를 동반한 위장관 증상, 천명이나 후두부종 등을 초래한 경우이거나 과거 아나필락시스가 있었던 환자는 반드시 에피네프린 근육주사를 우선하고 이후 증상 조절 및 재발을 예방하기 위한 항히스타민제와 스테로이드 사용이 권장된다. 식품알레르기로 천식이나 비염 혹은 기타 증상이 나타난 경우에는 각각에 대한 약물치료를 시행한다. 식품에 의해 아나필락시스를 경험했던 환자에게는 병원에서 응급처치를 받을 수 없는 상황에 대비하여 응급용 개인 에피네프린주사(Jext®, EpiPen® Auto-Injectors)를 소지하고 스스로 주사를 놓을 수 있도록 그 사용법을 충분히 지도할 필요가 있다.

우리나라 식품위생법(식품 등의 표시·광고에 관한 법률시행규칙, 소비자 안전을 위한 표시사항, 2020. 9. 9.)에는 시판 식품 가운데 알레르기를 많이 유발하는 것으로 알려진 식품으로 난류(가금류에 한함), 우유, 메밀, 땅콩, 대두, 밀, 고등어, 게, 새우, 돼지고기, 복숭아, 토마토, 아황산류(이를 첨가하여 최종제품에 SO2로 10mg/kg 이상 함유한 경우에 한함), 호두, 닭고기, 쇠고기, 오징어, 조개류(굴, 전복, 홍합 포함), 잣'을 함유하거나 그 성분이 함유된 경우 원재료명을 포장지에 표시하도록 하였다. 따라서 식품을 섭취할 때 이와 같은 주원료 성분을 반드시 확인할 필요가 있으며 소비자 교육이 필요하다[그림 8-12, 8-13].

| 그림 8-12 | 식품알레르기 유발물질 표시 대상식품

출처: 식품의약품안전처(2017). 식품알레르기표시 바로알기, 2016 Guide book.

식품 알레르기 환자가 식품 살 때 주의할 점!

"알레르기 식품 표시제" 알고 계시나요? 확인하시나요?

우리나라에서 유통되는 모든 식품에는 흔한 알레르기 유발식품이 들어 있는지 표시되어 있습니다.

현재 우리나라에서 법령으로 정하여 꼭 표시하도록 되어 있는 식품은 총 12가지입니다.

- 달걀, 우유, 메밀, 땅콩, 대두, 밀, 고등어, 게, 돼지고기, 복숭아, 토마토, 새우

식품 라벨을 꼭 읽어야 하는 이유는?

- 식품알레를기 환자는 소량의 식품에 노출되어도 심한 증상이 나타날 수 있습니다. 응급상황을 예방하기 위해 알레르기 유발식품을 철저히 피해야 합니다.

식품 라벨 읽는 방법

알레르기 식품표시 라벨 확인하기!

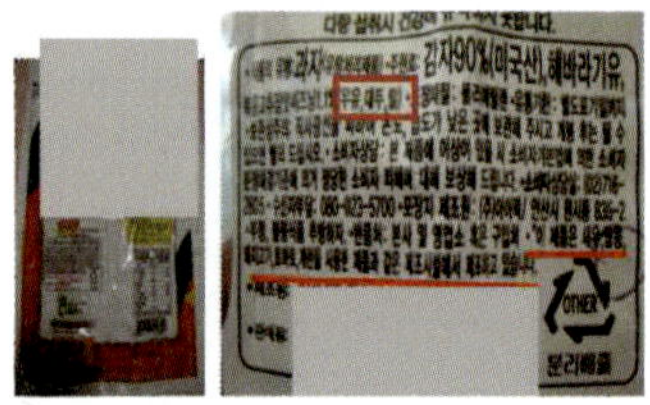

① 작는 글씨도 모두 읽습니다.
② 알레르기 식품의 다른 표현도 알아두어야 합니다.
(예를 들어, 우유는 카세인·유청단백질 등으로, 달걀은 난백·난황, 알부민 등으로 표기되어 있을 수 있습니다.
③ 성분이 유사한 식품도 알레르기를 유발할 수 있으므로 꼭 살펴야 합니다.
(예를 들어, 우유와 산양유, 땅콩과 견과류, 새우·게와 바닷가재 등은 성분이 유사합니다.
④ 알레르기 식품으로 만든 2차 식품도 주의하여야 합니다.
(예를 들어, 우유로 만든 유제품, 알레르기 식품 유래 비타민 등이 있습니다.
⑤ 건강식품과 일부 의약품에도 알레르기 식품 성분이 포함되어 있을 수 있습니다.
⑥ 제조과정에서 알레르기 식품을 담았던 용기를 사용하는지도 확인하는 것이 안전합니다.

| 그림 8-13 | **알레르기 식품표시제도**

출처: 식품의약품안전처(2015). 식품 알레르기 예방을 위한 연구.

Tip !

식품 알레르기성을 낮추는 방법

- 가열 조리: 식품 알레르기성을 낮출 수 있어 환자에 따라 개별적으로 허용되는 범위라면 섭취하도록 한다. 그러나 이런 노력에도 불구하고 알레르기 반응이 생기는 경우라면, 원인 식품은 확실히 제한하는 것이 필요하다.
- 가능한 모유수유를 통하여 면역력을 확보한다.
- 저알레르기 분유와 같은 저알레르기 식품을 이용한다.

출처: 김주희(2017). 식품알레르기-전문가 따라잡기. 대한내과학회 추계학술발표논문집, 2017(2), 329-332.

식품알레르기 증례기록지 예시(성인)

식품알레르기 증례기록지(성인) (Ver 1.2) – 성인

※2개 이상의 식품에 알레르기 증상이 있는 경우, 각각의 식품에 대하여 따로 작성하여 주시기 바랍니다.

환자 코드: ☐ / ☐☐☐☐

(A) 기본 문진

1. 연구학적 정보

성별	☐ 남 ☐ 여
생년월일	☐☐☐☐ 년 ☐☐ 월 ☐☐ 일

2. 병력

식품알레르기 *현재는 없지만 과거에 있었던 식품*	☐ single food ☐ multiple foods		
	종류/년도: ____________/☐☐☐☐ 년 종류/년도: ____________/☐☐☐☐ 년 종류/년도: ____________/☐☐☐☐ 년		
천식	☐ 있음	☐ 없음	☐ 모름
알레르기 비염-결막염	☐ 있음	☐ 없음	☐ 모름
아토피피부염	☐ 있음	☐ 없음	☐ 모름
만성두드러기	☐ 있음	☐ 없음	☐ 모름
약물알레르기	☐ 있음 (원인약물: ____________)	☐ 없음	☐ 모름
기타 병력 (구체적으로 기술)			

출처: 식품의약품안전처(2018). 식품 알레르기 유발물질 조사 및 재평가.

식품알레르기 증례기록지 예시(소아)

식품알레르기 증례기록지(성인) (Ver 1.2) – 소아

※2개 이상의 식품에 알레르기 증상이 있는 경우, 각각의 식품에 대하여 따로 작성하여 주시기 바랍니다.

환자 코드: ☐ / ☐☐☐☐

(A) 기본 문진

1. 연구학적 정보

성별	☐ 남 ☐ 여
생년월일	☐☐☐☐ 년 ☐☐ 월 ☐☐ 일

2. 병력

식품알레르기	☐ single food ☐ multiple foods		
천식	☐ 있음	☐ 없음	☐ 모름
알레르기 비염-결막염	☐ 있음	☐ 없음	☐ 모름
아토피피부염	☐ 있음	☐ 없음	☐ 모름
만성두드러기	☐ 있음	☐ 없음	☐ 모름
약물알레르기	☐ 있음 (원인약물: ______________)	☐ 없음	☐ 모름
기타 병력 (구체적으로 기술)			

3. 가족력(부모, 형재, 자매 중 천식, 알레르기비염, 아토피피부염, 식품알레르기, 약물알레르기)

☐ 있음	☐ 없음	☐ 모름

출처: 식품의약품안전처(2018). 식품 알레르기 유발물질 조사 및 재평가.

식품알레르기 식품별문진표 예시

(B) 식품별 문진

2개 이상의 식품에 알레르기 증상이 있는 경우, (B) 1~7 항목을 각각의 식품에 대하여 따로 작성하여 주시기 바랍니다.

원인식품	
첫 증상 발현 연령: 만 ______세(1세 미만에서 발현한 경우 ______개월)	□ 모름
가장 최근 증상 발현 시기: ____________년 ______월	□ 모름
동일 식품에 의한 증상 발현 횟수: ______회	□ 모름
동일 식품에 의한 아나필락시스 경험 여부: □ 있음 □ 없음	□ 모름

1. 첫 증상 발현 시 임상증상

아나필락시스 여부	□ 예 □ 아니오

세부 증상(복수 체크 가능)	
1. 피부증상	□ 예 □ 아니오
□ 가려움증 □ 두드러기 □ 혈관부종 □ 구강증상(oral allergy syndrome) □ 기타: ________________	
2. 호흡기 증상	□ 예 □ 아니오
□ 콧물 □ 기침 □ 호흡곤란 □ 천명 □ 청색증 또는 SpO_2<92% □ 기타: ________________	
3. 심혈관 증상	□ 예 □ 아니오
□ 흉통 □ 저혈압 □ 창백 □ 발한 □ 심정지 □ 기타: __________	
4. 소화기 증상	□ 예 □ 아니오
□ 오심/구토 □ 설사 □ 복통 □ 기타: __________	
5. 신경계 및 전신증상	
□ 현기증 □ 의식소실 □ 불안 □ 감각이상 □ 사망 □ 기타: __________	
기타(구체적으로 기술)	

(다음 페이지에 계속)

2. 첫 증상 발현 시 원인식품 섭취원

□ 포장식품(예: 포장된 과자, 통조림, 캔음료 등 라벨이 있는 식품)
□ 비포장 식품 □ 조리하지 않음 식품(예: 과일, 야채) □ 조리 식품(□ 국·씨개·삶음) □ 구이·볶음 □ 튀김 □ 기타 ______________)
□ 기타(구체적으로 기술: ______________________________)
□ 모름

3. 첫 증상 발현 시 섭취 형태(구체적으로 적어 주세요.)

(예시) 원인식품 '우유'에 체크하신 경우: 요구르트, 치즈, 생우유, 생크림케이크 등 원인식품 '땅콩'에 체크하신 경우: 하루견과, 땅콩잼, 땅콩과자, 땅콩이 들어간 샐러드 소스 등

4. 첫 증상 발현 시 노출 장소 - 분류 일부 수정함('경구유발검사' 추가)

집	□ 집(본인이 거주하는 집)
집 이외의 장소	□ 타인의 집
	□ 어린이집 또는 유치원
	□ 학교
	□ 직장
	□ 식당, 레스토랑, 카페 등
	□ 슈퍼마켓, 편의점, 백화점, 대형마트 등
	□ 병원-병원식 섭취에 의한 증상 발생
	□ 병원-경구유발검사 중 증상 발생
	□ 배달식품(구체적으로 기술:)
	□ 야외(구체적으로 기술:)
	□ 기타(구체적으로 기술:)
모름	□ 모름

(다음 페이지에 계속)

5. 첫 증상 발현 시 보조인자 - 분류 일부 수정함(아나필락시스 registry와 통일)

□ 있음 □ 없음 □ 모름

※'있음'의 경우 아래 항목에 반드시 체크해 주세요.
□ 급성 감염(예: 발열, 감기, 장염, 폐렴 등)
□ 운동
□ 정신적 스트레스
□ 일과의 큰 변화(예: 여행, 소풍 등)
□ 술
□ 월경
□ 과로/수면부족
□ 기타: ____________

6. 첫 증상 발현 시 원인식품 섭취 후 증상 발현까지의 시간

(   )시간 (   )분 ※ '즉시' 증상 발현한 경우 '0시간 1분'으로 기재
□ 모름

7. 알레르기 검사

검사 시점		□ 증상발현 당일	□ 증상 ___일 후	□ 미시행	□ 모름
항목	항원명	검사 결과			
SPT		□ 양성	□ 음성	□ 미시행	
CAP		□ 양성	□ 음성	□ 미시행	
MAST		□ 양성	□ 음성	□ 미시행	
OFC		□ 양성	□ 음성	□ 미시행	
기타(구체적으로 기술)					

양성기준: 피부반응시험은 wheal 사이즈가 3×3㎜ 이상이거나 histamine보다 큰 경우, CAP은 0.35kU/ℓ 이상인 경우, MAST의 경우 2+ 이상인 경우

(다음 페이지에 계속)

※원인식품 (V 표시, 필요시 직접 기재) – 분류 수정함

분류	세부 분류	원인식품
Cow's milk		□ 우유
Hen's egg		□ 달걀
Plant	Grains	□ 밀
		□ 메밀
		□ 보리
		□ 기타 곡류(종류 기록: ______________________)
	Legume	□ 대두
		□ 땅콩
		□ 기타 곡류(종류 기록: ______________________)
	Tree Nuts	□ 호두
		□ 아몬드
		□ 잣
		□ 기타 견과류(종류 기록: ______________________)
	Seeds	□ 종자류(종류 기록: ______________________)
	Fruits	□ 키위
		□ 복숭아
		□ 사과
		□ 기타 과일(종류 기록: ______________________)
	Vegetables	□ 채소(종류 기록: ______________________)
Animal	Seafood	□ 갑각류(종류 기록: ______________________)
		□ 생선(종류 기록: ______________________)
		□ 조개류(종류 기록: ______________________)
		□ 기타 해산물(종류 기록: ______________________)
	Meats	□ 소고기
		□ 돼지고기
		□ 닭고기
		□ 기타 육류(종류 기록: ______________________)
Etc		□ 가공식품(종류 기록: ______________________) 예: 햄, 소시지, 햄버거 등 단일원인 확인 힘든 경우
		□ 기타 (구체적으로 기입: ______________________)

- 검사소견에서 양성으로 나온 식품이 아니고, 의무기록 검토에 의해서 실제로 증상을 유발한 것으로 강력히 예상되는 식품을 기록해 주세요.
- SPT, sigE, oralFood Challenge 시행 여부 및 양성/음성은 개별 식품별 문진표에 작성

출처: 식품의약품안전처(2018). 식품 알레르기 유발물질 조사 및 재평가.

5. 임신부 영양판정

임신 중 모체 영양이 부족하면 모체의 체조직 손실은 물론 사산, 유산, 기형이나 태아 성장부진 등을 초래할 수 있다. 최근에는 모체 영양이 지나치게 과잉된 경우가 많아 임신성 당뇨나 임신중독증, 제왕절개 분만율 증가, 임신 비만 등이 문제되고 있다. 임신부 영양판정의 목적은 임신 중 모체의 적절한 체중증가와 영양 위험요소를 평가하고 잘 관리하여 안전한 출산을 준비하고, 임신 전 모체 비만을 예방하여 건강한 임신과 출산이 이루어질 수 있도록 하는 것이다. 이를 위해 다양한 영양판정 방법이 활용될 수 있다[표 8-12].

임신 초기 2~8주까지는 배아기로서 8주째에는 태아의 내부 신체기관, 사지, 눈, 코, 입, 귀가 형성되므로 질적으로 우수한 영양공급이 필요한 시기이다. 임신 중기는 8~40주까지로 태아의 골격발달이 활발하여 20주가 되면 신장증가 속도가, 33주면 체중증가 속도가 최대에 이른다. 모체 영양이 부족하거나 불균형할 경우 사산이나 미숙아 출산을 초래할 수 있으므로 임신 중기는 초기보다도 영양불량에 더욱 민감한 시기이다. 특히, 뇌세포 분열과 분화·발달은 태아기에서 영아기에 걸친 짧은 기간에 제한되므로 적절한 영양판정 및 영양공급이 중요하다.

| 표 8-12 | 비만 여성의 임신 또는 임신 중 비만일 때 합병증과 신생아에 미치는 영향

임신 초기	임신 중기	출산 전·후	신생아
자연유산 반복 자연유산 신경관 결손 심장 기형 복벽갈림	고혈압 당뇨병 조산 자궁내 태아사망	제왕절개 분만 후 출혈 혈전증	4kg 이상 거대아 소아 비만

출처: 국민건강보험공단·대한산부인과학회(2016). 임산부 비만관리가이드.

1) 식사조사에 의한 임신부 영양판정

임산부 식사조사는 24시간 회상법이나 실측법 등을 이용하여 식품섭취조사표를 활용하여 일상의 식품 및 영양소 섭취상태를 조사한다. 식품 및 영양소 섭취량을 2015년 한국인 영양소 섭취기준치와 비교하고 영양위험 보유 여부를 판정한다[표 8-13]. 그 밖에도 식품섭취 패턴을 면밀히 조사할 필요가 있으며 식사섭취에 영향을 미칠 수 있는 가족력, 교육수준, 지역·문화적 식습관, 사회경제적 상황, 약물복용, 보충제 복용, 알레르기 등 식생태 조사도 함께 실시한다[표 8-14].

| 표 8-13 | 임신부 영양섭취 판정기준

대상 분류	연령	임신 구분	열량 (㎉)	단백질 (g)	칼슘 (mg)	철분 (mg)	비타민 A μg RAE	티아민 (mg)	리보플라빈 (mg)	니아신 (mg)	비타민 C (mg)
			EER 75%[1)]	EAR[2)]							
임신부	15~18세	1분기[3)]	1,500	40	660	19	490	1.6	1.3	14	80
		2분기[3)]	1,755	52							
		3분기[3)]	1,838	65							
	19~29세	1분기[3)]	1,575	45	530	19	510	1.5	1.3	14	85
		2분기[3)]	1,830	57							
		3분기[3)]	1,913	70							
	30~49세	1분기[3)]	1,425	40	510	19	500	1.5	1.0	14	85
		2분기[3)]	1,680	52							
		3분기[3)]	1,763	65							
출산부	15~18세	–	1,500	40	660	11	440	1.2	1.0	11	70
	19~29세	–	1,575	45	530	11	460	1.1	1.0	11	75
	30~49세	–	1,425	40	510	11	450	1.1	1.0	11	75
모유 수유부	15~18세	–	1,740	60	660	11	790	1.6	1.4	13	105
	19~29세	–	1,815	65	530	11	810	1.5	1.4	13	110
	30~49세	–	1,665	60	510	11	800	1.5	1.4	13	110

1) 필요추정량(EER): 필요추정량의 75% 미만일 때 영양부족으로 판단
2) 평균필요량(EAR): 대상 집단을 구성하는 건강한 사람들의 절반에 해당하는 사람들의 일일 필요량을 충족시키는 값
3) 임신부의 임신구분은 '1분기 1~13주', '2분기 14~28주', '3분기 29~출산'으로 구분하여 적용

출처: 2019지역사회통합건강증진사업(2019).

| 표 8-14 | 임신부 식생활 관련 영양위험요인

항목	내용
영양상태	• 2020 KDRI 기준 대비 섭취 부족 영양소 판정 - 에너지 섭취량이 필요추정량(EER)의 75% 미만이거나 - 단백질, 칼슘, 철, 비타민 A, 리보플라빈, 니아신, 티아민, 비타민 C 중 한 가지라도 섭취량이 평균필요량(EAR) 미만인 경우
식품섭취패턴	• 의도적 식사 제한 또는 탐식증 여부 • 저영양 고열량식품(empty calorie food) 섭취 여부 • 식품 이용의 다양성과 영양균형의 적절성 • 상용식품이 아닌 특수처방식품(건강보조식품 등) 사용 여부
식품알레르기	• 우유, 달걀, 고등어, 돼지고기, 복숭아 등 주요 알레르기 원인식품 섭취 및 문제 여부
문화적 식행동	• 지역·문화적 배경으로 인하여 임신 중 권장식품과 금기식품이 달라 영양상태에 영향을 미칠 수 있는 요인 여부
영양보충용 식품 섭취	• 비타민, 철분, 무기질 및 그 외 영양보충용 식품 섭취 실태
기타 영양위험 요인	• 임신 초기 오심, 구토, 기생충 감염, 설사, 의도적 체중조절 등 • 저체중아, 조산, 사산, 유산, 기형아 출산 경력이 있는 임산부 • 다태아(쌍생아 이상)를 임신 혹은 출산한 임산부 • 경제적 어려움으로 부적절한 식품섭취를 하고 있어 지원이 필요 여부

출처: 2019 지역사회통합건강증진사업 (2019). 저자수정.

2) 신체계측에 의한 임신부 영양판정

임신 중 산모의 체중 변화는 태아발달에 대한 기본정보를 제공한다. 임신 중 적절한 체중증가량에 대하여 논란이 있으나 임신 전 산모가 정상 체질량지수(BMI)인 경우 임신 중 체중증가량은 11.5~16kg 정도가 적절하다. 그러나 과체중 산모는 7~11.5kg, 비만 산모는 5~9kg 정도의 체중증가를 권장한다[표 8-15]. 임신 동안 적절한 체중증가량은 임신부의 나이, 임신 전 체중, 신장 등에 따라 달라질 수 있다. 한편, 임신 후 체중감소 시도는 바람직하지 않으며 이는 저체중 출생아와 연관될 수 있다.

| 표 8-15 | 임신 전 체중에 따른 임신기 권장 체중 증가량

임신 전 체질량지수	임신기간 중 권장 체중 증가량(kg)	임신 중·후기* 주별 체중증가량(kg/wk)
<18.5	12.7~18.1	0.5
18.5~24.9	11.3~15.9	0.5
25~29.9	6.8~11.3	0.3
≥30	5.0~9.1	0.2

* 임신 초기(1~3개월): 0.5~2 kg 증가

출처 1: Institute of medicine, Nutrition during pregnancy, USDA(2009),
출처 2: 국민건강보험공단·대한산부인과학회(2016). 임산부비만관리가이드.
출처 3: 보건복지부·한국건강증진개발원(2019). 2019지역사회통합건강증진사업.

Tip !

산모의 체중증가 저해 인자

- 16세 이하 미성년 시기의 임신
- 과거 임신 중 경과가 불량하였던 임상력
- 다른 질환으로 상반된 식사요법을 하는 산모
- 식습관 불량
- 흡연, 음주, 약물중독
- 본래 허약한 산모
- Hct가 33%보다 훨씬 낮거나 Hb가 11g/dℓ 미만의 산모
- 임신 중기와 후기에 체중증가율이 1개월에 0.9kg 이하인 산모

3) 생화학검사에 의한 임신부 영양판정

빈혈과 관계된 철분 결핍 여부나 임신성 당뇨 및 임신성 고혈압 유무를 확인하는 것은 생화학검사 방법을 활용한 대표적인 임신부 영양판정 방법이다. 임신 중 모체의 혈장량은 39~50% 정도로 증가하고, 분만일까지 적혈구량은 17~40%까지 계속 증가한다. 혈장량 증가에 따라 혈중 영양소 농도는 실제보다 희석되는 효과가 나타날 수 있다. 혈액 구성성분도 달라진다. 산모의 혈중 헤모

글로빈 농도가 감소하면 태반과 태아 세포에 산소를 공급하기 위해 산모의 심장 운동은 더욱 증가하여 생리적 스트레스 상태가 되고, 산모의 철분 결핍은 임신 유지에 나쁜 영향을 준다.

빈혈에 관련된 영양소에는 철분, 구리, 엽산, 비타민 B_6·B_{12}·C·E 등이 있고, 임신부 빈혈 판정지표는 헤모글로빈, 헤마토크리트, 트랜스페린 포화도 등이 있다. 국가차원에서 실시하는 임신부 대상 영양플러스사업은 혈중 헤모글로빈 검사로 빈혈을 판정하는데[표 8-16], WHO 빈혈 판정 기준을 적용하여 임신부 11g/dℓ 미만, 출산·수유부 12g/dℓ 미만으로 한다(2019지역사회통합건강증진사업).

| 표 8-16 | 임신부 빈혈판정 지표 및 판정기준(정상)

지표	비임신 여성	임신여성		
		초기	중기	말기
혈색소농도(Hb, g/dℓ)	≥12.0	≥11.0	≥10.5	≥11.0
적혈구용적률(Hct, %)	≥36	≥33	≥32	≥33

출처: 국민건강보험공단·대한산부인과학회 (2016). 임산부 비만관리가이드.

| 표 8-17 | 임신부 기타 혈액 지표 및 기준치

지표	비임신 여성	임신 여성	
		정상	결핍
혈청 저장철(ferritin, μg/100dℓ)	75~150	65~120	<65
혈청 철(Fe, μg/100dℓ)	>50	>40	<40
혈청 엽산(ng/mℓ)	6.0~2.5	>6.0	<2.0
혈청 비타민 B_{12}(pg/mℓ)	>100	>100	<100

임신기간 동안 혈장량이 증가하기 때문에, 알부민을 포함한 일부 단백질 함량은 감소하는 반면 에스트로겐 농도는 증가한다. 따라서 생화학검사 수치를 이용하여 임신부의 단백질 결핍을 판정하기는 어려움이 있다. 만일, 임신성 고

혈압이 있다면 혈소판수치, 간기능 효소 농도, 용혈정도, 신기능(renal function) 등도 주기적으로 측정할 필요가 있다. 임신성 당뇨는 적절하게 치료되지 못하면 자궁 내 사산이나 지나친 태아 성장으로 출생 시 손상을 초래할 수 있다. 최근에는 임신 24~28주에 당부하검사를 실시하여 임신성 당뇨를 선별한다. 건강한 임신과 출산을 위해 임신 전 필요한 검사를 확인할 필요가 있으며, 35세 이상 고령 임신부의 경우 임신 시 필요한 검사항목을 요약하면 [표 8-18]과 같다.

Tip !

다운증후군 아기 출산 예방

일반적으로 35세 이상 고령 임신부는 정신지체발달이 있는 다운증후군 신생아를 출산할 가능성이 1/200이다. 과거 기형아 출산 경험이 있거나 직계가족 중에 혈우병 등의 유전질환이 있거나 고령 임신부라면 임신 9주에 융모막 채취검사법이나 임신 14~16주 양수검사를 받아보는 것이 좋다.

| 표 8-18 | 임신 전 또는 고령 산모의 필수 검사항목

임신 전	고령 산모
• 기본 산전검사(혈액, 소변 등) • 풍진 검사 • 초음파 검사 • 간기능 검사 • 심전도 검사 • 흉부 X 선 검사	• 기형검사 • (염색체 검사, 양수검사 또는 융모막 검사) • 양수(태아호흡기능) 검사 • 정밀초음파 검사 • 태동검사 • 태반혈류검사 • 임신성 당뇨검사 • 태아 심박동-자궁수축검사 • 조산예측검사

4) 임상조사에 의한 임신부 영양판정

임신부의 영양불량 판정에 있어 임상증상이나 징후를 조사하는 것은 중요하다. 일반적으로 임신기 대표적인 증상은 부종을 들 수 있다. 임신부 부종은 과다한 수분 저류로서 에스트로겐 농도상승에 의한 수분보유와 알부민 함량 저하에 의한 삼투압 감소에 따라 나타난다. 임신부에서 고혈압이나 단백뇨를 동반하지 않는 부종은 정상 반응일 수 있다. 그러나 임신 20주 이후에 나타나는 임신성 고혈압(수축기 혈압 > 140mmHg, 이완기 혈압 > 90mmHg)이나 단백뇨를 동반하는 부종이라면 자간전증으로 판정할 수 있다.

자간전증이 심해지면 발작이나 경련을 일으킬 수 있으며 이를 자간증으로 분류한다. 자간전증은 초산부나 10대 미성년 임신 또는 35세 이상 고령 임신의 경우 더 흔하다. 임신성고혈압, 임신 중 출혈 그리고 감염증은 임신부 사망의 3대 원인이다. 임신성고혈압은 초산부, 가족 중 임신성고혈압 산모가 있었던 경우, 다태임신(쌍둥이), 당뇨, 신장질환, 고혈압 환자에서 쉽게 발병한다.

식사조사	신체계측조사
영양상태 (24시간회상법, 식사기록법) 식품섭취 패턴/문화적 식행동/알레르기 영양보충용 식품복용/임신위험요인 식품안정성	체중 체중증가율
생화학조사	**임상조사**
혈청 알부민, 혈청 헤모글로빈, 헤마토크리트 혈청 콜레스테롤/LDL-콜레스테롤 혈청 저장철, 혈청 철분 혈청 엽산, 혈청 비타민 B_{12}	증상과 징후 약물복용/음주/흡연 임신 중/ 고령산모 필수 검사항목

| 그림 8-14 | 임신부 영양위험 요소 및 영양판정 지표

6. 고령자 영양판정

인구 고령화가 빠르게 진행되고 있는 우리나라는 평균 기대수명(2017년 기준)이 82.7세가 되었다. 고령자 나이 기준을 재설정해야 한다는 논의가 있지만, 우리나라 고령자 나이 기준은 아직 65세 이상이다. 그러나 급속한 기대수명 증가와는 달리 건강수명은 최근 몇 년 동안 65세 전후로 정체되어 있다[그림 8-15].

노화가 진행된다고 해서 반드시 질병이나 장애를 동반하는 것은 아니지만 우리나라 고령자 5명 중 4명 이상이 1개 이상의 만성질환을 보유하며, 절반 정도는 '주의'나 '개선'이 필요한 영양상태이고, 나이가 증가할수록 영양상태는 좋지 않아서[그림 8-16], 85세 이상 초고령자는 10명 중 3명 이상이 영양개선이 필요하다.

유전, 나이 그리고 성별은 노화과정에 일방향으로 영향을 미치는 조절하기 어려운 영향인자인 반면 영양상태는 노화과정을 촉진 또는 지연시킬 수 있는 양방향성 조절인자가 될 수 있다[그림 8-17]. 영양상태는 성공노화를 결정하는 가장 중요한 요소라고 할 수 있다. 특히, 고령자의 노쇠나 활력은'입으로 음식을 섭취할 수 있는가'와 밀접한 연관이 있다. 고령자의 신체·정신 건강문제와 행태는 지역, 소득수준, 교육수준별로 차이가 크고, 식환경이 다양하며, 식경험이 길고, 새로운 정보에 대한 습득능력 또한 매우 개별적이다. 따라서 고령자 개인 특성에 맞는 전략적인 식사케어를 위하여 영양판정은 매우 필수적인 과정이다.

고령자 영양판정은 지속적이고 반복적으로 체계적인 조사와 평가가 필요하다. 즉, 음식을 씹거나 삼키는 섭식위험이나 영양소 및 수분 섭취에 대한 식사위험조사로 영양문제를 선별하는 단계, 질환 예방이나 조기 발견 또는 질환 상태에 맞는 영양관리와 식사케어서비스의 영양지원을 평가하는 단계, 그리고 고령자의 독립적인 일상생활을 유지할 수 있도록 '삶의 질'을 개선할 수 있는 영양지원서비스의 품질개선을 지속적으로 모니터링하는 단계 등 다차원적 영양판정이 필요하다[그림 8-17].

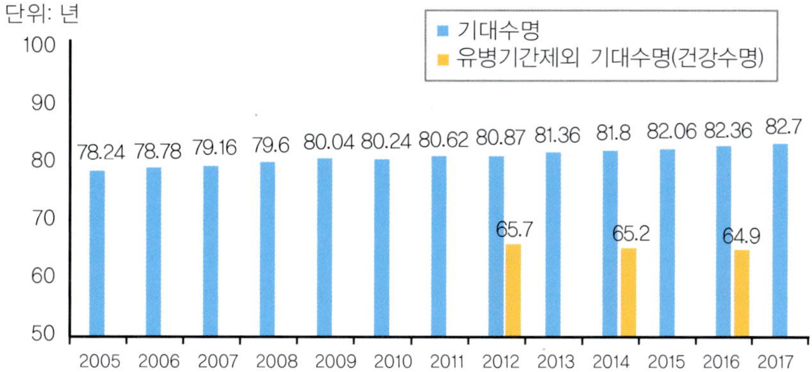

| 그림 8-15 | **기대수명 및 건강수명 추이**

출처: 통계청(2016). 간이생명표. 국가승인통계 제101035호.

| 그림 8-16 | **영양소 섭취기준[1]에 대한 섭취 비율 (65세 노인 대상)**

1) 영양소 섭취기준: 2015 한국인 영양소 섭취기준(보건복지부)
※ 에너지(필요추정량), 나트륨 및 칼륨(충분섭취량), 그 외 영양소(권장섭취량)

출처: 보건복지부. 2016 국민건강통계.

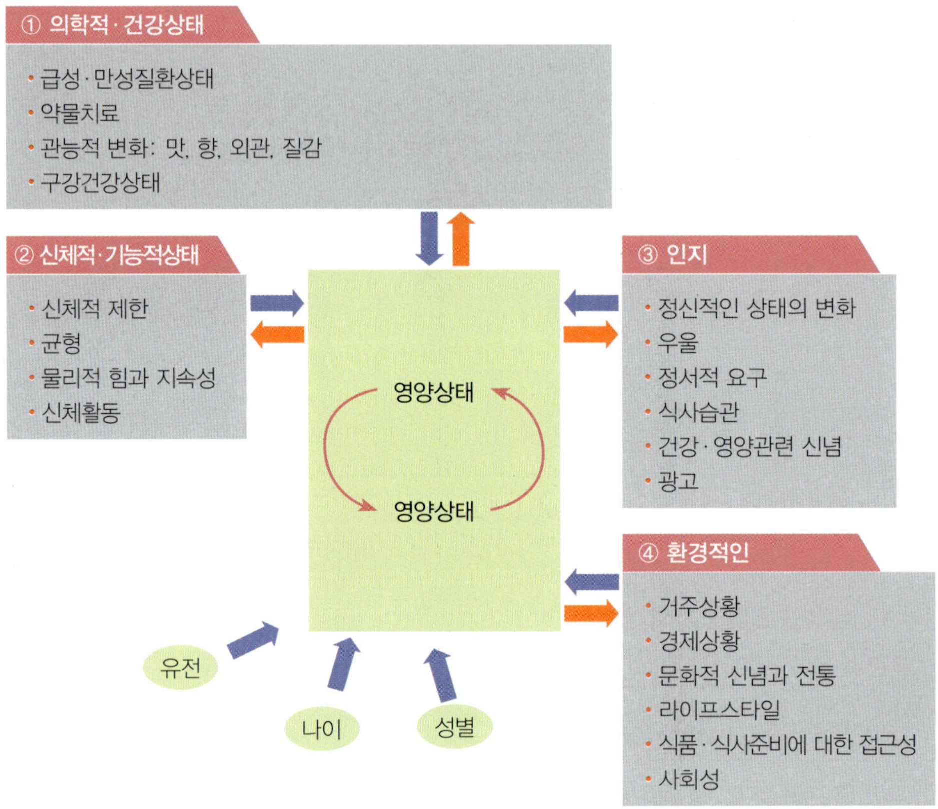

| 그림 8-17 | 고령자 노화과정과 삶의 질에 영향을 미치는 주요 영향인자

출처 1: Bernstein, M. & Munoz, N.(2012). Position of the Academy of Nutrition and Dietetics: food and nutrition for older adults: promoting health and wellness. *J Acad Nutr Diet*, *112*(8), pp. 1255–1277.

출처 2: 신원선 외(2019). 고령자를 위한 영양관리와 식사케어. 창지사.

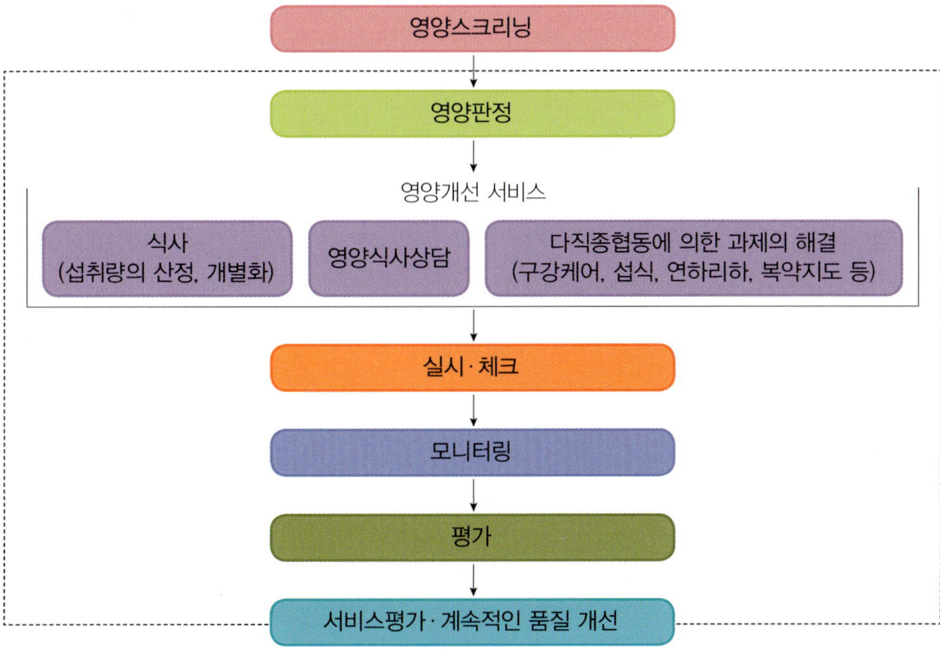

| 그림 8-18 | **고령자 영양케어 매니지먼트의 구성요소와 영양판정 활용**

출처 1: 일본 후생성 노인보건사업추진 등 사업보고서(1997).
출처 2: 김초일(2016). 노인 식생활안전관리 종합대책 수립을 위한 연구.

| 표 8-19 | **고령자 영양위험 지표**

주요 지표	보조지표
• 5kg 이하의 체중감소 • 저체중이나 과체중 또는 비만증 • 혈청 알부민 농도 • 상완둘레 10백분위수 미만 • 영양 관련 질환이 있을 때 • 골다공증 또는 골연화증이 있을 때 • 엽산 결핍증 • 비타민 B_{12} 결핍증	• 알코올 중독증 • 인지기능 손상 • 만성신부전 • 약물복용(다중) • 흡수불량증 • 식욕부진, 구토, 삼킴장애, 배변습관 • 피로, 무기력, 기억력 저하 • 구강건강 불량 • 탈수증 • 상처치유 지연 • 피하지방 또는 근육량 손실 • 수분보유로 인한 부종 • Fe, 비타민 C, 아연 저하

1) 식사조사에 의한 고령자 영양판정

(1) 식사위험조사

고령자는 신체 노쇠와 섭식능력 변화 및 사회·경제적 상태에 따라 가공식품이나 빵이나 떡과 같은 단일식품에 의존하여 끼니를 때우는 편식 경향이 발견되고 영양불량이 초래되기 쉽다. 고령자의 식품구매나 식사준비의 어려움 등을 포함하여 식사위험도를 파악하고 영양상태를 판정할 수 있다[표 8-20].

(2) 탈수위험조사

고령자의 경우 수분 섭취 부족이 많이 발생하므로 하루 수분 섭취량 기록표와 음식 중 수분함량에 대한 참고자료를 이용하여 조사하도록 한다[표 8-21].

- 주식은 밥, 빵, 국수류 등, 부식은 반찬, 국, 탕, 찌개류 등
- 주식을 1인 분량의 1/2, 부식을 1/4 정도밖에 먹지 않는 경우, 수분량은 15mℓ로 계산함
- 간식의 경우 케이크와 함께 마시는 우유 등을 포함
- 아이스크림은 요구르트, 젤리류로 분류함
- 커피, 차, 물은 식사에 관계없이 섭취하는 것을 뜻함
- 만일 틀렸다고 해도 10~20mℓ 오차 내외이므로 크게 문제될 것 없음

고령자의 수분섭취는 매우 중요하며 가능한 한 일정한 시간간격으로 하루 약 8컵의 수분 섭취가 필요하다. 2015 한국인 영양소 섭취기준에서 건강한 고령자의 수분 섭취는 충분섭취량으로 남자 2,100mℓ, 여자 1,800mℓ를 권장한다.

- 체중별 1일 수분필요량 계산법
  - 체중 20kg까지: 1,500mℓ
  - 체중 20kg 이상: 1,500mℓ + 초과하는 체중 kg당 20mℓ

- 연령별 1일 수분필요량 계산법
  - 55~65세: 30mℓ × 체중(kg)
  - >65세: 25mℓ × 체중(kg)

(3) 영양상태 판정

보다 구체적인 고령자의 영양소 섭취상태는 식사기록법으로 자료를 수집할 수 있다. 그러나 고령자는 읽거나 쓰는 것이 자유롭지 못한 경우가 있으므로 식사담당자가 대신 작성하며, 만일 식사기록이 어려울 경우 24시간 회상법을 이용할 수 있다. 이때, 회상을 돕기 위하여 식기나 식품모형, 사진 등을 사용한다. 그러나 회상법은 각 끼니별 섭취한 음식 종류에 대하여 혼동이 심하다. 따라서 한 끼니 정도는 직접 관찰하여 일상의 식사를 확인하는 것이 바람직하다. 고령자의 식사조사방법은 비디오나 사진촬영 등을 이용하여 개발할 필요가 있다. 고령자의 식생활에서 믹스커피나 알코올섭취, 간식, 장기적인 영양보충용 식품 복용 등은 식사 이상의 의미가 있으므로 반드시 식사조사에 포함할 필요가 있다. 영양소 섭취 평가와 영양판정 기준은 3장의 식사조사에 준한다.

고령자의 하루 식사 중 영양균형도는 [표 8-23]을 이용하여 간략하게 평가할 수 있다. 그 밖에 고령자의 영양상태 판정도구로서 간이영양평가법(축약형)이나 미국노인을 대상으로 개발된 DETERMINE(1991)[표 8-24], 간이영양평가법(축약형)[표 8-25] 등이 있다.

| 표 8-20 | 식사위험조사표

1. 식사는 혼자서 먹는 일이 많습니까?	예	아니오
2. 장보기나 식사 준비는 혼자 가능합니까?	예	아니오
3. 하루 세끼 제대로 먹습니까?	예	아니오
4. 요즘 먹는 양이 줄었습니까?	예	아니오
5. 요즘 체중이 감소했습니까?	예	아니오
6. 매일 채소를 먹고 있습니까?	예	아니오
7. 매일 술을 마시고 있습니까?	예	아니오
8. 약은 몇 종류를 먹고 있습니까?	3종 이상	2종 이하
9. 먹거나 마실 때 사레가 듭니까?	예	아니오
10. 의치나 치아 교열에 문제가 있습니까?	예	아니오
▭ 부분에 해당하면 1점으로 하여 모두 합산해 주세요.		
합계	점	

식사위험평가

점수	평가
0~1점	영양상태가 정상입니다. 다만, 정기적으로 확인해 주세요.
2~5점	영양상태 위험도가 중 정도입니다. 관찰이 필요하며 수분 섭취는 적절한지 확인해 주세요.
6점 이상	영양상태 위험도가 높습니다. 의료기관에서 검진을 받고 정밀한 영양평가를 받아보세요.

출처 1: 재택케어 의료영양관리연구회(2014). 재택고령자 식사케어 가이드. 제일출판.
출처 2: 신원선 외(2019). 고령자를 위한 영양관리와 식사케어. 창지사.

| 표 8-21 | 고령자 하루 수분 섭취량 기록표와 탈수위험 판정기준

끼니	주식	부식	식사 이외의 수분섭취량(mℓ)
아침			
간식			
점심			
간식			
저녁			
간식			
1일 총 수분 섭취량(mℓ)			

[탈수위험 평가]

1,500mℓ 이상	탈수위험은 없습니다.
1,000~1,500mℓ	수분섭취량이 다소 부족합니다.
1,000mℓ 이하	탈수위험이 있습니다.

출처: 재택케어 의료영양관리연구회(2014). 재택고령자 식사케어 가이드. 제일출판.

| 표 8-22 | 주요 음식 1인분의 수분함량

주식류			국, 탕, 찌개류		
음식명	1인분(g)	수분량(g)	음식명	1인분(g)	수분량(g)
백미밥	265	170	콩나물해장국	250	233
현미밥	250	148	어묵국	250	233
잡곡밥(즉석밥)	250	158	사골국	300	291
비빔밥	750	510	순댓국	390	343
카레라이스	460	317	소고기육개장	300	270
소고기버섯죽	200	166	삼계탕	400	324
잣죽	200	186	추어탕	400	360
팥죽	250	198	곰탕	300	258
호박죽	300	246	갈비탕	650	598
전복죽	200	164	된장찌개	125	114
우동	370	200	청국장찌개	200	172
칼국수	600	492	동태찌개	250	225
만둣국	540	464	김치찌개	200	176
떡만둣국	500	395	순두부찌개	280	252
부식류			**간식류**		
음식명	1인분(g)	수분량(g)	음식명	1인분(g)	수분량(g)
배추김치	40	37	수박	195	177
열무김치	35	32	사과	135	115
깍두기	35	31	귤	155	136
나박김치	100	97	바나나	55	42
소(돼지)불고기, 생것	125	94	황도복숭아 통조림	210	174
생선구이	55	35	요구르트(액상)	70	58
생선회	150	55	요구르트(호상)	115	100
두부(일반)	45	36	우유, 두유	200	174
연두부	90	79	토마토 주스	210	185
순두부	90	81	사과주스	180	167
달걀찜	100	90	대추차	180	148
도토리묵	70	62	가래떡	85	39
나물류	50	47	인절미	55	23
연근조림	25	8.5	카스텔라	61	17

출처: 박수진 · 윤영(2018). 건강백세! 이해하기 쉬운 고령자 영양안내서. 농촌진흥청 · 국립농업과학원.

| 표 8-23 | 고령자 하루 식사 영양균형 조사

1. 우유(요구르트 등 유제품 포함)는 1병 이상 마신다.	□ 예	□ 아니오
2. 달걀은 하루에 1개 섭취한다.	□ 예	□ 아니오
3. 생선, 육류는 하루에 2토막(1토막 70g 정도) 섭취한다.	□ 예	□ 아니오
4. 두부, 된장, 콩 종류를 섭취한다.	□ 예	□ 아니오
5. 채소요리를 2~3가지 섭취한다.	□ 예	□ 아니오
6. 감자류(감자, 고구마, 마 등)를 먹는다.	□ 예	□ 아니오
7. 미역, 다시마, 김 등의 해조류를 먹는다.	□ 예	□ 아니오
8. 과일은 하루 1개 먹는다.	□ 예	□ 아니오
9. 아침식사는 반드시 먹는다.	□ 예	□ 아니오

[식사의 영양균형 평가: 각 문항당 5점으로 하여 총 점수를 합산한 후 평가]

40점 이상	영양균형이 좋습니다.
39~30점	영양균형이 약간 좋지 않습니다.
29점 이하	영양불균형상태로서 적극적인 개선이 필요합니다.

출처: 이미숙 외(2016). 영양판정 제4판. 교문사.

| 표 8-24 | DETERMINE 체크리스트

구분	내용	항목	아니오	예
D	Dieases(질병)	질병 때문에 섭취하고 있고 식품의 종류와 양이 바뀌고 있다.	0	2
E	Eating Poorly	매일 2끼 이하로 식사를 한다.	0	3
		과일, 채소, 유제품 등을 거의 먹지 않는다.	0	2
		거의 매일 3잔 이상 맥주, 와인 등 알코올을 마신다.	0	2
T	Tooth loss/Mouth pain (치아손실/구강통증)	음식을 섭취하기 어렵게 만드는 치아 또는 구강문제가 있다.	0	2
R	Economic hardship (경제적 어려움)	음식을 살 만한 돈이 충분하지 않다.	0	4
R	Rediced social contact (사회접촉 감소)	대부분 혼자서 식사를 한다.	0	1
M	Multiple medicines (복합적 약 복용)	하루에 3가지 이상 약물을 복용한다.	0	1
I	Involuntary weight loss/gain (무의식적인 체중감소/증가)	지난 6개월간 의도하지 않았는데, 체중이 5kg 이상 증가하거나 줄었다.	0	2
N	Needs assistance in self care (자기관리 보조 필요성)	혼자서는 장을 보거나 음식을 조리해서 먹기가 힘들다.	0	2
E	Elder years above age 80 (80세 이상 노인)	나이가 80세 이상이다.	0	-
			0	21

- 평가
  - 0~2점: 영양상태 좋으며 6개월 이내에 다시 점검이 필요하다.
  - 3~5점: 중등 정도의 영양상태로 식습관이나 생활습관의 개선이 필요하고 3개월 이내에 다시 점검이 필요하다.
  - 6점 이상: 고위험군. 영양문제에 대한 상담과 개선이 필요하다.

출처: DETERMINE YOUR NUTRITIONAL HEALTH(https://nutritionandaging.org/wp-content/uploads/2017/01/DetermineNutritionChecklist.pdf).

| 표 8-25 | 간이영양평가(MNA-SF) 방법을 이용한 고령자 영양판정

1. 지난 3개월간 식욕이 줄거나 소화불량, 또는 씹거나 삼키기 어려워 식사섭취량이 줄었습니까?
   0 = 식사섭취량이 매우 줄었다
   1 = 식사섭취량이 약간 줄었다
   2 = 식사섭취량이 전혀 줄지 않았다 □ ________

2. 지난 3개월간 체중이 감소했습니까?
   0 = 체중이 3 kg 이상 줄었다
   1 = 잘 모르겠다
   2 = 체중 감소가 1~3kg 정도 줄었다.
   3 = 아니오 □ ________

3. 활동정도
   0 = 침대에 눕거나 의자에 앉아 있다.
   1 = 침대나 의자를 벗어날 수 있지만 외출은 할 수 없다.
   2 = 외출할 수 있다. □ ________

4. 지난 3개월간 정신적인 스트레스나 급성질환이 있었습니까?
   0=예 2=아니오 □ ________

5. 신경 정신적 문제가 있습니까?
   0 = 심각한 치매나 우울
   1 = 중등도 치매
   2 = 없음 □ ________

6. BMI(= 체중kg/키m^2)은 얼마입니까?
   0 = 19 미만
   1 = 19~21 미만
   2 = 21~23 미만
   3 = 23 이상 □ ________

문항 6에 대하여 답변이 가능하다면 6-1은 무시하고, 답할 수 없다면 6-1에 답하세요.

6-1. 종아리둘레는 얼마입니까?
   0 = 31 미만
   1 = 31 이상 □ ________

합계	점

[간이영양평가를 이용한 고령자 영양판정]

12~14점	정상
8~11점	영양불량 위험이 있음
0~7점	영양부족

출처: Nestle Nutrition Institute(www.mna-eldelry.com).

※ 식사섭취조사에 의한 고령자 영양판정 시 고려사항

1. 교육수준
교육수준이 낮은 경우 식품 및 영양에 대한 지식이 부족하거나 정보 습득력이 떨어지기 때문에 식품 선택이나 건강에 도움이 되는 식사를 실천하기 어렵다. 일반적으로 남자가 여자보다 식품이나 영양에 대한 지식수준이 더 낮게 나타난다. 따라서 고령자 식사조사 시 교육수준도 함께 조사하는 것이 바람직하다.

2. 사회적 고립, 경제력 및 신체기능 저하
혼자 사는 고령 인구가 증가하고 있다. 이는 식품구매나 식사준비, 식사내용에 큰 영향을 줄 수 있으므로 독거나 거주형태는 식사조사와 함께 포함할 필요가 있다. 경제적인 어려움은 식품 선택이나 식품구매에 영향을 주고, 심한 경우 식사를 거르는 경우도 발생한다. 또한 신체기능 저하로 외출하기 쉽지 않아 식품구매나 운반, 조리에 어려움을 겪는 일도 발생할 수 있으므로 일상생활수행력(Actiies of Daily Living, ADL) 조사를 고령자 식사조사에 포함할 수 있다.

3. 정신건강 상태
고령자에서 치매 발생률이나 우울증은 꾸준히 증가하고 이와 같은 정신 건강문제는 영양상태에도 영향을 미친다. 고령자의 정신건강 문제는 특히 큰 병이나 배우자나 가족 사망과 같은 스트레스 직후에 발생하게 되므로 각별한 관심이 필요하며, 인지기능 조사나 치매 선별 검사를 통한 조기 발견 노력이 필요하다.

4. 약물복용 및 감각기능 저하
고령자의 경우 당뇨나 고혈압 등 심혈관계 만성질환으로 인하여 장기적으로 약물복용을 하는 경우가 많다. 약물복용은 미각에 변화를 초래할 수 있고, 영양소 흡수 및 대사에 상호작용을 유발할 수 있다. 더욱이 노화가 진행되면서 시각, 후각, 미각, 청각 등 다양한 감각기능이 저하되어 식욕이 떨어지기 쉬워서 이와 같은 부분도 조사하여 종합적으로 영양판정에 고려할 필요가 있다.

2) 신체계측에 의한 고령자 영양판정

(1) 신장 및 무릎길이

고령자는 체지방이 많거나 척추 만곡, 척추 후만, 퇴행성 관절염 등이 있어 움직일 수 없을 경우가 있어서 선 키를 측정하기 어렵다. 이런 경우 누운 키를 측정하는 계측기를 이용하거나 팔길이, 팔폭, 무릎길이를 이용하여 키를 추정할 수 있다(4장 참고).

(2) 체중, 체중감소율, 신장 대비 체중

고령자가 누워서 지내거나 거동이 불편한 경우에는 침대저울이나 의자저울을 사용할 수 있다. 체중감소율은 고령자의 저영양(PEM)을 평가하는 기준이다. 만일 평상시보다 체중감소율이 일주일에 1~2%, 1개월에 5%, 3개월에 7.5%, 6개월에 10% 이상이라면 심각한 영양불량(PEM)으로 평가한다. 그러나 체중감소가 조금이라도 있다면 혈청 알부민 수치 등의 변화와 같은 다른 검사치도 참고하고 식사상태를 꼼꼼히 관찰하여 PEM을 조기에 발견하도록 노력한다. 또한, 신장 대비 체중을 성별, 나이별 참고치와 비교하여 15% 이하면 저체중, 15~84%면 정상, 85% 이상이면 과체중 또는 비만으로 판정한다. 단, 고령자는 만성신부전 환자가 많기 때문에 급속한 체중변화가 이뇨제나 약물 영향인지도 확인할 필요가 있다.

(3) 신체둘레

고령자는 피부 탄력이 떨어지고 체지방이 골고루 분포되어 있지 않기 때문에 피부두겹두께를 측정하여 영양판정을 하는 것은 바람직하지 않다. 단, 상완둘레나 허벅지둘레값은 고령자의 저영양을 평가할 수 있는 지표로서 말초에서 중앙으로 지방 축적이 변화하는 것을 나타내는 좋은 지표이다.

(4) 체지방성분

생체전기저항분석법을 이용하여 체지방과 수분 등을 측정할 때 고령자는 세포외액이 감소하기 때문에 일반 성인의 수분량이 체지방의 70%인데 비해 고령자의 수분량은 체지방의 60%로 한다. 만일 탈수가 있으면 체지방 비율이 실제보다 높아질 수 있으므로 측정 전에 충분히 물을 마시고 측정하도록 한다.

(5) 체질량지수

체질량지수(BMI)는 고령자 비만판정에 유용하다. WHO기준 18.5 미만이면 저체중, 30 이상이면 비만으로 판정한다. 아시아비만학회 기준으로는 저체중 기준은 동일하나 25 이상일 때 비만으로 평가한다. 고령자는 노화로 인해 키가 감소하여 비만지수나 이상체중비가 실제보다 높게 나타나고 실제보다 비만율이 높아지는 경향이 있다. 따라서 비만지수나 이상체중비는 고령자 비만판정에 활용하지 않는다.

3) 생화학검사에 의한 고령자 영양판정

생화학검사를 통한 고령자 영양판정은 만정질환의 영양위험도, 영양소의 저장상태 및 영양상태의 기능적 조사에 유용하다. PEM 영양성 빈혈, 고지혈증 등은 고령자에게 흔한 영양문제이다.

(1) 혈청 알부민 농도

고령자 PEM을 판정하는 중요한 지표이다. 혈청 알부민 수치가 3.5g/dℓ 이하라면 내장단백질이 감소되는 수준이며, 3.0~3.5g/dℓ라면 영양지원에 따라 영양상태가 개선될 수 있는 수준이다. 따라서 혈청 알부민이 3.0g/dℓ 미만인 경우 저영양상태로 판정하고, 의학적 치료를 필요로 한다.

(2) 평균적혈구용적, 혈청 트랜스페린, 혈청 헤모글로빈, 혈청 페리틴

심한 빈혈은 물론이고 가벼운 빈혈이나 WHO 기준으로 낮은 정상 Hb 수치를 가진 환자에서 건강상의 문제가 발생하거나 사망률이 증가한다. 고령자에게 빈혈이 있는 경우 인지기능이 저하되고 치매가 잘 발생하며, 잘 움직이지 못하고 쉽게 넘어지며 골밀도 및 근육양도 감소되고 우울증에 쉽게 빠진다. 평균적혈구용적(MCV)이 80fL 이하로 낮으면 우선 철결핍 빈혈을 의심한다. 철결핍 빈혈 초기에는 MCV가 정상일 수도 있기 때문에 혈청 페리틴(ferritin)을 확인하여 진단한다. 염증이 동반된 경우에는 철결핍 빈혈이 있어도 페리틴이 정상 또는 상승되어 있을 수도 있다. 고령자에서 철 결핍성 빈혈의 가장 흔한 원인은 위장관 출혈이며, 철분섭취 부족, 흡수불량, 과다한 아스피린 복용, 항염증성 약물 복용, 여러 영양소 결핍 등과 연관이 있다(노인에서의 빈혈, 정철원, 2011년 제62차 대한내과학회 추계학술대회 153-156).

| 표 8-26 | 생화학검사에 의한 고령자 영양 위험 기준

항목	영양위험 참고치
혈청 알부민	<3.0g/dℓ
혈청 트랜스페린	<200mg/dℓ
평균적혈구용적	≤80fL
헤모글로빈	남: <13g/dℓ, 여: <12g/dℓ
혈청페리틴	고갈: <20μg/dℓ, 빈혈: <10μg/dℓ
혈청철분	고갈: <115μg/dℓ, 빈혈: <40μg/dℓ
혈청엽산	고갈: <3ng/mℓ, 빈혈: <3ng/mℓ

4) 임상조사에 의한 고령자 영양판정

고령자에서 체중감소가 나타나는 외모, 부종, 창백한 피부, 무기력, 피부 손상, 걸음걸이 등은 일반적인 임상징후와 증상이다. 구각염이나 상처 치유 지연, 근육량 손실 등은 고령자에서 흔히 발생하는 영양불량의 임상증상이다.

치아 결손에 의한 씹기 불편, 충치, 구강건강문제와 삼킴장애는 식사섭취량에 직접적인 영향을 미치고 영양불량의 원인이 될 수 있다. 특별한 질병이 없는 건강한 고령자라고 할지라도 삼킴반사나 기침반사가 약해져서 물이나 음식 심지어 침을 잘못 삼켜서 사레가 든다. 잘못된 삼킴은 흡인성 폐렴이나 영양부족, 탈수 및 전해질 불균형을 초래할 수 있으므로 그 위험도를 판정할 필요가 있다.

[표 8-27]은 자기기입식으로 씹기와 삼킴 위험을 평가할 수 있는 설문지이며, 평가결과에 따라 적극적으로 대처할 필요가 있다. 고령자의 식사섭취와 영양상태는 우울 및 정신건강상태와 밀접한 관련이 있다. 우울증 선별도구와 한국형 치매선별 설문지는 각각 [표 8-28], [표 8-29]를 참고한다.

문진이나 관찰을 통한 임상증상 조사시에는 앞서 식사조사 부분에서 언급한 인지기능과 정신건강 상태나 약물복용 상황 및 일상수행력 등을 종합적으로 조사하고 생화학조사, 신체계측조사, 식사조사 결과 등과 통합적으로 판단하여 영양상태를 평가할 수 있도록 한다.

| 표 8-27 | 고령자 씹기와 삼킴 위험도 설문지

번호	문항 항상 그렇다(3), 자주 그렇다(2), 가끔 그렇다(1), 전혀 그렇지 않다(0)	3	2	1	0
1	입안이 마른다.				
2	식사할 때 틀니를 사용해야 한다.				
3	크기가 큰 딱딱한 음식(예: 생밤 등)을 치아를 사용하여 씹어 먹을 수 없다.				
4	크기가 작은 딱딱한 음식(예: 땅콩 등)을 치아를 사용하여 씹어 먹을 수 없다.				
5	씹는 문제로 인하여 딱딱한 것은 피하고 부드러운 음식만 먹는다. (예: 밥 대신 죽)				
6	음식을 씹는 동안 입 밖으로 흘리는 경우가 많다.				
7	음식을 삼킨 후에도 입안에 음식물이 남아 있다.				
8	식사 중에 물이나 음식물이 코로 나온다.				
9	삼킨 후에도 음식이 목에 남아 있는 것 같다.				
10	식사 중이나 식사 후에 탁한 목소리로 변한다.				
11	물을 삼킬 때 사레가 들거나 기침한다.				
12	밥이나 음식물을 삼킬 때 사레가 들거나 기침을 한다.				
13	삼키려고 해도 음식물이 목에 걸려서 안 넘어간다.				
14	특별한 이유 없이 최근 3개월 동안 체중이 줄었다.				
총 합계					

[고령자 씹기와 삼킴위험도 판정]

6점 미만	씹거나 삼킴 위험 없습니다. 다만, 정기적으로 확인해 주세요.
6점 이상	씹거나 삼킴 위험이 있습니다. 의료기관에서 검진 받고 정밀한 영양평가를 받아보세요.

출처 1: 이아현 외(2017). 한국재활의학회학술대회 초록집.

출처 2: 박수진 · 윤영(2018). 건강백세! 이해하기 쉬운 고령자 영양안내서. 농촌진흥청 · 국립농업과학원.

| 표 8-28 | 한글판 우울증 선별도구

지난 2주 동안, 아래 내열되는 증상들에 얼마나 자주 시달렸습니까?

문항	전혀 아니다	여러 날 동안	일주일 이상	거의 매일
1. 일을 하는 것에 대한 흥미나 재미가 거의 없음	0	1	2	3
2. 가라앉은 느낌, 우울감 혹은 절망감	0	1	2	3
3. 잠들기 어렵거나 자꾸 깨어남, 혹은 너무 많이 잠	0	1	2	3
4. 피곤함, 기력이 저하됨	0	1	2	3
5. 식욕 저하 혹은 과식	0	1	2	3
6. 내 자신이 나쁜 사람이라는 느낌 혹은 내 자신을 실패자라고 느끼거나 나 때문에 나 자신이나 내 가족이 불행하게 되었다는 느낌	0	1	2	3
7. 신문을 읽거나 TV를 볼 때 집중하기 어려움	0	1	2	3
8. 남들이 알아챌 정도로 거동이나 말이 느림, 또는 반대로 너무 초조하고 안절부절못해서 평소보다 많이 돌아다니고 서성거림	0	1	2	3
9. 나는 차라리 죽는 것이 낫겠다는 등의 생각 혹은 어떤 식으로든 스스로를 자해하는 생각들	0	1	2	3

1~4	5~9	10~19	20~27
우울증이 아님	가벼운 우울증	중간 정도 우울증	심한 우울증

우울증 선별도구	채점 결과	판정 및 추후 조치
PHQ-9	5점 미만	• 특이소견 없음
	5점~9점	• 건강검진 판정 결과 '가벼운 우울증상' • 수검자 안내문(우울증상과 극복방법)을 제공
	10점 이상 9번 문항에서 1점 이상	• 가까운 병·의원(정신건강의학과 등 전문의)으로 의뢰 또는 정신건강증진센터 및 정신건강 위기상담전화 안내 - 중간 정도 우울증 의심(10~19점): 가까운 병·의원(정신건강의학과 등 전문의) 방문을 권유 - 심한 우울증 의심(20~27점): 가까운 병·의원(정신건강의학과 등 전문의) 방문을 반드시 권유 • 검진청구시스템상 우울증 상담 시행 확인 표시 • 수검자 안내문(우울증상과 극복방법) 제공

출처: 2018 국가건강검진 검진의사상담매뉴얼(2017).

| 표 8-29 | 한국형 치매선별 설문지(Korean Dementia Screening Questionnaire)

본 설문은 인지기능장애평가를 위한 문진표입니다. 아래의 각 항목에 대하여, 1년 전과 비교하여 현재 상태에 해당하는 곳에 표시해 주십시오. (동행한 가족이 있으면 가족이 작성하시고, 없으면 본인이 작성하십시오)

Korean Dementia Screening Questionnaire-C	아니다 (0점)	가끔(조금) 그렇다 (1점)	자주(많이) 그렇다 (2점)
1. 오늘이 몇월이고, 무슨 요일인지를 잘 모른다.			
2. 자기가 놔둔 물건을 찾지 못한다.			
3. 같은 질문을 반복해서 한다.			
4. 약속을 하고서 잊어버린다.			
5. 물건을 가지러 갔다가 잊어버리고 그냥 온다.			
6. 물건이나, 사람의 이름을 대기가 힘들어 머뭇거린다.			
7. 대화 중 내용이 이해되지 않아 반복해서 물어본다.			
8. 길을 잃거나 헤맨 적이 있다.			
9. 예전에 비해서 계산능력이 떨어졌다(예: 물건값이나 거스름돈 계산을 못 한다).			
10. 예전에 비해 성격이 변했다.			
11. 이전에 잘 다루던 기구의 사용이 서툴러졌다(예: 세탁기, 전기밥솥, 경운기 등)			
12. 예전에 비해 방이나 집안의 정리정돈을 하지 못한다.			
13. 상황에 맞게 스스로 옷을 선택하여 입지 못한다.			
14. 혼자 대중교통 수단을 이용하여 목적지에 가기 힘들다(신체적인 문제(관절염)로 인한 것은 제외됨).			
15. 내복이나 옷이 더러워져도 갈아입지 않으려고 한다.			
점수	/30		

치매선별판정기준

점수	평가
0~5점	특이소견 없음
6점 이상	인지기능평가 필요

출처: 2018 국가건강검진 검진의사상담매뉴얼(2017).

식사조사	신체계측조사
식품과 음료 섭취 식품기호 식품 안정성 보충용 식품 복용상태	체중/체중감소율 누운키/무릎높이 상완둘레/허벅지둘레
생화학조사	**임상조사**
혈청 알부민 혈청 콜레스테롤/LDL-콜레스테롤 MCV/헤모글로빈/철분 엽산 비타민 B_{12}	증상과 징후 신체기능상태 인지기능상태 구강건강상태 약물복용

| 그림 8-19 | 고령자 영양위험요소와 영양판정지표

CHAPTER 9

영양판정통계

통계는 통계조사나 비교실험을 통하여 수집된 자료를 바탕으로 가설을 검증(확률적으로 판정)하는 수학적 논리이다. 불확실한 상황에서 필요한 정보를 수집, 정리 및 분석하고 이를 기초로 추론하고 합리적으로 의사 결정하는 방법을 연구하는 것이다. 영양판정 시에는 목적과 대상자에게 부합하는 적절한 조사대상을 선정하고 표본크기를 결정하여야 한다.

1. 통계의 기본 개념

1) 표본추출(변수/조사대상)

집단의 크기가 클 때 집단 전체(모집단)를 모두 조사하기는 쉽지 않기 때문에 집단구성원의 일부를 선정하여 조사대상자로 삼는 것을 표본추출이라 한다. 표본추출을 하는 이유는 전수조사가 불가능하기 때문이기도 하고 경제성과 시간적 절약 등이 있다. 모집단이 적절히 대표할 수 있도록 추출되어야 한다.

2) 표본추출 방법

표본추출 방법은 크게 비확률 표본추출 방법과 확률 표본추출 방법이 있다. 비확률 표본추출은 신뢰성이 매우 떨어지기 때문에 일반적으로는 확률 표본추출 방법을 사용한다.

비확률 표본추출은 모집단 요소의 추출확률을 모를 경우에 사용하는 방법으로 모집단에 대한 정보나 목록이 없을 때 이용된다. 모집단의 구성원이 추출될 확률을 모르며, 확률적인 통계가 불가능하고, 결과를 일반화하기 어렵다. 그러나 표본추출이 용이하고 경제적이기 때문에 시간적, 금전적 자원이용에 제약이 큰 경우에 이용되며, 조사의 성격상 표본을 의도적으로 구성하는 것이 의미 있다고 판단되거나, 역사적 사건과 같이 확률 표본추출이 불가능한 경우에 사용할 수 있다.

확률 표본추출은 모집단의 모든 구성요소가 표본으로 선정될 확률이 알려져 있고 그 확률이 0이 아닌 경우 사용할 수 있는 표본추출 방법으로 비교적 대표성이 있고, 표본오차 계산이 가능하며 다음과 같은 방법이 있다.

① 단순무작위 표본추출

단순무작위 표집은 난수표, 제비뽑기 등의 방법을 활용하여 모집단에서 표본을 추출하는 방법으로 모집단의 목록이 있는 경우에만 사용할 수 있다.

- 장점: 모든 요소가 추출될 확률이 동등하며, 표본오차 계산이 용이하다.
- 단점: 표본오차가 크며 시간과 노력이 많이 든다.

② 계통적 표본추출

모집단 목록에서 매 k번째 사례를 추출하는 방법이다.

- 장점: 표본추출이 용이하다.
- 단점: 주기성, 편향성을 가질 수 있다.

③ 층화 표본추출

층화 표집은 모집단을 동질적인(공통점이 있는) 몇 개의 층으로 나누고 각 층에서 앞의 두 방법을 사용하는 방법이다. 국민건강영양조사 방법이다.

- 장점: 표본오차가 작으며 조사대상이 되는 표본의 관리가 용이하다.
- 단점: 집단에 대한 특성을 잘 알고 있어야 사용할 수 있는 방법으로 층내는 동질적, 층간은 이질적인 성격을 가진다.

④ 집락 표본추출

모집단을 많은 수의 집락으로 분류하고, 그중 표집이 될 집락을 뽑은 다음,

뽑힌 집락에서만 표본을 추출하는 방법이다. 층화표집과는 각 집락이 이질적이라는 차이점이 있다.

- 장점: 시간과 비용을 절약할 수 있으며, 모집단의 목록이 필요하지 않다.
- 단점: 집락이 동질적일 경우 오차 가능성이 매우 높으며, 특정 집단의 특성이 과대, 과소하게 나타날 수 있다.

| 표 9-1 | 확률 표본과 비확률 표본의 표본추출 방법 비교

확률 표본추출 방법	비확률 표본추출 방법
표본으로 추출될 확률이 알려져 있을 때	표본으로 추출될 확률을 모를 때
무작위 추출(객관적)	인위적 추출(주관적)
모집단에 대한 정보가 필요하다.	모집단에 대한 정보가 필요하지 않다.
표본오차의 추정이 가능	표본오차의 추정 불가능
시간과 비용이 많이 든다.	시간과 비용이 적게 든다.

3) 표본크기 결정

표본의 크기는 전체 모집단을 반영할 수 있게 추론할 수 있을 만큼 충분해야 하며, 예상되는 결과의 통계적 유의성이 있도록 하는 것이 중요하다. 통계적인 방법으로 표본 크기를 결정하는 것이 대표성을 가질 수 있다.

2. 기초통계

영양판정에서 관련 요인을 측정하며 데이터베이스화한 후 적당한 통계방법 이용하여 자료를 분석하는 것이다. 즉, 집단의 특징을 알고자 할 때, 영양판정 요인의 분포를 분석, 관찰하게 된다. 이때 분석방법으로 평균, 중앙값, 최빈값, 백분위수, 분산, 표준편차 등을 사용한다.

1) 기술통계

(1) 대표 값의 측정

중심경향의 측정 집단의 특징을 살펴볼 때, 첫 단계는 관찰값들의 대표 값, 즉 중심경향을 보는 것이다.

① 평균

평균은 관찰치의 총합을 관찰치 개수로 나눈 값이고 이는 산술평균을 의미한다. 평균값은 대표적인 중심경향 측정치이나, 이상치의 영향을 크게 받는다.

$$\bar{x} = \frac{x_1 + x_2 + \cdots + x_n}{n}$$

② 중앙값

전체 관측값을 크기 순서대로 배열했을 때 가운데 놓이는 값이 중앙값이다. 중앙값은 이상치의 영향을 받지 않는다. 홀수개의 값이 있을 경우, 중앙값은 가장 중앙에 있는 값이고, 짝수개의 값이 있을 경우 중앙값은 두 개의 중앙에 있는 값의 평균이다.

표현하면, 표본의 크기 n이 홀수이면 [(n+1)/2] 이고, n이 짝수이면 식을 이용하여 (n/2)번째와 [(n/2)+1]번째 관측값의 평균이 된다.

③ 최빈값

관찰값 중에서 가장 자주 관찰되는 값이 최빈값이다. 최빈값은 이산형자료나 범주형자료에서 주로 사용된다. 최빈값을 산출할 때 연속변수의 경우, 유효숫자에 따라 인위적으로 뽑힐 수 있으므로, 집단의 분포의 특징이 잘 나타나지 않는다.

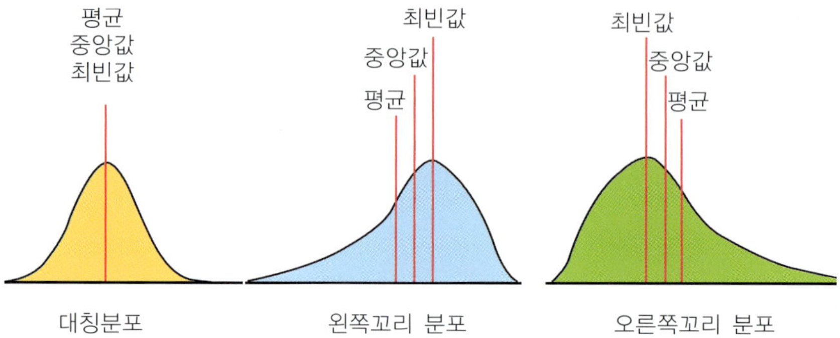

(2) 분산의 측정

평균, 중앙값을 이용해서 데이터의 대푯값을 알 수 있으나, 데이터가 얼마나 흩어져 있는지 알 수 없다. 분산과 표준편차는 데이터의 흩어진 정도를 알 수 있는 통계치이다.

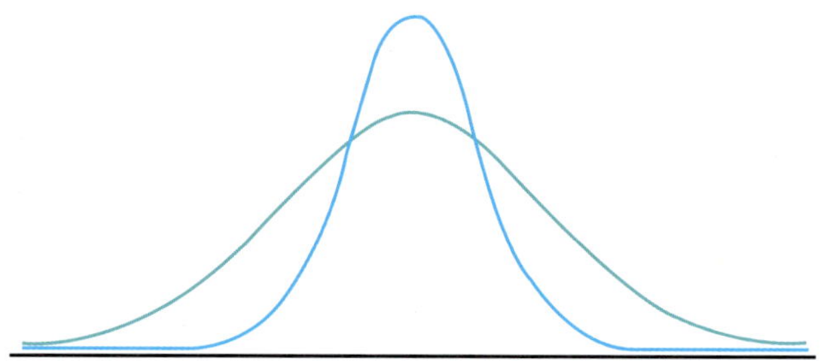

① 표본분산

표본분산은 관찰치의 평균으로부터 관찰치를 뺀 편차를 제공한 후 관찰치의 개수에서 1을 뺀 값으로 나누어 구한다. 측정치들이 평균으로부터 떨어진 정도를 나타낸다. 관찰치가 평균에서 얼마나 떨어져 있는지 보는 데 있어서 모든 편차의 총합이 0이 되므로 편차를 제곱하여 그 합을 이용해 측정치들이 흩어진 정도를 보게 된다.

$$s^2 = \frac{\sum(x_i - \bar{x})^2}{N-1} = \frac{\sum x_i^2 - \left[\frac{(\sum x_i)^2}{N}\right]}{N-1}$$

② 표준편차

자료의 산포도를 나타내는 수치로 표준편차는 제곱된 표준편차의 평균이며, 분산의 제곱근으로 분포의 퍼진 정도를 알려 준다. 분산값은 값이 크고 단위가 제곱이 되므로, 표준편차를 이용하면 이 문제를 해결할 수 있다.

$$s = \sqrt{\frac{\sum(x_i - \bar{x})^2}{N-1}}$$

(3) 분포 및 검정통계량

① 정규분포

정규분포는 대칭성을 가진 종모양으로 통계학에서 가장 기본이 되는 분포라고 할 수 있다. 정규곡선의 위치와 모양은 분포의 평균과 표준편차에 의하여 결정된다.

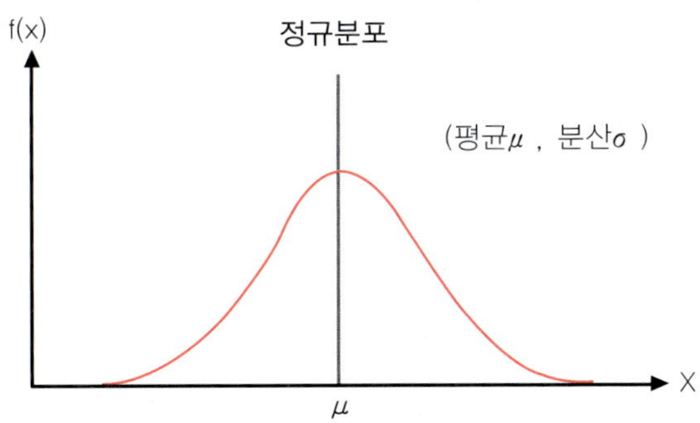

② t 분포

t 분포는 정규분포와 형태가 비슷하나 표본크기에 따라 분포 형태가 정해지고, 표본크기가 커지면 t 분포와 정규분포가 동일하게 된다. 모집단의 분산을 모르는 상황에서 분산에 대한 추정값을 이용해야 하기 때문에 추정값의 오차들 고려한 분포이다.

③ t 통계량

t 통계량은 두 평균의 차이를 두 평균 차이의 표준오차로 나눈 값이다. t 통계량 산출을 위해서는 평균 차이의 표준오차를 계산하여야 하고, 두 모집단의 분산이 동일한지 동일하지 않은지에 따라 공통분산의 합동추정량을 구하게 된다.

• t 통계량

$$t = \frac{\overline{x_1} - \overline{x_2} - 0}{\sqrt{(\frac{S_i^2}{N_1} + \frac{S_i^2}{N_1})}}$$

$\bar{x}$ 관찰치의 표본평균
N 집단의 관찰치 개수
S 표준오차
df 자유도

$$df = N_1 + N_2 - 2$$

2) 분석통계

(1) 카이제곱검정

범주형 자료를 가지고 있는 집단을 비교할 때 사용한다. 관찰치가 기대치와 비교하여 얼마나 차이가 나는지를 제시하며, X2 통계량이 크면 관찰치가 기대치와 다르다고 판단하여 귀무가설을 기각하게 된다.

귀무가설: H_o : 두 변수는 관련이 없다.
대립가설: H_1 : 두 변수는 관련이 있다.

$$X^2 = \sum \frac{(O_i - E_i)^2}{E_i}$$

자유도 $df = K - 1$
O_i: i번째 범주가 실제로 관찰된 빈도
E_i: i번째 범주가 발생할 것으로 기대되는 빈도
K: 범주의 수

(2) 상관계수

두 변수의 관계, 즉 한 변수가 변할 때 다른 변수가 어떻게 변하는가를 나타내는 것으로 인과관계를 보여 주는 것은 아니다. 피어슨 상관계수는 두 개의 연속변수에 대한 관찰치의 선형관계의 정도를 나타내는 상관계수(r)로 $-1<r<1$ 값을 가진다. 이상치의 영향을 많이 받고, 두 개의 연속변수가 성규분포를 따를 때 사용할 수 있다. 모집단의 분포에 대한 정보가 부족하고 두 개의 연속변수 관찰치가 정규분포를 따르지 않을 시는 비모수방법인 스피어만 상관계수를 사용할 수 있다.

(3) T-검정

두 집단의 평균을 비교하는 방법으로 동일 집단에서 조사한 두 종류의 표본이 있는 경우는 대응표본 T-검정(paired T-test)을 이용하고, 독립적인 두 그룹을 비교하면 독립표본 T-검정(independent T-test)을 이용한다. 관찰값이 정규분포를 따르지 않으면 비모수 방법인 윌콕슨 대응 부호-순위 검정 혹은 맨-휘트니 검정(윌콕슨 순위합 검정)을 이용한다.

(4) 분산분석

세 집단 이상의 평균을 비교하는 방법으로 분산분석은 집단 간 변동과 집단 내 변동을 비교하는 방법으로 집단 간 변동이 집단 내 변동보다 크면 집단의 평균 차이가 있다고 할 수 있다. 관찰값이 정규분포를 따르지 않으면 비모수방법인 크루스칼-왈리스검정을 이용한다.

| 표 9-2 | 모수 및 비모수통계에 따른 가설검정방법

구분	모수법	비모수법
두 개의 연속변수 비교	T-검정(T-test)	맨-휘트니 검정(Mann-Whitney test): 윌콕슨 순위합 검정(Wilcox-on rank-sum test)이라고도 함
서로 대응된 두 개의 연속변수 비교	대응표본 T-검정 (paired T-test)	윌콕슨 대응 부호-순위검정 (Wilcoxon signed-ranks test)
세 개 이상의 연속변수 비교	분산분석 (Analysis of Variance: ANOVA)	크루스칼-왈리스 검정 (Kruskal-Wallis test)
두 개의 연속변수 상관성	피어슨 상관계수 (Pearson correlation coefficient)	스피어만 상관계수 (Spearman correlation coefficient)

(5) 선형회귀

관찰된 연속형 변수들에 대해 독립변수와 종속변수 사이의 상관관계를 나타내는 선형 관계식을 구하는 기법 및 이렇게 얻은 모형의 적합도를 측정하는 분석방법이다. 즉, 회귀분석은 X값 한 단위 변화에 따른 Y값의 변화량증가 또는 감소를 설명하는 직선방정식을 의미한다. 여기서 Y는 종속변수 또는 반응변수이며 X는 독립변수 또는 설명변수이다.

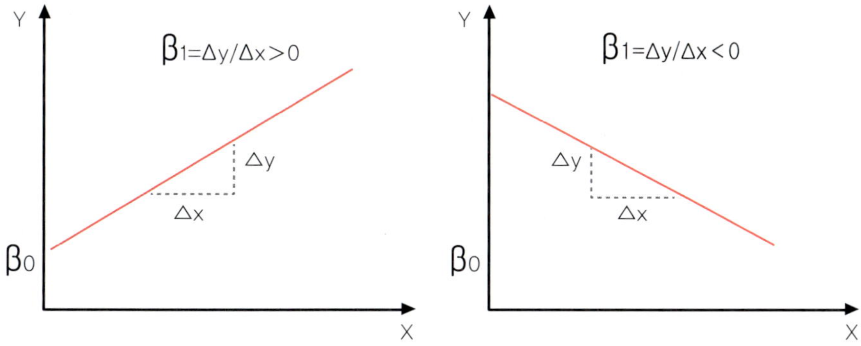

- 기울기(β_1)가 양수: x가 1단위 변화할 때 y는 증가함
- 기울기(β_1)가 음수: x가 1단위 변화할 때 y는 감소함
- 기울기는 단위 증가량을 의미함

독립변수	종속변수
설명변수	반응변수
예측변수	목표변수
방정식에서 X값	방정식에서 Y값
input	output

부록

부록 1 2015 한국인 영양소 섭취기준

2015 한국인 영양소 섭취기준-에너지적정비율

영양소		에너지적정비율			
		1~2세	3~18세	19세 이상	비고
탄수화물		55~65%	55~65%	55~65%	
단백질		7~20%	7~20%	7~20%	
지질	총지방	20~35%	15~30%	15~30%	
	n-6계 지방산	4~10%	4~10%	4~10%	
	n-3계 지방산	1% 내외	1% 내외	1% 내외	
	포화지방산	-	8% 미만	7% 미만	
	트랜스지방산	-	1% 미만	1% 미만	
	콜레스테롤	-	-	300mg/일 미만	목표섭취량

보건복지부(2015).

2015 한국인 영양소 섭취기준-당류

총당류 섭취량을 총 에너지섭취량의 10~20%로 제한하고, 특히 식품의 조리 및 가공 시 첨가되는 첨가당은 총 에너지 섭취량의 10% 이내로 섭취하도록 한다. 첨가당의 주요 급원으로는 설탕, 액상과당, 물엿, 당밀, 꿀, 시럽, 농축과일주스 등이 있다.

보건복지부(2015).

2015 한국인 영양소 섭취기준-에너지와 다량영양소

성별	연령	에너지(kcal/일)				탄수화물(g/일)				지방(g/일)				n-6계 지방산(g/일)			
		필요 추정량	권장 섭취량	충분 섭취량	상한 섭취량	평균 필요량	권장 섭취량	충분 섭취량	상한 섭취량	평균 필요량	권장 섭취량	충분 섭취량	상한 섭취량	평균 필요량	권장 섭취량	충분 섭취량	상한 섭취량
영아	0~5(개월)	550						60				25				2.0	
	6~11	700						90				25				4.5	
유아	1~2(세)	1,000															
	3~5	1,400															
남자	6~8(세)	1,700															
	9~11	2,100															
	12~14	2,500															
	15~18	2,700															
	19~29	2,600															
	30~49	2,400															
	50~64	2,200															
	65~74	2,000															
	75 이상	2,000															

성별 연령	에너지(kcal/일) 필요추정량	에너지 권장섭취량	에너지 충분섭취량	에너지 상한섭취량	탄수화물(g/일) 평균필요량	탄수화물 권장섭취량	탄수화물 충분섭취량	탄수화물 상한섭취량	지방(g/일) 평균필요량	지방 권장섭취량	지방 충분섭취량	지방 상한섭취량	n-6계 지방산(g/일) 평균필요량	n-6계 지방산 권장섭취량	n-6계 지방산 충분섭취량	n-6계 지방산 상한섭취량
여자 6~8(세)	1,500															
9~11	1,800															
12~14	2,000															
15~18	2,000															
19~29	2,100															
30~49	1,900															
50~64	1,800															
65~74	1,600															
75 이상	1,600															
임신부[1)]	+0															
	+340															
	+450															
수유부	+340															

성별 연령	n-3계 지방산(g/일) 평균필요량	n-3계 지방산 권장섭취량	n-3계 지방산 충분섭취량	n-3계 지방산 상한섭취량	단백질(g/일) 평균필요량	단백질 권장섭취량	단백질 충분섭취량	단백질 상한섭취량	식이섬유(g/일) 평균필요량	식이섬유 권장섭취량	식이섬유 충분섭취량	식이섬유 상한섭취량	수분(mL/일) 평균필요량	수분 권장섭취량	수분 충분섭취량	수분 상한섭취량 액체	수분 상한섭취량 총수분	수분 상한섭취량
영아 0~5(개월)			0.3				10									700	700	
6~11			0.8		10	15					10					500	800	
유아 1~2(세)					12	15					15					800	1,100	
3~5					15	20					20					1,100	1,500	
남자 6~8(세)					25	30					20					900	1,800	
9~11					35	40					25					1,000	2,100	
12~14					45	55					25					1,000	2,300	
15~18					50	65					25					1,200	2,600	
19~29					50	65					25					1,200	2,600	
30~49					50	60					25					1,200	2,500	
50~64					50	60					25					1,000	2,200	
65~74					45	55					25					1,000	2,100	
75 이상					45	55					25					1,000	2,100	
여자 6~8(세)					20	25					20					900	1,700	
9~11					30	40					20					900	1,900	
12~14					40	50					20					900	2,000	
15~18					40	50					20					900	2,000	
19~29					45	55					20					1,000	2,100	
30~49					40	50					20					1,000	2,000	
50~64					40	50					20					900	1,900	
65~74					40	45					20					900	1,800	
75 이상					40	45					20					900	1,800	
임신부[1)]					+12	+15					+5						+200	
					+25	+30					+5						+200	
수유부					+20	+25					+5					+500	+700	

1) 에너지 임산부 1,2,3 분기별 부가량, 단백질 임신부 2,3 분기별 부가량

성별	연령	메티오닌+시스테인(g/일)				류신(g/일)				이소류신(g/일)			
		평균 필요량	권장 섭취량	충분 섭취량	상한 섭취량	평균 필요량	권장 섭취량	충분 섭취량	상한 섭취량	평균 필요량	권장 섭취량	충분 섭취량	상한 섭취량
영아	0~5(개월)			0.4				1.0				0.6	
	6~11	0.3	0.4			0.6	0.8			0.3	0.4		
유아	1~2(세)	0.3	0.4			0.6	0.8			0.3	0.4		
	3~5	0.3	0.4			0.7	0.9			0.3	0.4		
남자	6~8(세)	0.5	0.6			1.1	1.3			0.5	0.6		
	9~11	0.7	0.8			1.5	1.9			0.7	0.8		
	12~14	1.0	1.2			2.1	2.6			1.0	1.2		
	15~18	1.1	1.3			2.4	3.0			1.1	1.3		
	19~29	1.0	1.3			2.3	3.0			1.0	1.3		
	30~49	1.0	1.3			2.3	2.9			1.0	1.3		
	50~64	1.0	1.2			2.2	2.7			1.0	1.2		
	65~74	0.9	1.1			2.1	2.6			0.9	1.2		
	75 이상	0.9	0.6			2.0	2.6			0.9	1.1		
여자	6~8(세)	0.5	0.7			1.0	1.2			0.5	0.8		
	9~11	0.6	1.0			1.4	1.7			0.6	0.7		
	12~14	0.8	1.0			1.8	2.3			0.8	1.0		
	15~18	0.8	1.1			1.9	2.3			0.8	1.0		
	19~29	0.8	1.0			1.9	2.4			0.8	1.1		
	30~49	0.8	1.0			1.8	2.3			0.8	1.0		
	50~64	0.8				1.8	2.2			0.8	1.0		
	65~74	0.7				1.7	2.1			0.8	0.9		
	75 이상	0.7				1.6	2.0			0.7	0.9		
임신부		+0.3	+0.3			+0.6	+0.7			+0.3	+0.3		
수유부		+0.3	+0.4			+0.9	+1.1			+0.5	+0.6		

성별	연령	발린(g/일)				라이신(g/일)				페닐알라닌+티로신(g/일)			
		평균 필요량	권장 섭취량	충분 섭취량	상한 섭취량	평균 필요량	권장 섭취량	충분 섭취량	상한 섭취량	평균 필요량	권장 섭취량	충분 섭취량	상한 섭취량
영아	0~5(개월)			0.6				0.7				0.9	
	6~11	0.3	0.5			0.6	0.8			0.5	0.7		
유아	1~2(세)	0.4	0.5			0.6	0.7			0.5	0.7		
	3~5	0.4	0.5			0.6	0.8			0.6	0.7		
남자	6~8(세)	0.6	0.7			1.0	1.2			0.9	1.1		
	9~11	0.9	1.1			1.4	1.5			1.3	1.6		
	12~14	1.2	1.5			2.0	2.4			1.7	2.2		
	15~18	1.4	1.7			2.2	2.7			2.0	2.4		
	19~29	1.3	1.6			2.4	3.0			2.7	3.4		
	30~49	1.3	1.6			2.3	2.9			2.7	3.3		
	50~64	1.2	1.5			2.2	2.8			2.6	3.2		
	65~74	1.2	1.5			2.1	2.7			2.4	3.1		
	75 이상	1.1	1.4			2.1	2.6			2.4	3.0		
여자	6~8(세)	0.6	0.7			0.9	1.2			0.8	1.0		
	9~11	0.8	1.0			1.2	1.5			1.1	1.4		
	12~14	1.1	1.3			1.7	2.1			1.5	1.8		
	15~18	1.1	1.3			1.7	2.1			1.5	1.9		

성별	연령	발린(g/일)				라이신(g/일)				페닐알라닌+티로신(g/일)			
		평균 필요량	권장 섭취량	충분 섭취량	상한 섭취량	평균 필요량	권장 섭취량	충분 섭취량	상한 섭취량	평균 필요량	권장 섭취량	충분 섭취량	상한 섭취량
	19~29	1.1	1.3			2.0	2.5			2.2	2.8		
	30~49	1.0	1.3			1.9	2.4			2.2	2.7		
	50~64	1.0	1.0			1.8	2.3			2.1	2.6		
	65~74	0.9	1.0			1.7	2.2			2.0	2.5		
	75 이상	0.9	1.1			1.6	2.0			1.9	2.3		
임신부		+0.3	+0.4			+0.3	+0.4			+0.8	+1.0		
수유부		+0.5	+0.6			+0.4	+0.4			+1.5	+1.9		

성별	연령	트레오닌(g/일)				트립토판(g/일)				히스티딘(g/일)			
		평균 필요량	권장 섭취량	충분 섭취량	상한 섭취량	평균 필요량	권장 섭취량	충분 섭취량	상한 섭취량	평균 필요량	권장 섭취량	충분 섭취량	상한 섭취량
영아	0~5(개월)			0.5				0.2				0.1	
	6~11	0.3	0.4			0.1	0.1			0.2	0.3		
유아	1~2(세)	0.3	0.4			0.1	0.1			0.2	0.3		
	3~5	0.3	0.4			0.1	0.1			0.2	0.3		
남자	6~8(세)	0.5	0.6			0.1	0.2			0.3	0.4		
	9~11	0.7	0.9			0.2	0.2			0.5	0.6		
	12~14	1.0	1.3			0.3	0.3			0.7	0.9		
	15~18	1.1	1.4			0.3	0.4			0.8	0.9		
	19~29	1.1	1.4			0.3	0.3			0.8	1.0		
	30~49	1.1	1.3			0.3	0.3			0.7	0.9		
	50~64	1.0	1.3			0.3	0.3			0.7	0.9		
	65~74	1.0	1.2			0.2	0.3			0.7	0.9		
	75 이상	1.0	1.2			0.2	0.3			0.7	0.8		
여자	6~8(세)	0.5	0.6			0.1	0.2			0.3	0.4		
	9~11	0.6	0.8			0.2	0.2			0.4	0.5		
	12~14	0.9	1.1			0.2	0.3			0.6	0.7		
	15~18	0.9	1.1			0.2	0.3			0.6	0.7		
	19~29	0.9	1.1			0.2	0.3			0.6	0.8		
	30~49	0.9	1.1			0.2	0.3			0.6	0.8		
	50~64	0.8	1.0			0.2	0.3			0.6	0.7		
	65~74	0.8	1.0			0.2	0.2			0.5	0.7		
	75 이상	0.7	0.9			0.2	0.2			0.5	0.7		
임신부		+0.3	+0.4			+0.1	+0.1			+0.2	+0.2		
수유부		+0.4	+0.6			+0.2	+0.2			+0.2	+0.3		

보건복지부(2015).

2015 한국인 영양소 섭취기준-지용성 비타민

성별	연령	비타민 A(μg RAE/일)				비타민 D(μg/일)				비타민 E(mg α-TE/일)				비타민 K(μg/일)			
		평균 필요량	권장 섭취량	충분 섭취량	상한 섭취량	평균 필요량	권장 섭취량	충분 섭취량	상한 섭취량	평균 필요량	권장 섭취량	충분 섭취량	상한 섭취량	평균 필요량	권장 섭취량	충분 섭취량	상한 섭취량
영아	0~5(개월)			350	600			5	25			3				4	
	6~11			450	600			5	25			4				7	
유아	1~2(세)	200	300		600			5	30			5	200			25	
	3~5	230	350		700			5	35			6	250			30	
남자	6~8(세)	320	450		1,000			5	40			7	300			45	
	9~11	420	600		1,500			5	60			9	400			56	
	12~14	540	750		2,100			10	100			10	400			70	
	15~18	620	850		2,300			10	100			11	500			80	
	19~29	570	800		3,000			10	100			12	540			75	
	30~49	550	750		3,000			10	100			12	540			75	
	50~64	530	50		3,000			10	100			12	540			75	
	65~74	500	700		3,000			15	100			12	540			75	
	75 이상	500	700		3,000			15	100			12	540			75	
여자	6~8(세)	290	400		1,000			5	40			7	300			45	
	9~11	380	550		1,500			5	60			9	400			55	
	12~14	470	650		2,100			10	100			10	400			65	
	15~18	440	600		2,300			10	100			11	500			65	
	19~29	460	650		3,000			10	100			12	540			65	
	30~49	450	650		3,000			10	100			12	540			65	
	50~64	430	600		3,000			10	100			12	540			65	
	65~74	410	550		3,000			15	100			12	540			65	
	75 이상	410	550		3,000			15	100			12	540			65	
임신부		+50	+70		3,000			+0	100			+0	540			+0	
수유부		+350	+490		3,000			+0	100			+3	540			+0	

보건복지부(2015).

2015 한국인 영양소 섭취기준-수용성 비타민

성별	연령	비타민 C(mg/일)				티아민(mg/일)				리보플라빈(mg/일)				니아신((mg NE/일)[1)]				
		평균 필요량	권장 섭취량	충분 섭취량	상한 섭취량	평균 필요량	권장 섭취량	충분 섭취량	상한 섭취량	평균 필요량	권장 섭취량	충분 섭취량	상한 섭취량	평균 필요량	권장 섭취량	충분 섭취량	상한 섭취량[2)]	상한 섭취량[2)]
영아	0~5(개월)			35				0.2				0.3				2		
	6~11			45				0.3				0.4				3		
유아	1~2(세)	30	35		350	0.4	0.5			0.5	0.5			4	6		10	180
	3~5	30	40		500	0.4	0.5			0.5	0.6			5	7		10	250
남자	6~8(세)	40	55		700	0.6	0.7			0.7	0.9			7	9		15	350
	9~11	55	70		1,000	0.7	0.9			1.0	1.2			9	12		20	500
	12~14	70	90		1,400	1.0	1.1			1.2	1.5			11	15		25	700
	15~18	80	105		1,500	1.1	1.3			1.4	1.7			13	17		30	800
	19~29	75	100		2,000	1.0	1.2			1.3	1.5			12	16		35	1,000
	30~49	75	100		2,000	1.0	1.2			1.3	1.5			12	16		35	1,000
	50~64	75	100		2,000	1.0	1.2			1.3	1.5			12	16		35	1,000
	65~74	75	100		2,000	1.0	1.2			1.3	1.5			12	16		35	1,000

성별	연령	비타민 C(mg/일)				티아민(mg/일)				리보플라빈(mg/일)				니아신((mg NE/일)[1]				
		평균 필요량	권장 섭취량	충분 섭취량	상한 섭취량	평균 필요량	권장 섭취량	충분 섭취량	상한 섭취량	평균 필요량	권장 섭취량	충분 섭취량	상한 섭취량	평균 필요량	권장 섭취량	충분 섭취량	상한 섭취량[2]	상한 섭취량[2]
	75 이상	75	100		2,000	1.0	1.2			1.3	1.5			12	16		35	1,000
여자	6~8(세)	45	60		700	0.6	0.7			0.6	0.8			7	9		15	350
	9~11	60	80		1,000	0.7	0.9			0.8	1.0			9	12		20	500
	12~14	75	100		1,400	0.9	1.1			1.0	1.2			11	15		25	700
	15~18	70	95		1,500	1.0	1.2			1.0	1.2			11	14		30	800
	19~29	75	100		2,000	0.9	1.1			1.0	1.2			11	14		35	1,000
	30~49	75	100		2,000	0.9	1.1			1.0	1.2			11	14		35	1,000
	50~64	75	100		2,000	0.9	1.1			1.0	1.2			11	14		35	1,000
	65~74	75	100		2,000	0.9	1.1			1.0	1.2			11	14		35	1,000
	75 이상	75	100		2,000	0.9	1.1			1.0	1.2			11	14		35	1,000
임신부		+10	+10		2,000	+0.4	+0.4			+0.3	+0.4			+3	+4		35	1,000
수유부		+35	+40		2,000	+0.3	+0.4			+0.4	+0.5			+2	+3		35	1,000

성별	연령	비타민 B6(mg/일)				엽산(μg/일)				비타민 B12(μg/일)				판토텐산(mg/일)				비오틴(μg/일)			
		평균 필요량	권장 섭취량	충분 섭취량	상한 섭취량	평균 필요량	권장 섭취량	충분 섭취량	상한 섭취량	평균 필요량	권장 섭취량	충분 섭취량	상한 섭취량	평균 필요량	권장 섭취량	충분 섭취량	상한 섭취량	평균 필요량	권장 섭취량	충분 섭취량	상한 섭취량
영아	0~5(개월)			0.1				65								1.7				5	
	6~11			0.3				80								1.9				7	
유아	1~2(세)	0.5	0.6		25	120	150		300	0.8	0.9					2				9	
	3~5	0.6	0.7		35	150	180		400	0.9	1.1					2				11	
남자	6~8(세)	0.7	0.9		45	180	220		500	1.1	1.3					3				15	
	9~11	0.9	1.1		55	250	300		600	1.5	1.7					4				20	
	12~14	1.3	1.5		60	300	360		800	1.9	2.3					5				25	
	15~18	1.3	1.5		65	320	400		900	2.2	2.7					5				30	
	19~29	1.3	1.5		100	320	400		1,000	2.0	2.4					5				30	
	30~49	1.3	1.5		100	320	400		1,000	2.0	2.4					5				30	
	50~64	1.3	1.5		100	320	400		1,000	2.0	2.4					5				30	
	65~74	1.3	1.5		100	320	400		1,000	2.0	2.4					5				30	
	75 이상	1.3	1.5		100	320	400		1,000	2.0	2.4					5				30	
여자	6~8(세)	0.7	0.9		45	180	220		500	1.1	1.3					3				15	
	9~11	0.9	1.1		55	250	300		600	1.5	1.7					4				20	
	12~14	1.2	1.4		60	300	360		800	1.9	2.3					5				25	
	15~18	1.2	1.4		65	320	400		900	2.0	2.4					5				30	
	19~29	1.2	1.4		100	320	400		1,000	2.0	2.4					5				30	
	30~49	1.2	1.4		100	320	400		1,000	2.0	2.4					5				30	
	50~64	1.2	1.4		100	320	400		1,000	2.0	2.4					5				30	
	65~74	1.2	1.4		100	320	400		1,000	2.0	2.4					5				30	
	75 이상	1.2	1.4		100	320	400		1,000	2.0	2.4					5				30	
임신부		+0.7	+0.8		100	+200	+220		1,000	+0.2	+0.2					+1				+0	
수유부		+0.7	+0.8		100	+130	+150		1,000	+0.3	+0.4					+2				+5	

1) 1 mg NE(니아신 당량) = 1 mg 니아신 = 60 mg 트립토판

2) 니코틴산/니코틴아미드

3) Dietary Folate Equivalents, 가임기 여성의 경우 400 μg/일의 엽산보충제 섭취를 권장함, 엽산의 상한섭취량은 보충제 또는 강화식품의 형태로 섭취한 μg/일에 해당됨

2015 한국인 영양소 섭취기준-다량 무기질

성별	연령	칼슘(mg/일) 평균필요량	칼슘 권장섭취량	칼슘 충분섭취량	칼슘 상한섭취량	인(mg/일) 평균필요량	인 권장섭취량	인 충분섭취량	인 상한섭취량	나트륨(mg/일) 평균필요량	나트륨 권장섭취량	나트륨 충분섭취량	나트륨 상한섭취량	나트륨 목표섭취량
영아	0~5			210	1,000			100				120		
	6~11			300	1,500			300				370		
유아	1~2(세)	390	500		2,500	380	450		3,000			900		
	3~5	470	600		2,500	460	550		3,000			1,000		
남자	6~8(세)	580	700		2,500	490	600		3,000			1,200		
	9~11	650	800		3,000	1,000	1,200		3,500			1,400		2,000
	12~14	800	1,000		3,000	1,000	1,200		3,500			1,500		2,000
	15~18	720	900		3,000	1,000	1,200		3,500			1,500		2,000
	19~29	650	800		2,500	580	700		3,500			1,500		2,000
	30~49	630	800		2,500	580	700		3,500			1,500		2,000
	50~64	600	750		2,000	580	700		3,500			1,500		2,000
	65~74	570	700		2,000	580	700		3,500			1,300		2,000
	75 이상	570	700		2,000	580	700		3,000			1,100		2,000
여자	6~8(세)	580	700		2,500	450	550		3,000			1,200		2,000
	9~11	650	800		3,000	1,000	1,200		3,500			1,400		2,000
	12~14	740	900		3,000	1,000	1,200		3,500			1,500		2,000
	15~18	660	800		3,000	1,000	1,200		3,500			1,500		2,000
	19~29	530	700		2,500	580	700		3,500			1,500		2,000
	30~49	510	700		2,500	580	700		3,500			1,500		2,000
	50~64	580	800		2,000	580	700		3,500			1,500		2,000
	65~74	560	800		2,000	580	700		3,500			1,300		2,000
	75 이상	560	800		2,000	580	700		3,000			1,100		2,000
임신부		+0	+0		2,500	+0	+0		3,000			1,500		2,000
수유부		+0	+0		2,500	+0	+0		3,500			1,500		2,000

성별	연령	염소(mg/일) 평균필요량	염소 권장섭취량	염소 충분섭취량	염소 상한섭취량	칼륨(mg/일) 평균필요량	칼륨 권장섭취량	칼륨 충분섭취량	칼륨 상한섭취량	마그네슘(mg/일) 평균필요량	마그네슘 권장섭취량	마그네슘 충분섭취량	마그네슘 상한섭취량
영아	0~5(개월)			180				400				30	
	6~11			560				700				55	
유아	1~2(세)			1,300				2,000		65	80		65
	3~5			1,500				2,300		85	100		90
남자	6~8(세)			1,900				2,600		135	160		130
	9~11			2,100				3,000		190	230		180
	12~14			2,300				3,500		265	320		250
	15~18			2,300				3,500		335	400		350
	19~29			2,300				3,500		295	350		350
	30~49			2,300				3,500		305	370		350
	50~64			2,300				3,500		305	370		350
	65~74			2,000				3,500		305	370		350
	75 이상			1,700				3,500		305	370		350

성별	연령	염소(mg/일)				칼륨(mg/일)				마그네슘(mg/일)			
		평균 필요량	권장 섭취량	충분 섭취량	상한 섭취량	평균 필요량	권장 섭취량	충분 섭취량	상한 섭취량	평균 필요량	권장 섭취량	충분 섭취량	상한 섭취량
여자	6~8(세)			1,900				2,600		125	150		130
	9~11			2,100				3,000		180	210		180
	12~14			2,300				3,500		245	290		250
	15~18			2,300				3,500		285	340		350
	19~29			2,300				3,500		235	280		350
	30~49			2,300				3,500		235	280		350
	50~64			2,300				3,500		235	280		350
	65~74			2,000				3,500		235	280		350
	75 이상			1,700				3,500		235	280		350
임신부				2,300				+0		+32	+40		350
수유부				2,300				+400		+0	+0		350

2015 한국인 영양소 섭취기준–미량 무기질

성별	연령	철(mg/일)				아연(mg/일)				구리(μg/일)				불소(mg/일)			
		평균 필요량	권장 섭취량	충분 섭취량	상한 섭취량	평균 필요량	권장 섭취량	충분 섭취량	상한 섭취량	평균 필요량	권장 섭취량	충분 섭취량	상한 섭취량	평균 필요량	권장 섭취량	충분 섭취량	상한 섭취량
영아	0~5(개월)			0.3	40			2				240				0.01	0.6
	6~11	5	6		40	2	3					310				0.5	0.9
유아	1~2(세)	4	6		40	2	3		6	220	280		1,500			0.6	1.2
	3~5	5	6		40	3	4		9	250	320		2,000			0.8	1.7
남자	6~8(세)	7	9		40	5	6		13	340	440		3,000			1.0	2.5
	9~11	8	10		40	7	8		20	440	580		5,000			2.0	10.0
	12~14	11	14		40	7	8		30	570	740		7,000			2.5	10.0
	15~18	11	14		45	8	10		35	650	840		7,000			3.0	10.0
	19~29	8	10		45	8	10		35	600	800		1,0000			3.5	10.0
	30~49	8	10		45	8	10		35	600	800		1,0000			3.0	10.0
	50~64	7	10		45	8	9		35	600	800		1,0000			3.0	10.0
	65~74	7	9		45	7	9		35	600	800		1,0000			3.0	10.0
	75 이상	7	9		45	7	9		35	600	800		1,0000			3.0	10.0
여자	6~8(세)	6	8		40	4	5		13	340	440		3,000			1.0	2.5
	9~11	7	10		40	6	8		20	440	580		5,000			2.0	10.0
	12~14	13	16		40	6	8		25	570	740		7,000			2.5	10.0
	15~18	11	14		45	7	9		30	650	840		7,000			2.5	10.0
	19~29	11	14		45	7	8		35	600	800		1,0000			3.0	10.0
	30~49	11	14		45	7	8		35	600	800		1,0000			2.5	10.0
	50~64	6	8		45	6	7		35	600	800		1,0000			2.5	10.0
	65~74	6	8		45	6	7		35	600	800		1,0000			2.5	10.0
	75 이상	5	7		45	6	7		35	600	800		1,0000			2.5	10.0
임신부		+8	+10		45	+2.0	+2.5		35	+100	+130		1,0000			+0	10.0
수유부		+0	+0		45	+4.0	+5.0		35	+370	+480		1,0000			+0	10.0

성별 연령	망간(mg/일)				요오드(μg/일)				셀레늄(μg/일)				몰리브덴(μg/일)				크롬(μg/일)			
	평균 필요량	권장 섭취량	충분 섭취량	상한 섭취량	평균 필요량	권장 섭취량	충분 섭취량	상한 섭취량	평균 필요량	권장 섭취량	충분 섭취량	상한 섭취량	평균 필요량	권장 섭취량	충분 섭취량	상한 섭취량	평균 필요량	권장 섭취량	충분 섭취량	상한 섭취량
영아 0~5(개월)			0.01				130	250			9	45							0.2	
6~11			0.8				170	250			11	65							5.0	
유아 1~2(세)			1.5	2.0	55	80		300	19	23		75				100			12	
3~5			2.0	3.0	65	90		300	22	25		100				100			12	
남자 6~8(세)			2.5	4.0	75	100		500	30	35		150				200			20	
9~11			3.0	5.0	85	110		500	39	45		200				300			25	
12~14			4.0	7.0	90	130		1,800	49	60		300				400			35	
15~18			4.0	9.0	95	130		2,200	55	65		300				500			40	
19~29			4.0	11.0	95	150		2,400	50	60		400	25	30		550			35	
30~49			4.0	11.0	95	150		2,400	50	60		400	20	25		550			35	
50~64			4.0	11.0	95	150		2,400	50	60		400	20	25		550			35	
65~74			4.0	11.0	95	150		2,400	50	60		400	20	25		550			35	
75 이상			4.0	11.0	95	150		2,400	50	60		400	20	25		550			35	
여자 6~8(세)			2.5	4.0	75	100		500	30	35		150				200			15	
9~11			3.0	5.0	85	110		500	39	45		200				300			20	
12~14			3.5	7.0	90	130		2,000	49	60		300				400			25	
15~18			3.5	9.0	95	130		2,200	55	65		300				400			25	
19~29			3.5	11.0	95	150		2,400	50	60		400	20	25		450			25	
30~49			3.5	11.0	95	150		2,400	50	60		400	20	25		450			25	
50~64			3.5	11.0	95	150		2,400	50	60		400	20	25		450			25	
65~74			3.5	11.0	95	150		2,400	50	60		400	20	25		450			25	
75 이상			3.5	11.0	95	150		2,400	50	60		400	20	25		450			25	
임신부			+0	11.0	+65	+90			+3	+4		400				450			+5	
수유부			+0	11.0	+130	+190			+9	+10		400				450			+20	

부록 2 2017 소아·청소년 성장도표

남				연령	여			
체중	키	머리둘레	체질량지수		체중	키	머리둘레	체질량지수
3.3	49.9	64.5		출생 시	3.2	49.1	33.9	
4.5	54.7	97.3		1개월	4.2	53.7	36.5	
5.6	58.4	93.1		2개월	5.1	57.1	38.3	
6.4	61.4	40.5		3개월	5.8	59.8	39.5	
7.0	63.9	41.6		4개월	6.4	62.1	40.6	
7.5	65.9	42.6		5개월	6.9	64.0	41.5	
7.9	67.6	43.3		6개월	7.3	65.7	42.2	
8.3	69.2	44.0		7개월	7.6	67.3	42.8	
8.6	70.6	44.5		8개월	7.9	68.7	43..4	
8.9	72.0	45.0		9개월	8.2	70.1	43.8	
9.2	73.3	45.4		10개월	8.5	71.5	44.2	
9.4	74.5	45.8		11개월	8.7	72.8	44.6	
9.6	75.7	46.1		12개월	8.9	74.0	44.9	
9.9	76.9	46.3		13개월	9.2	75.2	45.2	
10.1	78.0	46.6		14개월	9.4	76.4	45.4	
10.3	79.1	46.8		15개월	9.6	77.5	45.7	
10.5	80.2	47.0		16개월	9.8	78.6	45.9	
10.7	81.2	47.2		17개월	10.0	79.7	46.1	
10.9	82.3	47.4		18개월	10.2	80.7	46.2	
11.1	83.2	47.5		19개월	10.4	81.7	46.4	
11.3	84.2	477		20개월	10.6	82.7	46.6	
11.5	85.1	47.8		21개월	10.9	83.7	46.7	
11.8	86.0	48.0		22개월	11.1	84.6	46.9	
12.0	86.9	48.1		23개월	11.3	85.5	47.0	
12.2	87.1	48.3	16.0	24개월	11.5	85.7	47.2	15.7
13.1	91.2	48.8	15.8	2.5세	12.5	89.9	47.8	15.6
14.7	96.5	49.8	15.9	3세	14.2	95.4	48.8	15.8
15.6	99.2	50.1	15.9	3.5세	15.1	98.1	49.2	15.7
16.8	103.1	50.5	15.9	4세	16.3	101.9	49.6	15.7
17.7	105.8	50.8	15.9	4.5세	17.1	104.6	49.9	15.7
19.0	109.6	51.1	15.9	5세	18.4	108.4	50.2	15.7
19.9	112.2	51.3	15.9	5.5세	19.3	111.0	50.5	15.7
21.3	115.9	51.7	16.0	6세	20.7	114.7	50.9	15.8
22.5	118.5		16.2	6.5세	21.7	117.3		15.9
24.2	122.1		16.4	7세	23.4	120.8		16.1
27.5	127.9		16.9	8세	26.6	126.7		16.6
31.3	133.4		17.6	9세	30.2	132.6		17.2
35.5	138.8		18.4	10세	34.4	139.1		17.8
40.2	144.7		19.1	11세	39.1	145.8		18.5
45.4	151.4		19.8	12세	43.7	151.7		19.1

출처: 질병관리본부·대한소아과학회(2017). 2017 소아·청소년 성장도표.

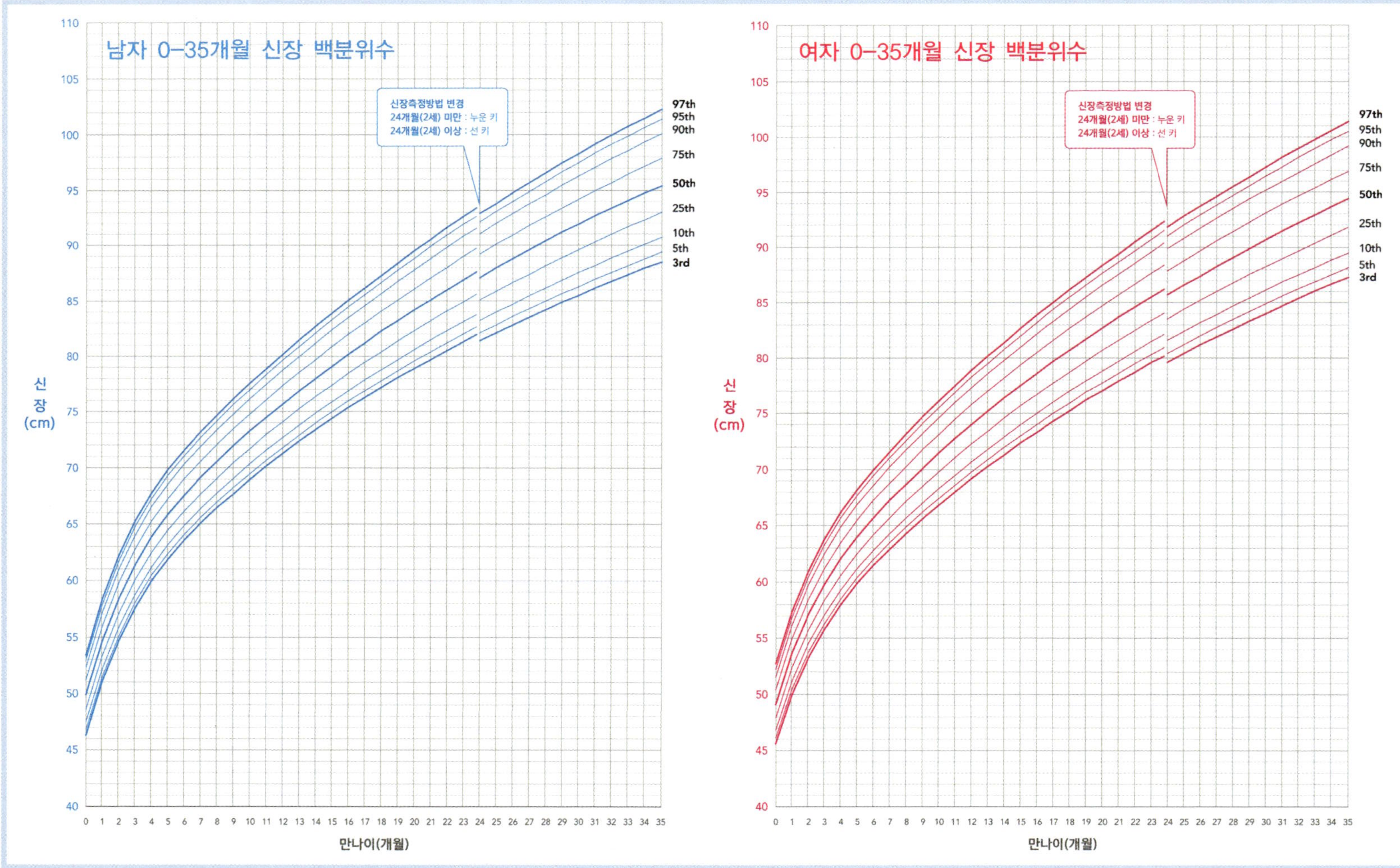

그림 1. 연령별 신장 백분위수 성장곡선, 3세 미만(0~35개월)

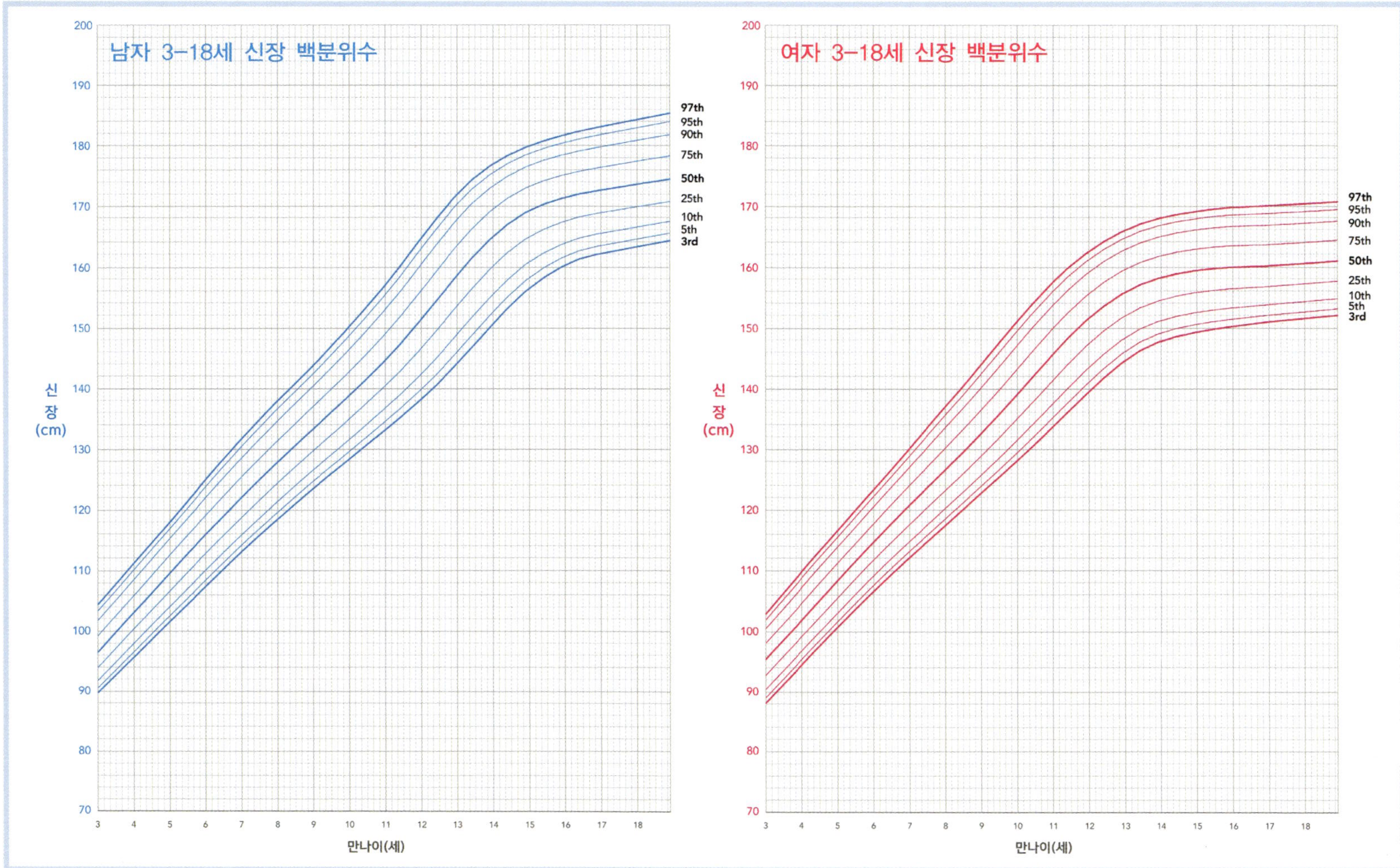

그림 2. 연령별 신장 백분위수 성장곡선, 3~18세

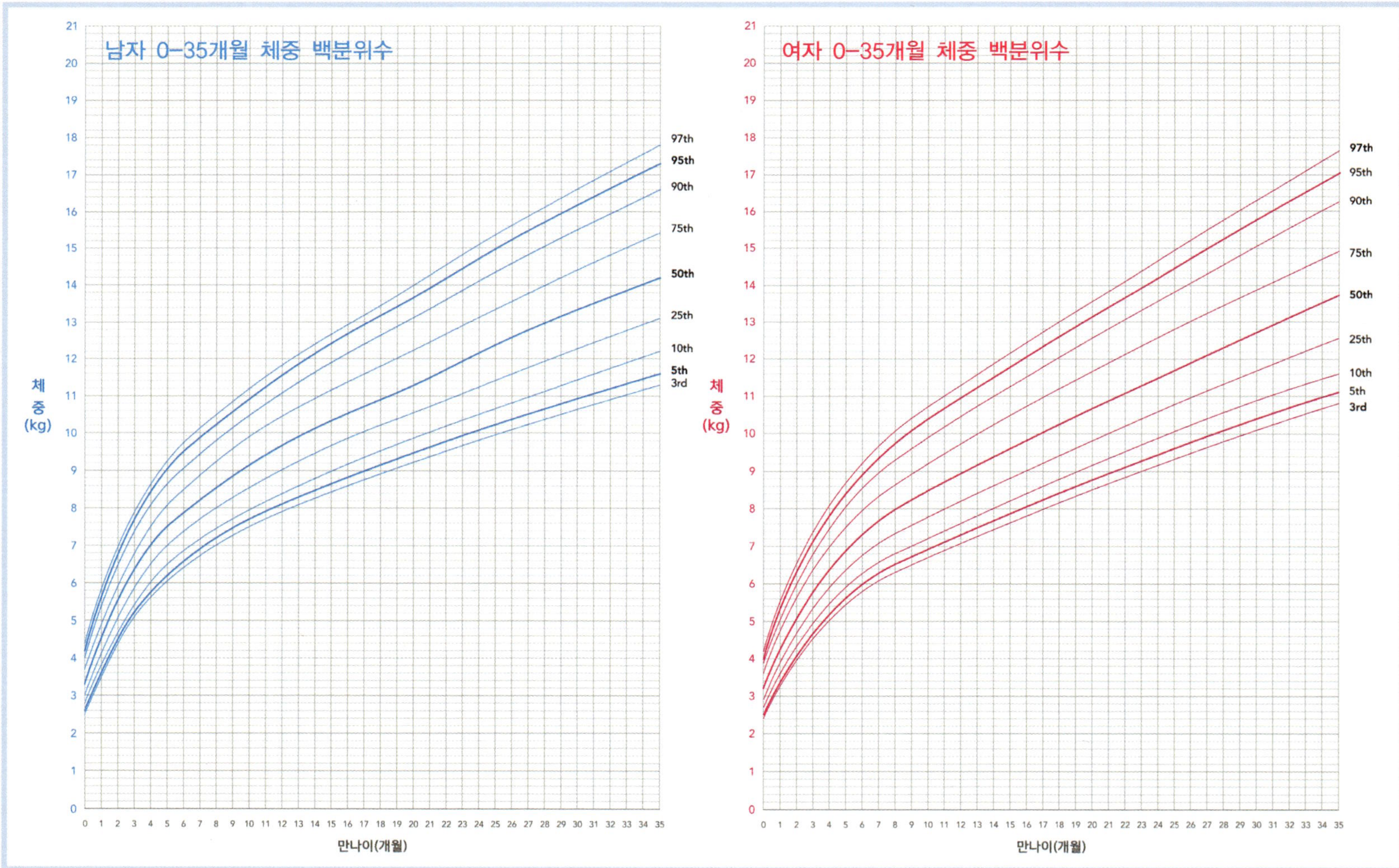

그림 3. 연령별 체중 백분위수 성장곡선, 3세 미만(0~35개월)

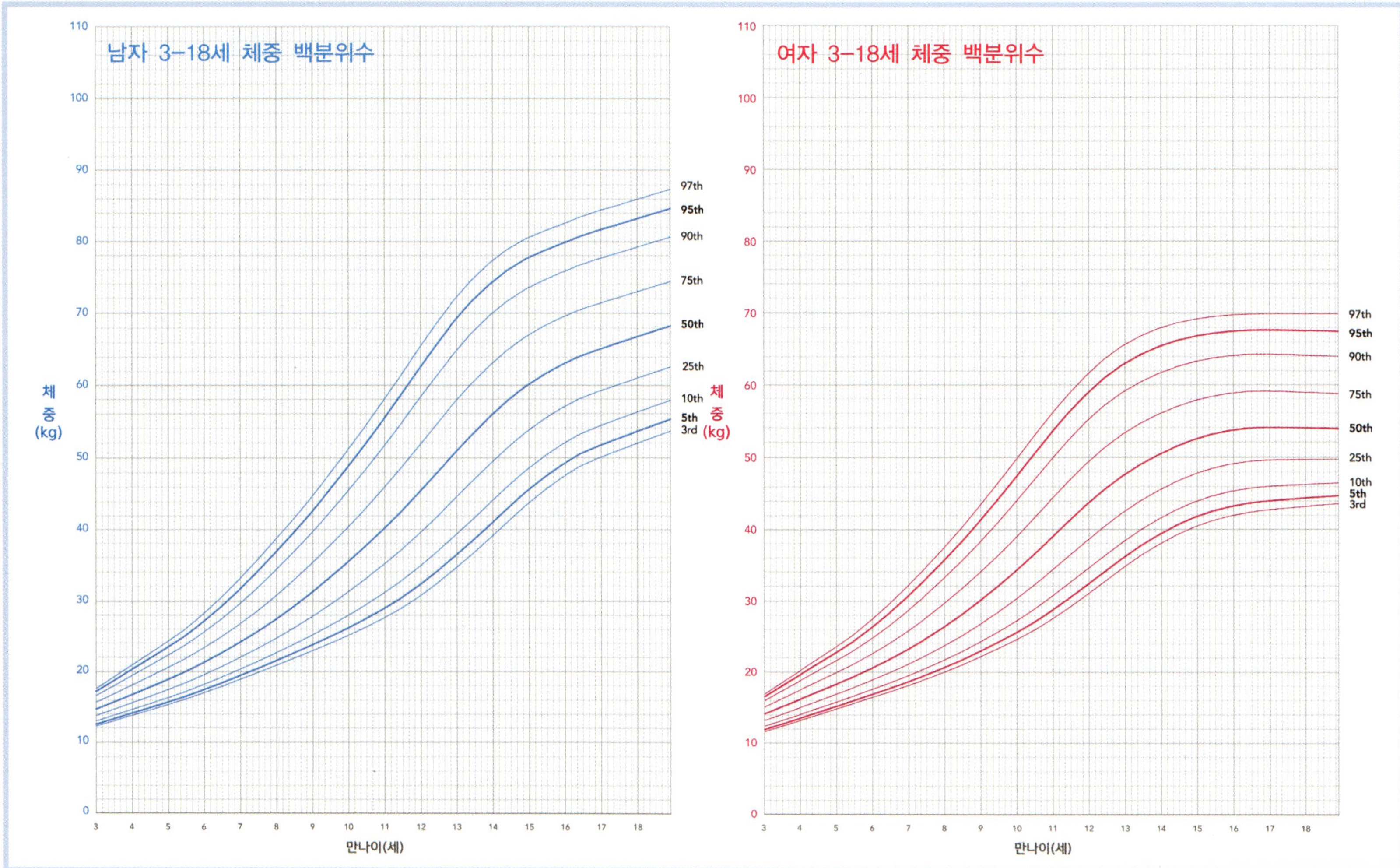

그림 4. 연령별 체중 백분위수 성장곡선, 3~18세

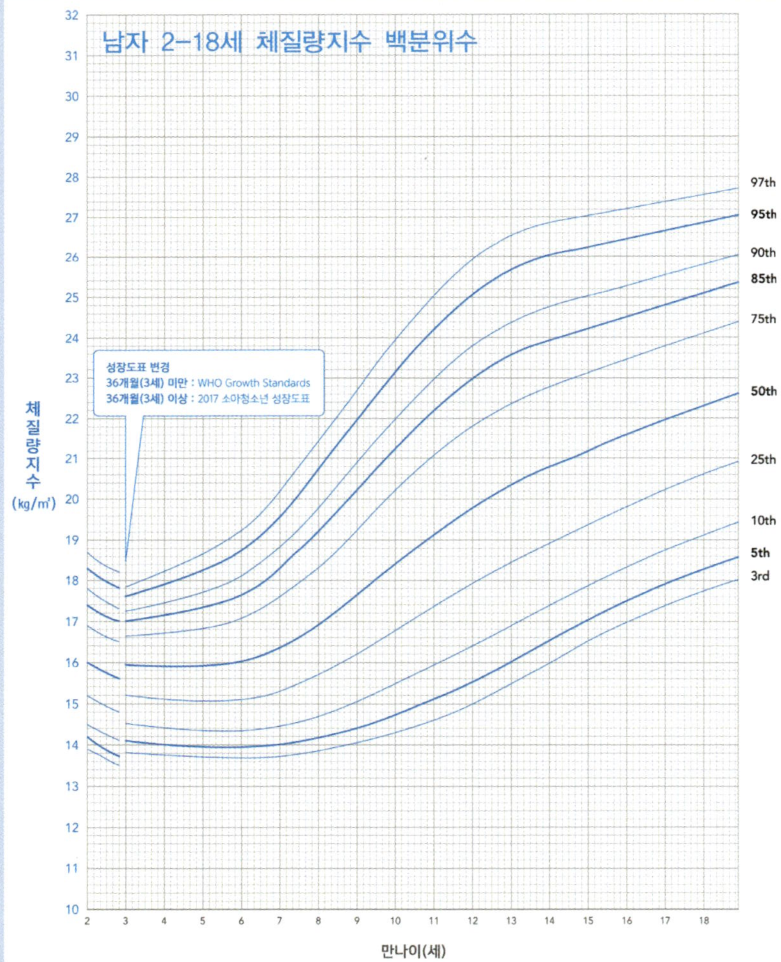

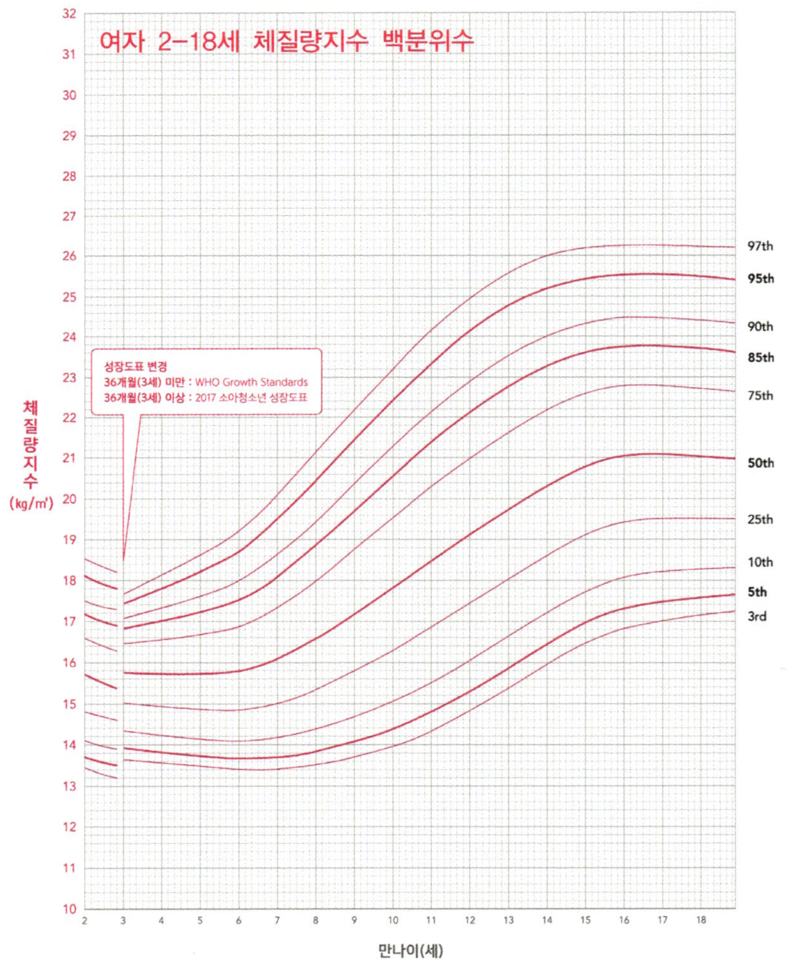

그림 5. 연령별 체질량지수 백분위수 성장곡선, 2~18세

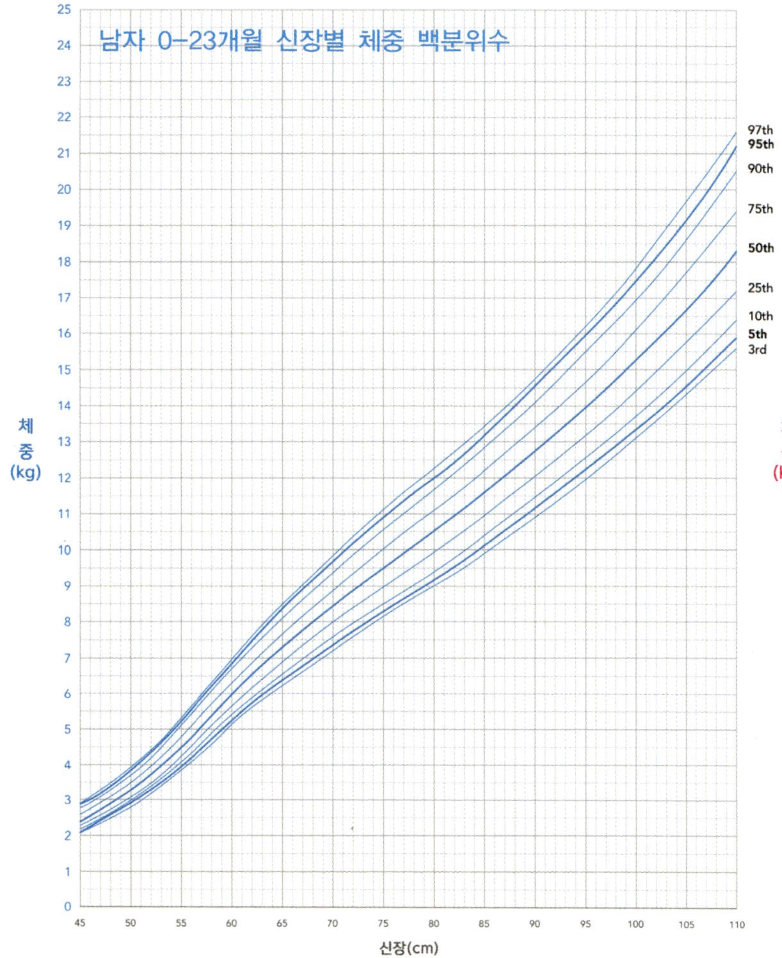

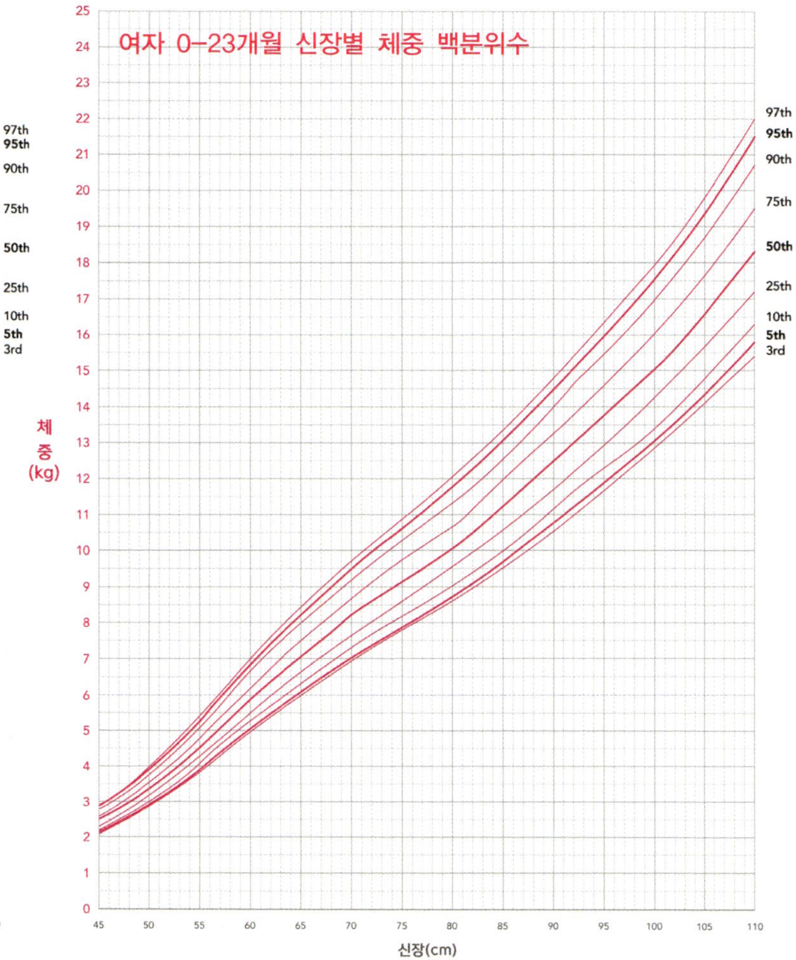

그림 6. 신장별 체중 백분위수 성장곡선, 2세 미만(0~23개월)

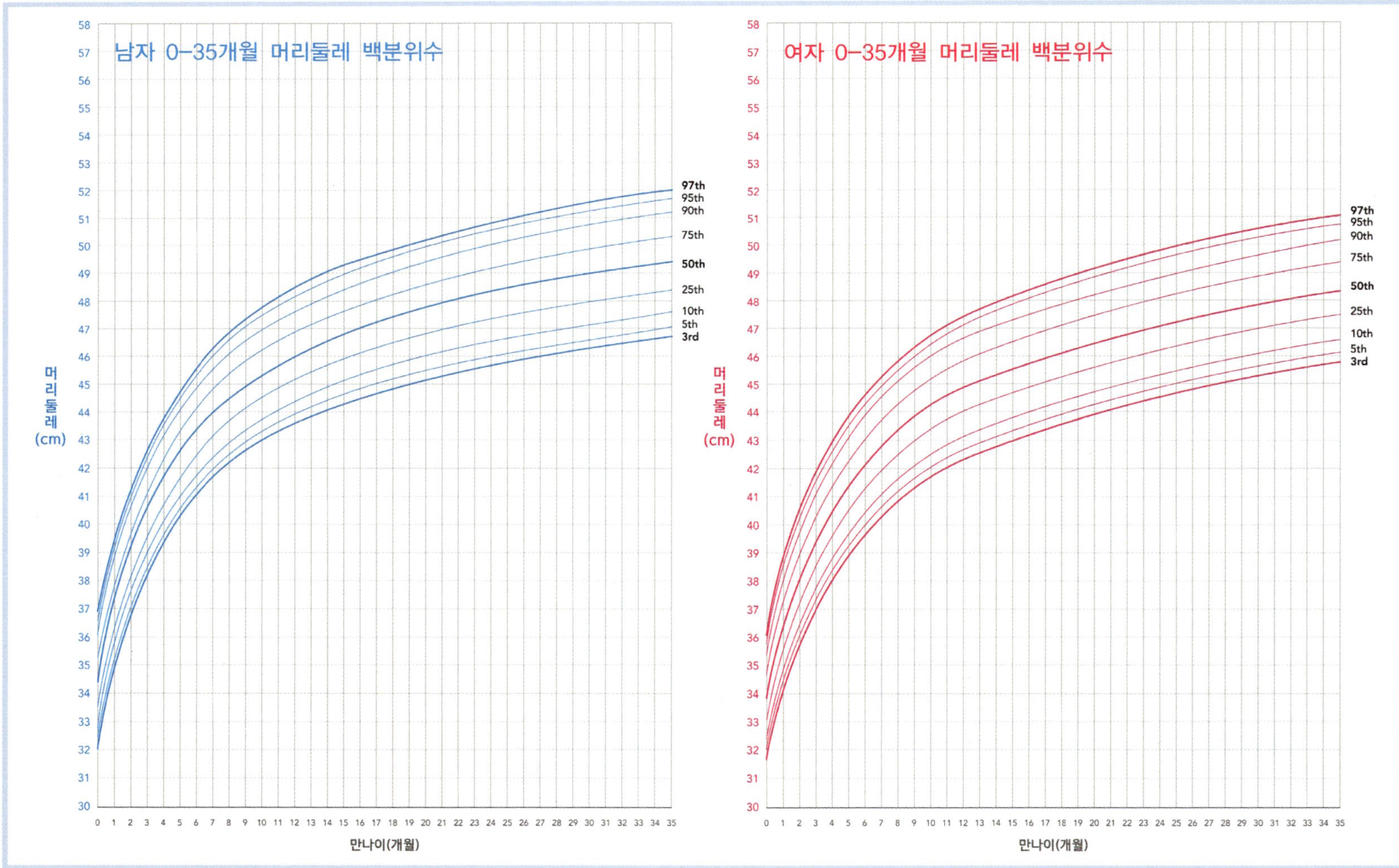

그림 7. 연령별 머리둘레 백분위수 성장곡선, 3세 미만(0~35개월)

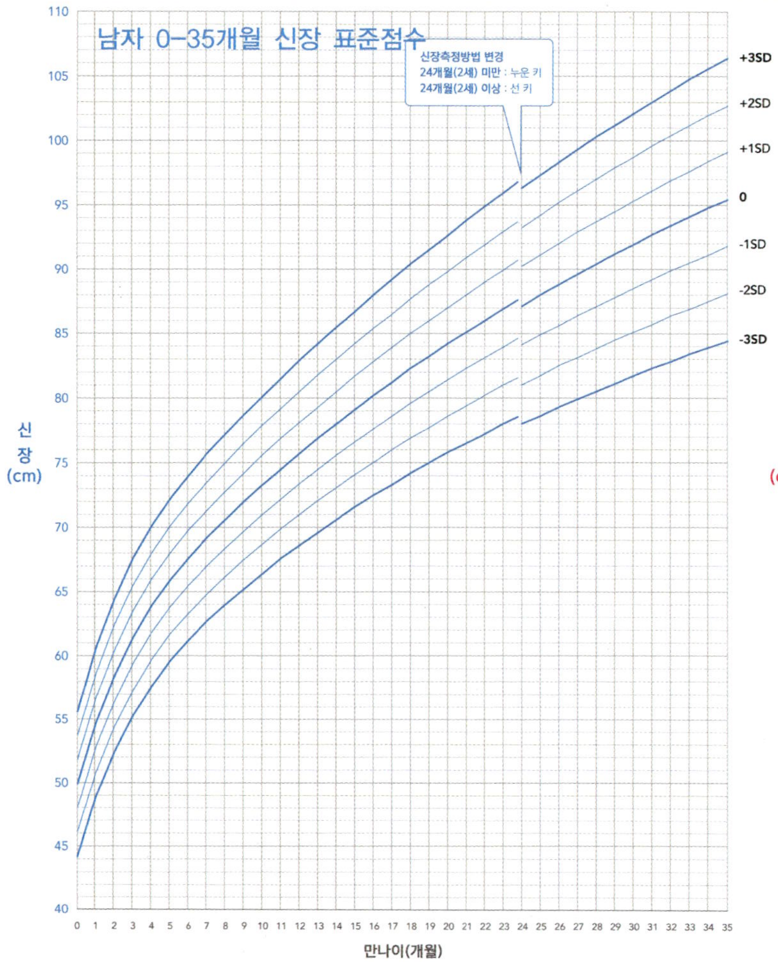

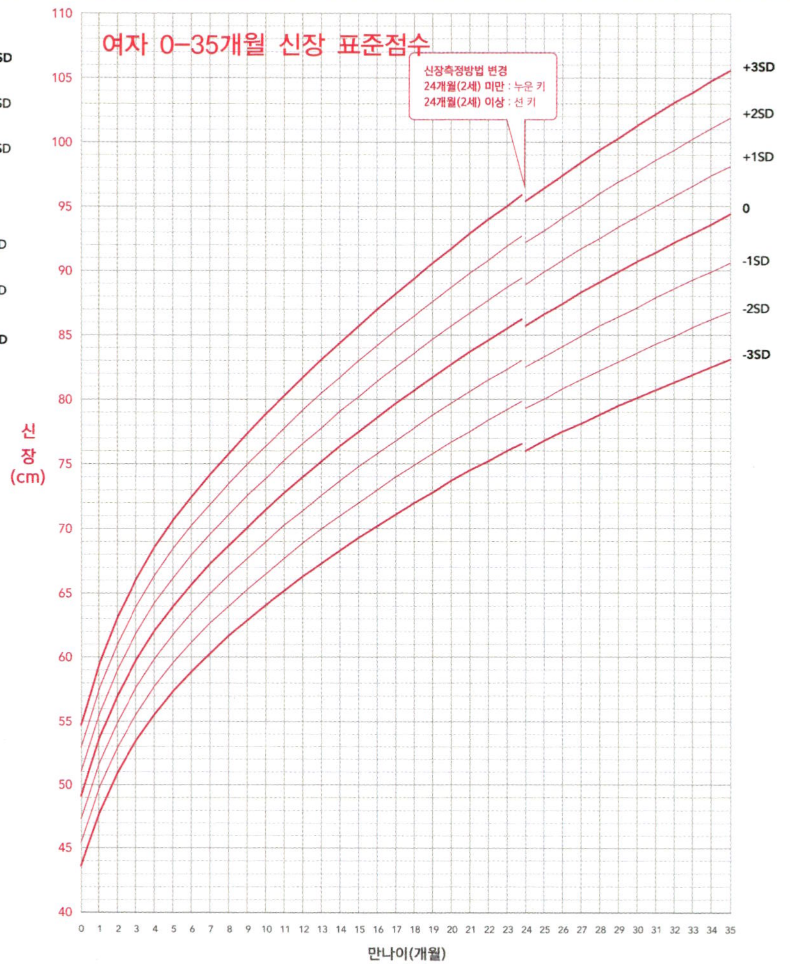

그림 8. 연령별 신장 표준점수 성장곡선, 3세 미만(0~35개월)

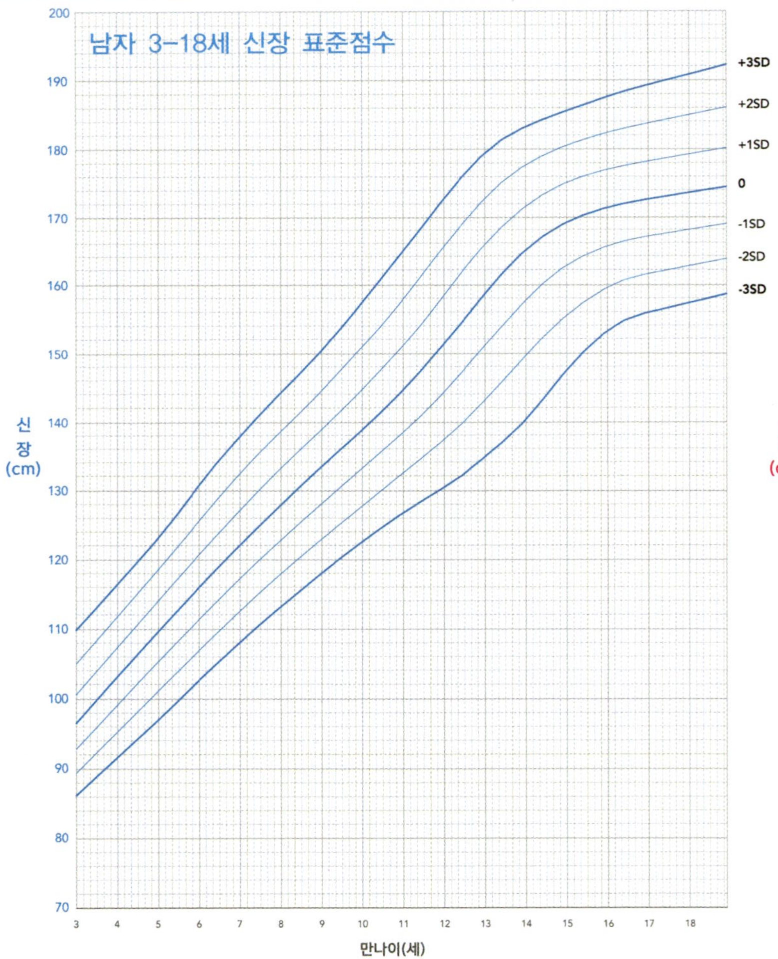

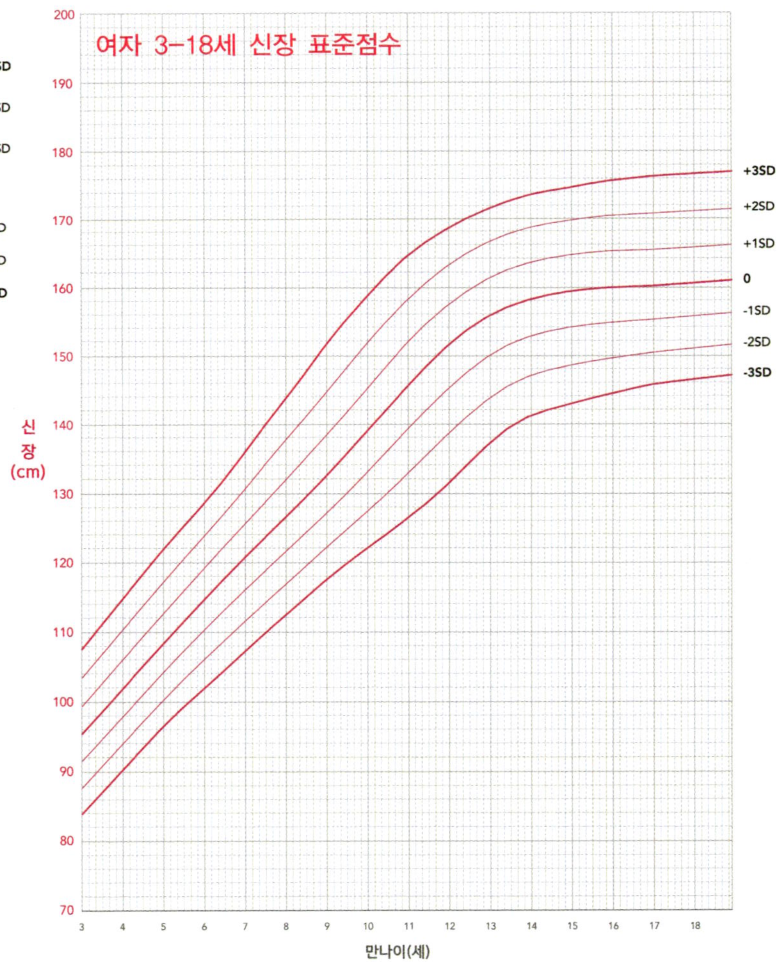

그림 9. 연령별 신장 표준점수 성장곡선, 3~18세

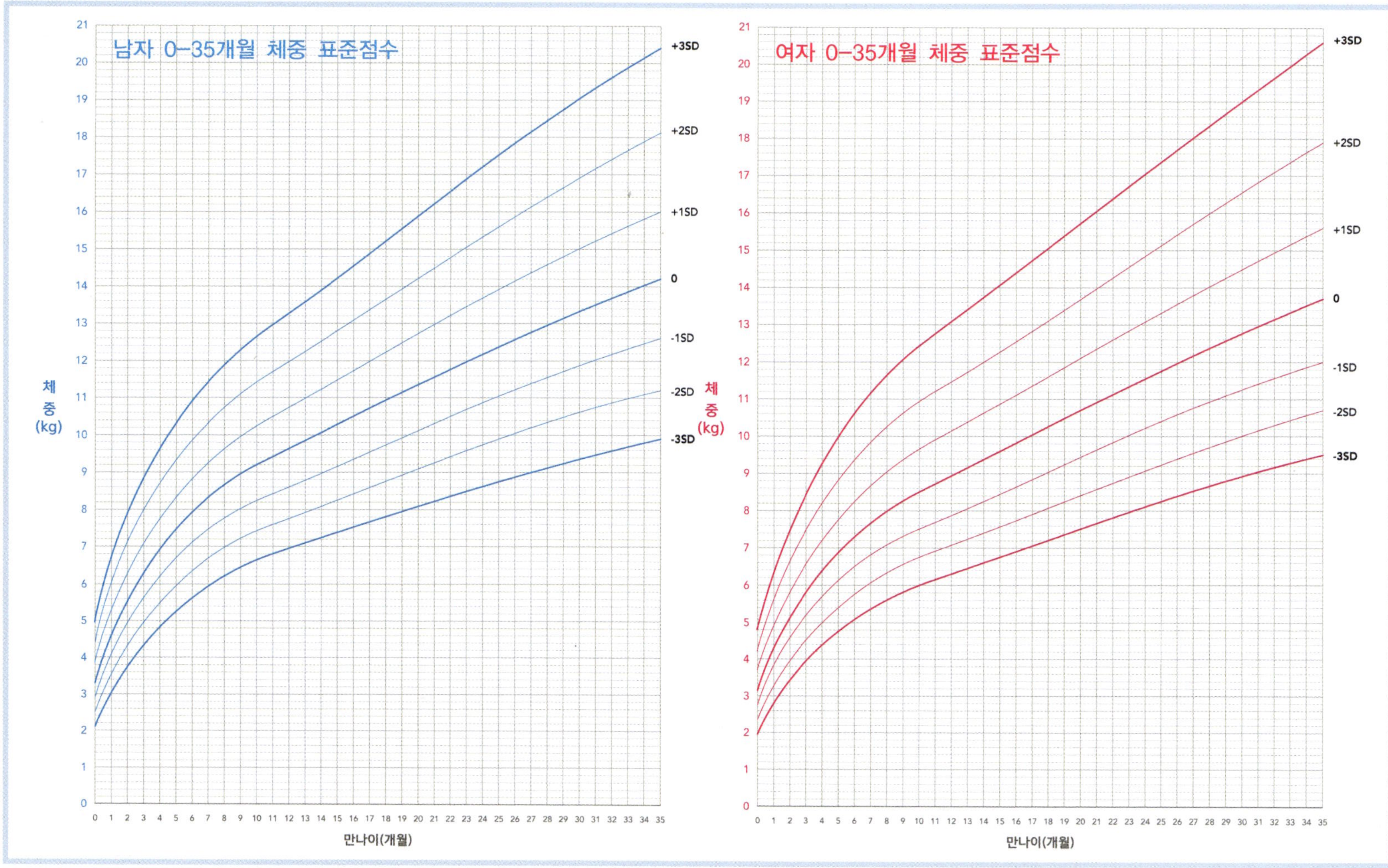

그림 10. 연령별 체중 표준점수 성장곡선, 3세 미만(0~35개월)

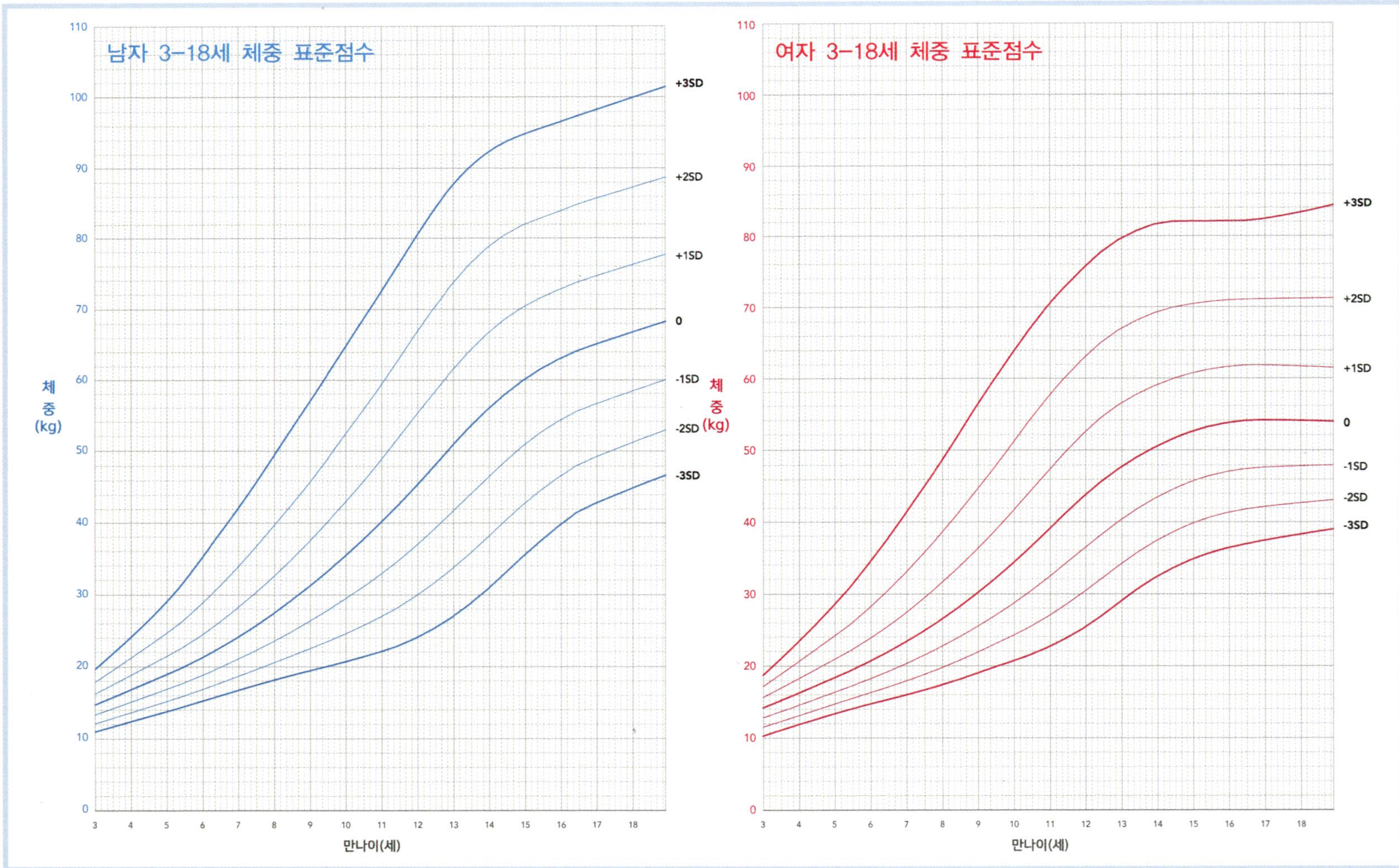

그림 11. 연령별 체중 표준점수 성장곡선, 3~18세

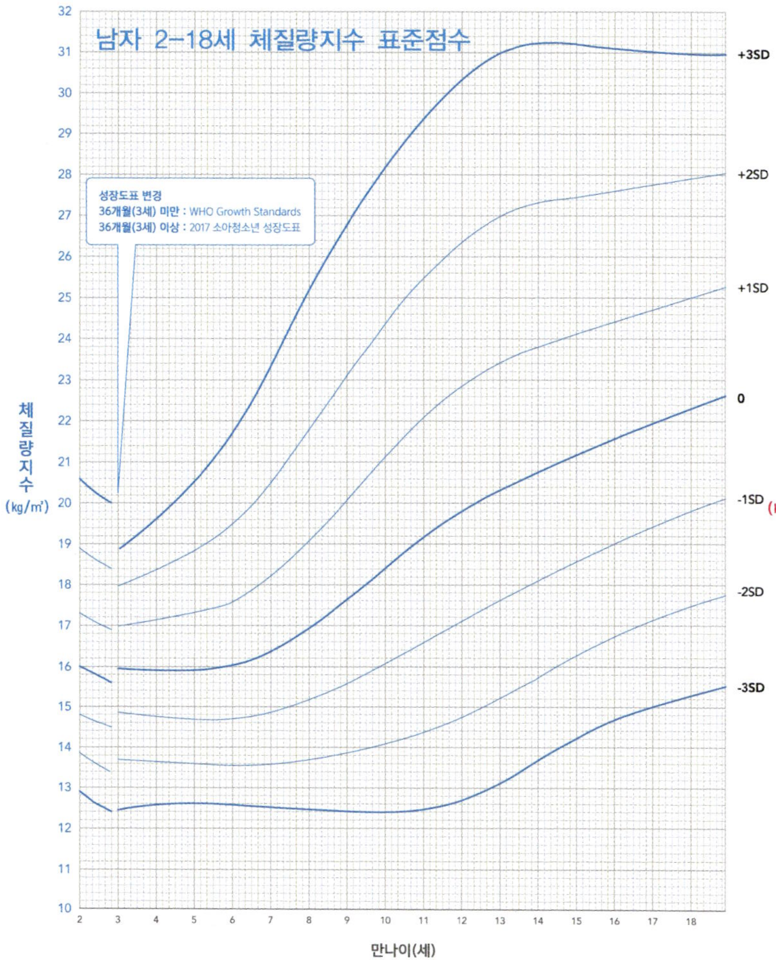

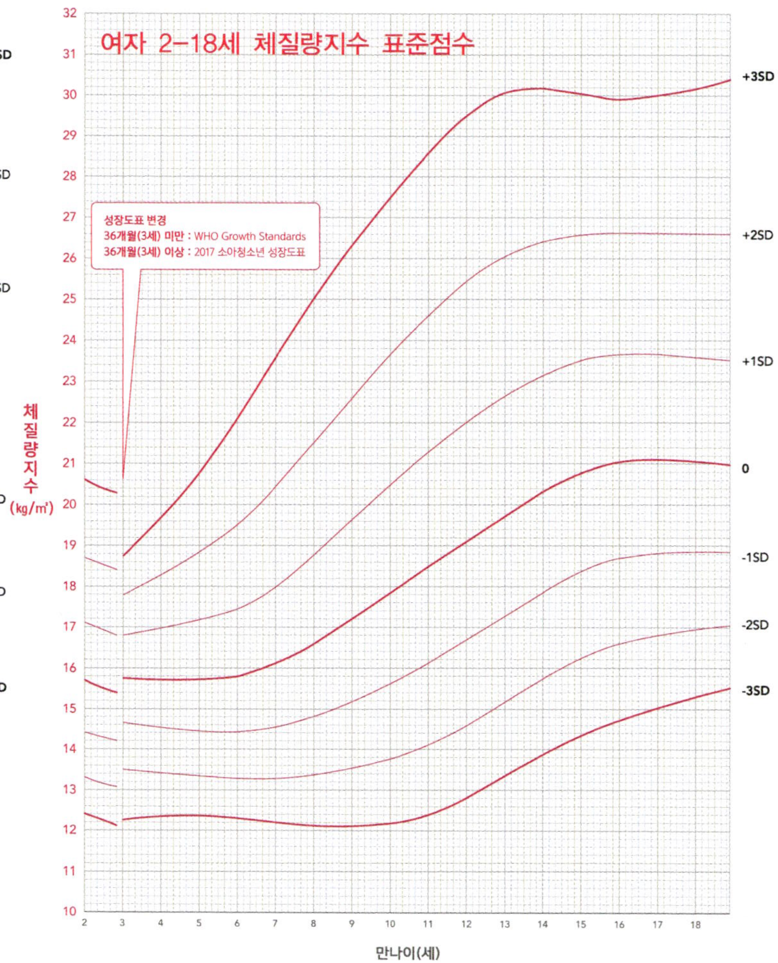

그림 12. 연령별 체질량지수 표준점수 성장곡선, 2~18세

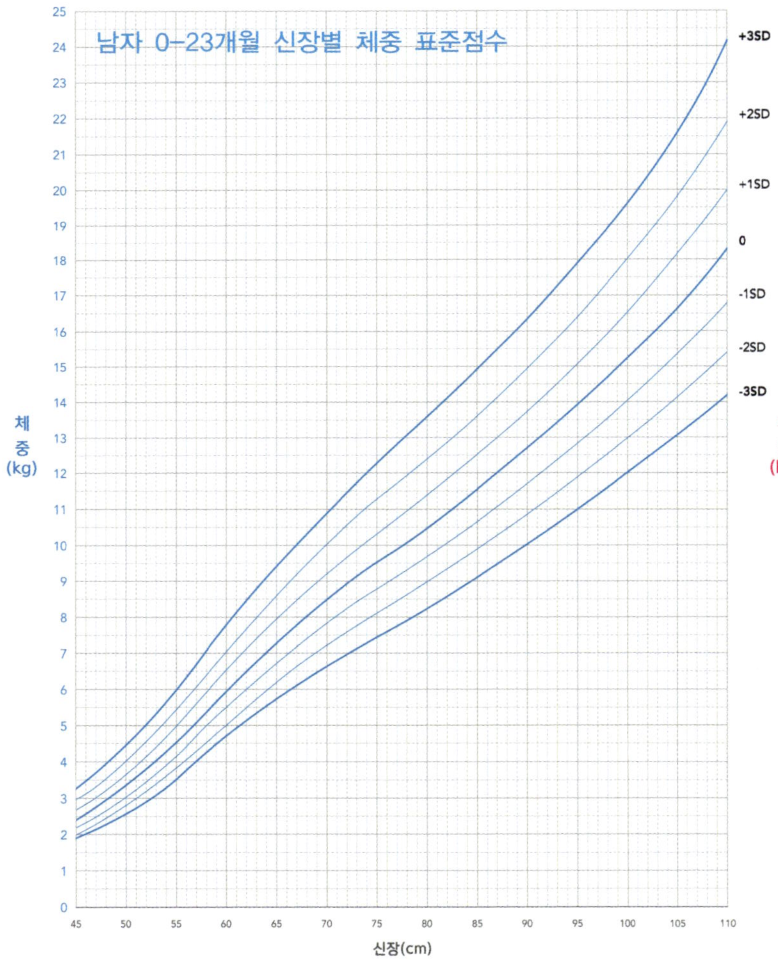

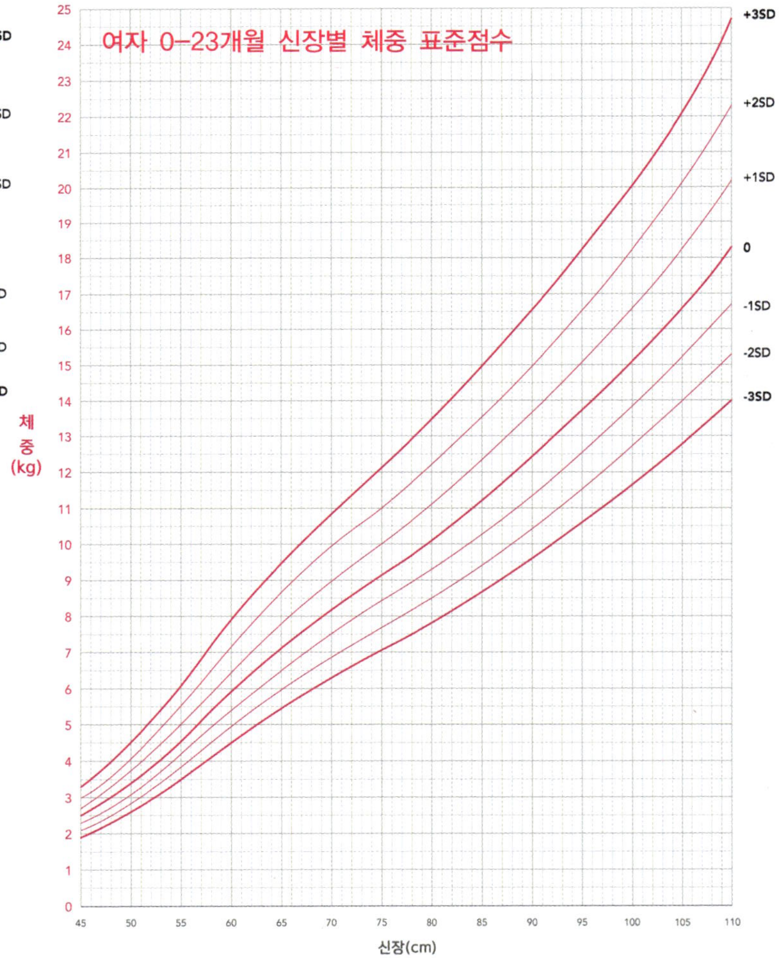

그림 13. 신장별 체중 표준점수 성장곡선, 2세 미만(0~23개월)

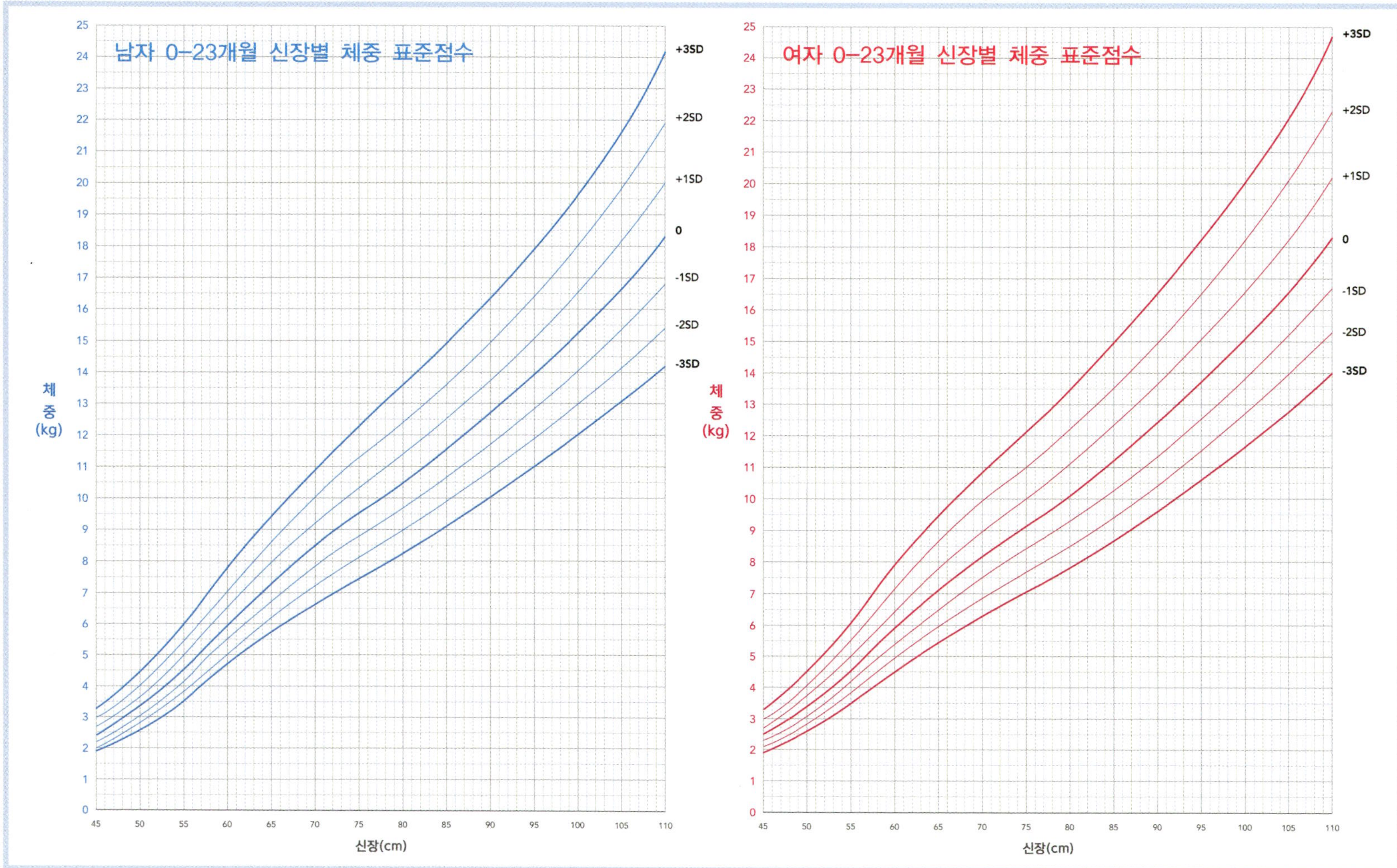

그림 13. 신장별 체중 표준점수 성장곡선, 2세 미만(0~23개월)

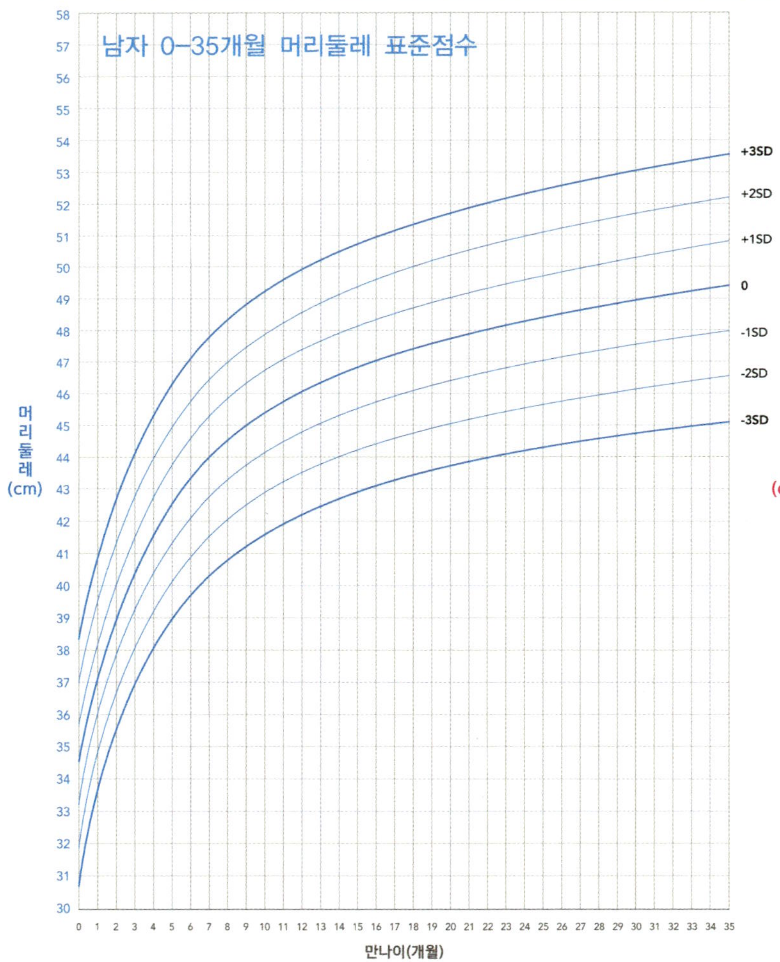

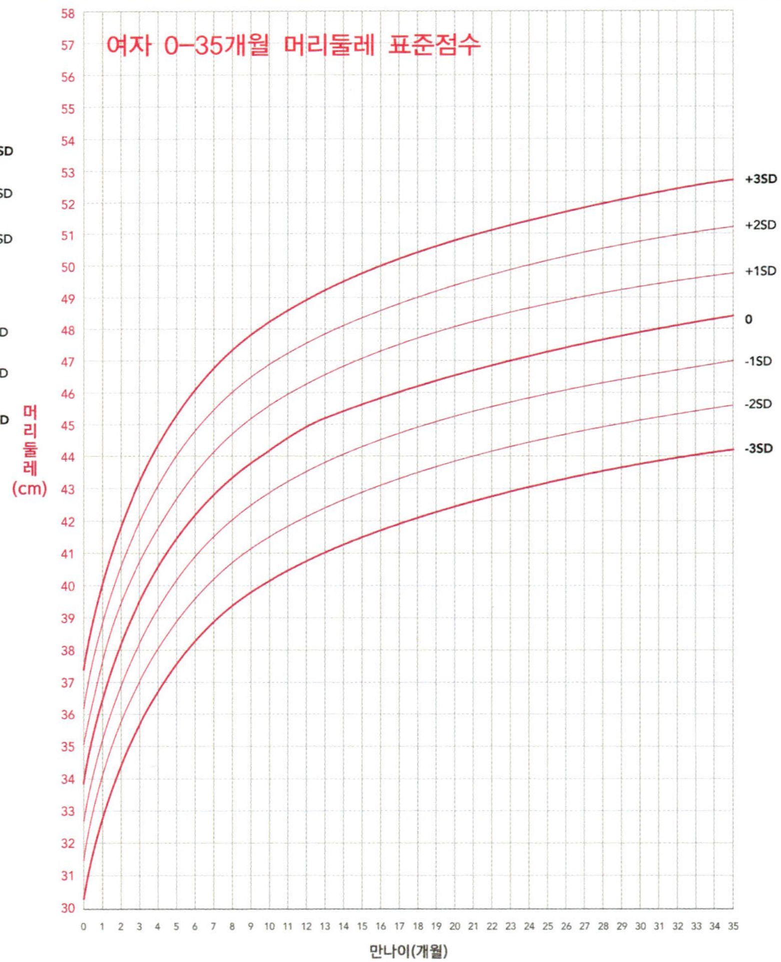

그림 14. 연령별 머리둘레 표준점수 성장곡선, 3세 미만(0~35개월)

참고문헌

CHAPTER 1 영양판정 개요

김유리 · 김지명 · 이정은 · 임윤숙 · 황지윤 · 홍경희(2016). **영양판정**. 파워북.

김화영 · 강명희 · 양은주 · 이현숙(2016). **영양판정**. 교문사.

Gipson, R. S.(2005). Principles of nutritional assessment, 2nd ed. Oxford University Press. New York.

Grandjean, A. C.(2012). Dietary intake data collection: challenges and limitations. Nutr Rev. Suppl 2, S101-104.

Jellife, D. B., & Jellife, E. P.(1989). Community nutritional assessment: with special reference to less technically developed countries. Oxford University Press. New York.

Lee, R. D., & Nieman, D. C.(2012). *Nutritional assessment*, 6th ed. McGraw-Hill Higher Education. Boston.

CHAPTER 2 식사섭취조사

권은실 · 안윤진 · 심재은 · 백희영 · 박찬 · 김규찬 · 주영수 · 김동현(2004). 계절별, 요일별로 측정한 성인 남녀의 영양소 섭취량에서 개인 간 변이와 개인 내 변이. **한국영양학회지**, 37(10), 917-927.

김유리 · 김지명 · 이정은 · 임윤숙 · 황지윤 · 홍경희(2016). **영양판정**. 파워북.

김화영 · 강명희 · 양은주 · 이현숙(2016). **영양판정**. 교문사.

질병관리본부 · 국립보건연구원(2015). 한국인유전체역학조사사업을 위한 식품 및 음식 실물 사진(개정판).

질병관리본부 · 국립보건연구원(2015). 한국인유전체역학조사사업 활용지침서(개방형 영양조사).

질병관리본부 · 국민건강영양조사(2019). 제8기(2019-2021) 표본설계 및 가중치 계산.

질병관리본부 · 국민건강영양조사(2019). 원시자료 이용지침서-제7기 1, 2차년도(2016-2017).

질병관리본부 · 국민건강영양조사. Https://knhanes.cdc.go.kr/knhanes/index.do

Block, G.(1982). A revies of validations of dietary assessment methods. *American journal of epidemiology*, *115*, 492-505.

Kumanyika, S. K., Tell, G. S., Shemanski, L., Martel, J., & Chinchilli, V. M.(1997). Dietary assessment using a picture-sort approach. *The American journal of clinical nutrition*, *65*(4), 1123S-1129S.

Subar, A. F., Dodd, K. W., Guenther, P. M., Kipnis, V., Midthune, D., McDowell, M, Tooze J. A., Freedman, L. S., & Krebs-Smiht, S, M.(2006). The food propensity questionnaire: concept, development, and validation for use as a covariate in a model to estimate usual food intake. *J Am Diet Assoc*, *106*, 1556-1563.

CHAPTER 3 식사섭취조사에 의한 영양판정

농촌진흥청 국립농업과학원 농식품자원부 기능성식품과(2016). 국가표준식품성분표 2016. 전주시: 농촌진흥청.

보건복지부(2015). 2015 한국인 영양소 섭취기준. 세종시: 보건복지부.

보건복지부 질병관리본부 건강영양조사과(2019). 국민건강영양조사 음식별 식품재료량 자료집. 청주시: 질병관리본부.

De Lauzon, B., Volatier, J. L., & Martin, A.(2004). A Monte Carlo simulation to validate the EAR cut-point method for assessing the prevalence of nutrient inadequacy at the population level. *Public health nutrition*, *7*(7):893-900.

Institute of Medicine(IOM)(2000). Dietary Reference Intakes: Applications in Dietary Assessment. Washington, DC: The National Academies Press.

Institute of Medicine(US) Standing Committee on the Scientific Evaluation of Dietary Reference Intakes. (2000). Using the estimated average requirement for nutrient assessment of groups. *In DRI Dietary Reference Intakes: Applications in Dietary Assessment.* National Academies Press(US).

Lim, J., Lee, Y., Shin, S., Lee, H. W., Kim, C. E., Lee, J. K., Lee, S. A., & Kang, D.(2018). An association between diet quality index for Koreans(DQI-K) and total mortality in Health Examinees Gem(HEXA-G) study. *Nutrtion Research & Practice*, *12*(3), 258-264.

Kim, I. S., Seo, E. A., & Yu, H. H.(1999). A longitudinal study on the change of nutrients and food consumption with advance in age among middle-aged and the elderly. *Korean Journal of Community Nutrition*, *4*(3), 394-402,

Lee, Y. J., Kwon, M. K., Baek, H. J., & Lee, S. S.(2015). Comparative analysis of food intake according to the family type of elderly women in Seoul area. *Journal of Nutrition and Health*, *48*(3), 277-288.

Liu, A., Berhane, Z., & Tseng, M.(2010). Improved dietary variety and adequacy but lower dietary moderation with acculturation in Chinese women in the United States. *Journal of American Dietetic Association*, *110*(3), 457-462.

Ministry of Health & Welfare & The Korean Nutrition Society(2015). Dietary Reference Intakes for Koreans 2015. Sejong: Ministry of Health & Welfare.

Sungha, Y., & Kyungwon, O.(2018). Development and status of Korean Healthy Eating Index for adults based on the Korea National Health and Nutrition Examination Survey. 주간 건강과 질병, 11(52), 1764-1772.

CHAPTER 4 신체계측조사에 의한 영양판정

보건복지부·질병관리본부·대한소아과학회(2017). 2017 소아·청소년 성장도표 해설집.

통계청(2016). 한국인인체치수조사. 통계정보 보고서.

Hingorjo, M. R., Qureshi, M. A., & Mehdi, A.(2012). Neck circumference as a useful marker of obesity: a comparison with body mass index and waist circumference. *J Pak Med Assoc*, *62*(1), 36-40.

Hingorjo, M. R., Zehra, S., Imran, E., & Qureshi, M. A.(2016). Neck circumference: A supplemental tool for the diagnosis of metabolic syndrome. *J Pak Med Assoc*, *66*(10), 1221-1226.

Ozkaya I, Yardimci B, Tunckale A.(2017). Appropriate neck circumference cut-off points for metabolic syndrome in Turkish patients with type 2 diabetes. *Endocrinol Diabetes Nutr*, *64*(10), 517-523.

https://medicalxpress.com/news/2019-05-big-neck-health.html

CHAPTER 5 생화학검사에 의한 영양판정

김성용(2017). 철결핍빈혈 진단과 최신 치료 경향. *The Korean Journal of Medicine*, *92*(2), 155-161.

김유리 · 김지명 · 이정은 · 임윤숙 · 황지윤 · 홍경희(2016). 영양판정. 파워북.

김화영 · 강명희 · 양은주 · 이현숙(2016). 영양판정. 교문사.

대한간호학회(1995). 간호학대사전.

보건복지부(2019). 2019 지역사회 통합건강증진사업 안내[영양].

조윤옥(2010). 비타민 B_6 필요량: 영양상태 판정지표 및 영향요인. *Korean J Nutr*, *43*(3), 315-323.

American College of Physicians, NORMAL LABORATORY VALUES

Greaves, R. F., Woollard, G. A., Hoad, K. E., Walmsley, T. A., Johnson, L. A., Briscoe, S., … & Gill, J. P.(2014). Laboratory medicine best practice guideline: vitamins a, e and the carotenoids in blood. *The Clinical Biochemist Reviews*, *35*(2), 81-113.

Ha, E. J., & Na, H. B.(1993). The Study on Concentrations of Plasma Zinc andCopper of Non-pregnant and Pregnant in Korea, *Korean J Nutrition*, *26*(3) :347-356.

Han, Y. M., Yoon, H., Lim, S., Sung, M. K., Shin, C. M., Park, Y. S.,… Kim, N, Lee, D. H., & Kim, J. S.(2017). Risk Factors for Vitamin D, Zinc, and Selenium Deficiencies in Korean Patients with Inflammatory Bowel Disease. *Gut Liver*, *11*(3), 363-369.

Hess, S. Y.(2017). National Risk of Zinc Deficiency as Estimated by National Surveys. *Food and nutrition bulletin*, *38*(1), 3-17.

Leklem, J. E.(1990). Vitamin B6: A status report, *The Journal of nutrition*, *120*, 1530-1507.

Maxfield, L., & Crane, J. S.(2019). Zinc Deficiency. Treasure Island (FL): StatPearls Publishing.

Tanumihardjo, S. A.(2011). Vitamin A: biomarkers of nutrition for development. *The American journal of clinical nutrition*, *94*(2), 658S-665S.

WHO/UNICEF/UNU.(2001). Iron deficiency anemia. assessment, prevention, and control. *A guide for programme managers*, 47-62.

World Health Organization and Food and Agriculture Organization of the United Nations.(2004). *Vitamin and mineral requirements in human nutrition*.

CHAPTER 6 임상조사에 의한 영양판정

Gibson, R. S.(1990). *Principles of nutritional assessment.* Oxford University Press.

Lee, R. D. & Nieman, D. C.(2013). Nutritional Assessment 6th ed.

Weinsier, R. L., Morgan, S. L., & Perrin, V. G. (1993). *Fundamentals of clinical nutrition.* Mosby-Year Book.

CHAPTER 7 입원환자 영양판정 활용

배은주 · 박소희 · 김정은 · 심진주 · 이윤정 · 김지윤 · 장영은(2013). 영양 위험군 입원환자에 대한 영양치료 수행 중재 효과. *Quality Improvement in Health Care, 19*(1), 46-52.

보건복지부(2014). 임상영양치료를 위한 직무표준과 실행지침.

설은미 · 주달래 · 이혁준(2016). 입원환자의 영양검색도구. *Journal of Clinical Nutrition, 8*(1), 2-10

Arends, J., Bachmann, P., Baracos, V., et al.(2017). ESPEN guidelines on nutrition in cancer patients. *Clinical nutrition*, 36(1), 11-48.

Kondrup, J., Rasmussen, H. H., Hamberg, O. L. E., STANGA, Z., & An Ad Hoc ESPEN Working Group.(2003). Nutritional risk screening (NRS 2002): a new method based on an analysis of controlled clinical trials. *Clinical nutrition, 22*(3), 321-336.

National collaborating Centre for Acute Care(2006). National Institute for Health and Clinical Excellence: Guidance. Nutrition support for Adults: Oral Nutrition Support, Enteral Tube Feeding and Parenteral Nutrition. London: National Collaborating Centre for Acute Care(UK).

CHAPTER 8 생애주기 대상별 영양판정 활용

2018 국가건강검진 검진의사상담매뉴얼(2017).

건강보험심사평가원 보도자료(2011. 5. 13.).

국민건강보험공단 · 대한산부인과학회(2016). 임산부 비만관리가이드.

국민건강보험 홈페이지. https://hi.nhis.or.kr

김주희(2017). 식품알레르기 전문가 따라잡기. 대한내과학회 추계학술발표논문집, 2017(2), 329-332.

김초일(2016). 노인 식생활안전관리 종합대책 수립을 위한 연구. 한국보건산업진흥원.

대한의사협회(2018). Therapeutic approaches to obesity and metabolic syndrome in children and adolescents. *J Korean Med Assoc. 61*(10), 599-606. https://doi.org/10.5124/jkma.2018.61.10.599

박수진 · 윤영(2018). 건강백세! 이해하기 쉬운 고령자 영양안내서. 농촌진흥청 · 국립농업과학원.

보건복지부(2017). 2016 국민건강통계.

보건복지부 · 대한비만학회 · 식품의약품안전처, http://info.tongplus.com

보건복지부 · 한국건강증진개발원(2019). 2019 지역사회 통합건강증진사업.

식품의약품안전처(2015). 식품 알레르기 예방을 위한 연구.

식품의약품안전처(2017). 식품알레르기표시 바로알기, 2016 Guide book.

식품의약품안전처(2018). 식품 알레르기 유발물질 조사 및 재평가.

신원선 · 박수진 · 김돈규(2019). 고령자를 위한 영양관리와 식사케어. 서울: 창지사.

이대영 · 김순철 · 이지혁 외(2019) Clinical practice guideline for the diagnosis and treatment of pediatric obesity: recommendations from the Committee on Pediatric Obesity of the Korean Society of Pediatric Gastroenterology Hepatology and Nutrition. *Korean J Pediatr, 62*, (1), 3-21 available at https://doi.org/10.3345/kjp.2018.07360

이미숙 · 김정희 · 이보숙 · 이윤나 · 손숙미 · 이정원(2016). 영양판정 제4판. 교문사.

이민규 · 박세현 · 손창호 · 정영조 · 홍성국 · 이병관 · 장필림 · 윤애리(1998). 한국판 식사태도검사-26 표준화 연구 I : 신뢰도 및 요인분석. 정신신체의학, 6, 155-175.

이아현 · 박형수 · 윤다솜 · 유민정 · 박수진 · 김돈규(2017). Validation of the questionnaire for mastication and swallowing function for the elderly with automatic mastication ability analysis equipment. Proc. in 2017 Sym. Korean Dysphagia Soc. Seoul, Korea.

이영준 · 이기형(2015). 성조숙증의 개요와 치료. *Journal of the Korean Medical Association*, *58*(12), 1138-1144.

일본 후생성 노인보건사업추진 등 사업보고서(1997).

재택케어 의료영양관리연구회(2014). 재택고령자 식사케어 가이드. 제일출판.

질병관리본부(2015). 주간 건강과 질병, 8(44), 1050-1052.

질병관리본부(2018). 주간 건강과 질병, 11(25), 813-820.

질병관리본부 홈페이지. http://www.cdc.go.kr

통계청(2016). 간이생명표. 국가승인통계 제101035호

한국건강증진개발원(2018). 국민건강증진을 위한 비만통계자료집 2013-2017.

Bernstein, M. & Munoz, N. (2012). Position of the Academy of Nutrition and Dietetics: food and nutrition for older adults: promoting health and wellness. *Journal of Academy of Nutrition and Dietetics*, *112*(8), 1255-1277.

DETERMINE YOUR NUTRITIONAL HEALTH, https:// nutritionandaging.org/wp-content/uploads/2017/01/DetermineNutritionChecklist.pdf

Garner, D. M. & Farfinkel, P. E. (1979). The Eating Attitudes Test: An index of the symptoms of anorexia nerversa. *Psychological Medicine*, *9*, 273-279.

https://www.cdc.gov/obesity/data/childhood.html

Institute of medicine, Nutrition during pregnancy, USDA(2009).

Nestle Nutrition Institute, www.mna-eldelry.com

Nutrition Screening Initiative, a project of the American Academy of Family Physicians, the American dietetic Association and the National Council on Aging

Zhou, Y., Zhang, Q., Wang, T., Zhang, Y., & Xu, B. (2017). Prevalence of overweight and obesity in Chinese children and adolescents from 2015. *Annals of human biology*, *44*(7), 642-643.

저자소개

박수진

세명대학교 바이오식품산업학부 교수
경희대학교 동서의학대학원 박사

윤정미

전남대학교 식품영양과학부 교수
서울대학교 대학원 박사

백진경

을지대학교 식품영양학과 교수
연세대학교 대학원 박사

심유진

숭의여자대학교 식품영양학과 교수
연세대학교 대학원 박사

김미현

경일대학교 식품개발학과 교수
이화여자대학교 대학원 박사

제2판

영양판정

초 판 1쇄 인쇄 2020년 3월 3일
초 판 1쇄 발행 2020년 3월 5일
제2판 1쇄 발행 2021년 3월 4일

지 은 이 | 박수진 · 윤정미 · 백진경 · 심유진 · 김미현
펴 낸 이 | 김기섭
편 집 인 | 이초롱
펴 낸 곳 | 창지사 www.changJisa.com
08589 서울시 금천구 가산디지털 1로 83 파트너스타워 1차 9층
전화 (02)719-2211~3
팩스 (02)701-9386
등 록 | 1977년 4월 28일 · 제1-421호

ISBN 978-89-426-1447-9 (93590)

값 24,000원